미래전 전략과 군사혁신 모델

주요국 사례의 비교연구

이 저서는 2021-22년 서울대학교 미래전연구센터의 지원을 받아 수행된 연구임.

서울대학교 미래전연구센터 총서 **6**

미래전 전략과
군사혁신 모델

주요국 사례의 비교연구

김상배 엮음

김상배·손한별·김상규·우평균·이기태·
조은정·표광민·설인효·조한승 지음

**Future Warfare Strategies
and Military Innovation Models**

A Comparative Study

한울
아카데미

| 차례 |

제2부   영국·독일·터키·이스라엘의 사례

| 책머리에 |

이 책은 서울대학교 미래전연구센터 총서 시리즈의 여섯 번째 책이다. 총서 1 『4차 산업혁명과 신흥 군사안보: 미래전의 진화와 국제정치의 변환』(2020년 4월) 과 총서 2『4차 산업혁명과 첨단 방위산업: 신흥권력 경쟁의 세계정치』(2021년 3월), 총서 3『우주경쟁의 세계정치: 복합지정학의 시각』(2021년 5월), 총서 4『디 지털 안보의 세계정치: 미중 패권경쟁 사이의 한국』(2021년 10월), 총서 5『미중 디지털 패권경쟁: 기술·안보·권력의 복합지정학』(2022년 4월)에 이어서 총서 6 으로 출간하게 되었다.

이번에 다룬 주제는『미래전 전략과 군사혁신 모델: 주요국 사례의 비교연 구』이다. 최근 4차 산업혁명으로 대변되는 기술 발달을 바탕으로 도래할 미래 전에 대응하는 군사 분야의 다양한 혁신전략이 모색되고 있다. 한반도 주변국 뿐만 아니라 서구 선진국이나 비서구권의 중견국도 국가적 차원의 노력을 기 울이고 있다. 한국도 미래전에 대응하는 군사혁신 전략을 적극적으로 추진하 고 있다. 그럼에도 주요국의 미래전 대비 군사혁신 전략을 다룬 기존 연구는 여태까지 그리 많이 진행되지는 못했다. 이러한 문제의식을 바탕으로 이 책은 군사혁신 전략의 국가 간 비교연구를 위한 플랫폼을 마련하고, 이를 바탕으로 한반도 주변4국인 미국, 중국, 러시아, 일본과 서구 및 아시아권 국가인 영국, 독일, 터키(현재는 튀르키예), 이스라엘 등 총 8개국의 미래전 대비 군사혁신 전략을 분석했다.

제1장 "미래전 전략과 군사혁신 모델: 분석틀의 모색"(김상배)은 이 책의 출발점이 된 문제의식과 이론적 논의를 소개하는 차원에서, 미래전 대비 군사혁신 전략의 양상을 비교연구의 관점에서 이해하기 위한 분석틀을 제시했다. 특히 제1장은 기존의 미래전 연구에서 제시된 두 가지 이론적 논의에 주목했다.

그 하나는 복합지정학complex geopolitics에 대한 이론적 논의이다. 미래전에 대응하는 군사혁신 전략은 안보환경의 '구조적 상황'과 각국의 '구조적 위치'에 대한 인식을 배경으로 한다. 여기에는 고전적인 의미의 지정학 시각에서 본 전통안보 분야의 권력구조 변화에 대한 인식이 주를 이루지만, 안보 개념의 확대라는 맥락에서 이해한 신흥안보 위협에 대한 주관적 구성, 즉 구성주의적 '비판지정학'의 시각에서 본 안보화securitization도 주요 변수이다. 한편, 군사혁신 전략은 행위자 차원에서 각국이 보유한 군사 기술혁신의 역량에 의해서 좌우된다. 이는 4차 산업혁명 분야의 기술을 원용한 무기체계의 스마트화 이외에도 사이버·우주 공간에서의 미래전 수행을 포함한다는 의미에서 군사혁신의 탈脫지정학적 차원을 보여준다. 아울러 이러한 군사기술 역량이 글로벌 시장을 타깃으로 한 민간 방위산업의 경쟁력 확보와 연결된다는 점에서 비非지정학의 양상도 드러난다.

다른 하나는 네트워크 국가network state에 대한 이론적 논의이다. 미래전에 대응하는 각국의 군사혁신 전략은 여러 층위에서 상이하게 나타난다. 첫째, 군사혁신 거버넌스의 추진체계, 특히 그 구성 원리와 작동 방식을 엿볼 수 있는 변수로서 군 내 또는 범정부 차원의 군사혁신 주체, 관련 법의 제정 및 운용 방식 등에 주목할 필요가 있다. 둘째, 민군 협력의 양상과 군-산-학-연 네트워크 등의 층위인데, 이는 민군겸용 기술혁신 모델과 관련하여 냉전기의 스핀오프spin-off로 대변되는 군 주도의 수직적 통합 모델이냐, 스핀온spin-on으로 대변되는 민간 주도의 분산형 모델이냐가 쟁점이다. 끝으로, 군사혁신의 국제 협력과 대외적 네트워크 변수이다. 미래전 분야에서 우방국과의 동맹 구축 및 지역 차원 국제 협력에의 참여, 그리고 국제규범 형성에 대한 각국의 입장 차 등이 변수가 된다. 궁극적으로는 다양한 층위에서 전개되는 군사혁신을 조정하고 통합하는 국가의 네트워킹 역량, 즉 메타 거버넌스meta-governance가 중요한 변수이다.

제1부 "미국·중국·러시아·일본의 사례"는 제1장에서 제시한 분석틀을 원용하여 한반도 주변4국인 미국, 중국, 러시아, 일본이 추구하고 있는 미래전 전략과 군사혁신 모델의 사례를 다루었다.

제2장 "미국의 미래전 전략과 군사혁신 모델: 위협과 도전에 대한 '상쇄전략'"(손한별)은 탈냉전 이후 유일한 패권국으로 남은 미국의 사례를 살펴보았다. 미국은 변화하는 안보환경 속에서도 자국의 우세를 유지하기 위해 세 번째 '상쇄전략'을 내놓았다. 이미 두 차례 상쇄전략을 통해 상대에 대한 우위를 유지했던 경험을 가지고 있었지만, 제3차 상쇄전략은 '네트워크 국가'로서의 미국의 포괄적 군사혁신 노력을 잘 보여준다. 미국의 위협인식과 대응전략은 철저히 강대국 중심의 고전지정학의 영역에 머물러 있지만, 대내적 군사혁신 거버넌스, 국제 협력과 대외적 네트워크를 통해 확대된 영역에서의 우위를 추구하고 있다.

제2장은 제1·2차 상쇄전략으로부터 제3차 상쇄전략으로 발전하는 과정에서 미국 위협인식의 지속과 변화를 살펴보았다. 상쇄전략은 기술혁신을 통해 달성한 우위를 바탕으로 비용을 부과하여 적극적인 소진전략을 추구해 온 미국 군사혁신의 특징을 잘 보여준다. 미국 군사전략의 목표는 장기 경쟁 관계에서 우위를 달성하는 것이었으며, 군사혁신은 이러한 목표의 구현을 제약하는 요인을 극복하기 위한 방법과 수단의 혁신으로 나타났다.

미국의 상쇄전략은 기술혁신, 작전혁신, 조직혁신으로 나누어 살펴볼 수 있다. 첫째, 4차 산업혁명의 최첨단기술을 통해 상대에 대한 압도적 우위를 추구하며, 민간 분야의 성과를 활용하기 위해 역동적인 민군 협력 프로그램을 추진하고 있다. 둘째, 첨단기술을 운용하기 위한 작전혁신의 측면에서 다양한 합동 및 각 군의 작전개념을 내놓고 미래전 수행개념을 발전시키고 있다. 셋째, 조직혁신 차원에서 연구개발 역량을 강화하고, 혁신적인 문화를 조직에 정착시키려는 노력이 이어지고 있으며, 국방혁신센터와 전략능력실이 대표적 사례이다.

제3장 "중국의 군사혁신 전략 변화와 전망"(김상규)이 분석한 중국의 미래전 전략과 군사혁신의 변화는 지도자의 위협인식 변화와 정책 의지에 기초해 두드러진 변화를 이끌어왔다. 특히, 덩샤오핑 시기는 선진국의 행태를 관찰하여 장기적인 전략 목표를 수립하는 데 방점을 찍었으며, 장쩌민 시기에는 정보화 전쟁에 기초한 전략사고와 첨단기술 조건하에서의 국부전쟁 전략을 통한 군 현대화를 이루기 위해 노력했다. 후진타오 시기는 정보화 전쟁의 승리와 현대전 수행을 위한 강력한 해군력과 정보통신 기술력 강화에 초점을 맞추었다. 시진핑 시기는 군사혁신을 위한 군대개혁과 기술혁신 등 조직과 첨단 군사기술 발전을 위한 전면적인 개혁을 단행했다.

이를 위해 첫째, 기존의 군 조직을 작전 지휘와 조직 관리에 최적화된 조직으로 개편했고, 둘째, 군민융합에 기초한 군과 민간 기술의 양립 발전과 인재 양성을 통해 국가 발전전략을 이루고자 하였다. 셋째, 국가관계에 기초한 전략 변용을 통해 러시아와의 협력을 긴밀하게 수립하여 군사 무기 수입을 통한 군사력 증대와 기술 확립에 중점을 두었다. 이와 같은 전략을 구체화하기 위한 군과 민간의 연구개발 조직을 확대 개편하고, 공격적인 자금 지원을 통해 첨단 군사기술의 확보와 이를 통한 최첨단 전략무기체계의 새로운 패러다임을 만들어가고 있다. 이는 미래전을 위한 중국의 전략적 방향성과 궤를 같이하는 것으로, AI를 기반으로 한 무인무기 개발과 실전에서의 활용, 그리고 우주전을 대비한 기술과 전략의 설정으로 귀결시키고 있다.

제4장 "러시아의 군사혁신과 미래전 전략"(우평균)은 러시아의 군사전략과 미래전 전략과의 상관성을 제시하고, 실천적 과제를 제시했다. 러시아의 군사혁신은 서구와 용어는 다르지만, 미국보다 앞서 혁신 노력을 기울여왔다. 전통

적으로 소련의 군사이론가들은 발상을 달리하는 신무기체계의 출현과 더불어 새로운 전투 방식을 가장 먼저 받아들이는 군대가 미래 전쟁에서 결정적 우위를 차지하게 될 것이라고 주장해 왔다. 2000년대에 들어와서 러시아의 이 같은 사고는 비대칭 전쟁, 비접촉전, 비군사적 수단의 중시 등 독자적인 전략개념을 적극 수용하기 시작했으며, '와해'와 같은 러시아 특유의 전략적 사고를 발전시키기에 이르렀다. 2010년대에는 국가전략 과제와 국방과학기술을 접목시키려는 노력을 본격화하기 시작하여 고등연구재단과 Era 테크노폴리스 등을 설립하여 운영하고 있다.

러시아는 미래전 구상에 따르는 실천적 과제를 달성하기 위해 새로운 전쟁의 성격을 연구하고 군사 부문의 R&D 네트워크를 구축하기 위해 과거에 비해 상당한 노력을 기울인 결과, 진척도 있지만 아직 미국과 중국에 비해 뒤처져 있다. 러시아는 사회적으로 낮은 노동생산성을 유지하고 있으며, 사회 전반적인 혁신 노력이 부족한 상태이다. 여기에 더해 2014년부터 지속되고 있는 서구의 대러 제재도 국방산업의 발전에 족쇄가 되고 있다. 장기적으로는 석유와 천연가스 등 천연자원 수출에 크게 의존하고 있는 단선적인 경제구조가 안정적인 방위력 건설에 크게 영향을 미치는 요인으로 작용하고 있다.

제5장 "일본의 미래전 전략과 군사혁신 모델"(이기태)에서 다루고 있는 일본은 국가안보전략을 통해 미일동맹 강화, 자체 방위력 증강, 다층적 안보 네트워크 강화를 국가전략으로 추구하고 있다. 이러한 국가전략하에 미래전 전략 및 군사혁신의 추진체계 역시 기본적으로는 미일동맹과 다층적 안보 네트워크 강화를 통한 '동맹 형성 프레임'을 지향하고 있다. 그와 동시에 일본은 '안전보장기술연구추진제도'와 같이 그동안 터부시해 왔던 민간(대학)의 군사기술 참여를 독려하면서 자체 방위력 강화를 위한 기술 기반 형성을 추구하는 '자주국방 프레임'도 점차적으로 증가시키고 있다.

한편 일본은 과거 방위성 관료와 정치가가 중심이 되어 미래전 전략과 군사혁신을 추진해 왔고, 현재도 이러한 구도는 크게 변화하지 않았다. 단 2000년대 이후 관저정치가 강화되고 아베 정부 이후 방위성의 위상이 높아지면서 '제복조' 출신의 방위성 관료의 힘이 증가하고 있지만, 여전히 일본은 문민통제하의 정부 주도의 방위기술전략에 따른 군사혁신이 진행되고 있다. 게다가 2010년대 이후 일본 정부(특히 방위장비청)가 주도해서 경제계(경단련), 학계(대학, 연구 기관)와 함께 미래전 및 군사혁신을 모색하는 민관학 연계 흐름이 강화되고 있는 추세이다. 따라서 일본의 미래전 전략과 군사혁신 모델은 미래 다차원 영역 횡단 작전을 추구하면서 미일동맹 및 유럽 국가 등 민주주의 가치를 공유하는 국가와의 협력이라는 동맹 형성 프레임을 지향하는 가운데, 정부 주도의 수직적 통합형 추진체계를 갖추고 있다고 잠정적으로 결론을 내릴 수 있다.

제2부 "영국·독일·터키·이스라엘의 사례"는 서구 및 아시아 국가인 영국, 독일, 터키, 이스라엘 네 국가의 미래전 전략과 군사혁신 모델의 사례를 분석했다.

제6장 "영국의 미래전 전략과 국방혁신"(조은정)은 영국의 위협인식과 국방혁신의 동기를 추적함으로써 세계 국방혁신의 경향을 유추하고 한국 국방혁신에 대한 시사점을 모색했다. 오늘날 영국의 위협인식은 기후변화 및 테러리즘 등 보편적 안보환경의 변화와 더불어 미중 패권경쟁에 따른 구조적 안보환경의 변화, 그리고 브렉시트로 인한 영국의 특수적 안보환경의 변화가 복합적으로 결부되어 구성되었다고 볼 수 있다. 이와 같은 복합적인 안보불안을 해소하기 위해 한편으로는 '글로벌 브리튼'이라는 새로운 지전략 아래 인도·태평양으로 진출을 모색하고, 다른 한편으로는 기술, 전략, 조직, 운용 등 다차원에서 초고강도의 국방혁신을 추진하고 있다.

영국의 국방혁신이 이전 시대의 국방혁신과 구분되는 특징과 그 시사점은 다음과 같다. 첫째, 종래의 국방혁신은 국가 간 경쟁으로 인식되어 무한 군비경쟁의 딜레마에 빠지는 결과를 낳았으나, 오늘날 국방혁신은 동맹 간 협력 사안으로 빠르게 변환되고 있다. 둘째, 국방혁신에서 동맹 간 공조가 필수화됨에 따라 국제사회가 진영화grouping되면서 국가 간보다는 빠르게 진영 간 대결 구도로 전환되고 있으며 이는 국방혁신에 있어서 동맹 내외부적으로 상호압박 peer-pressure 요인으로 작용할 것으로 전망된다. 이 두 가지 특징으로부터 미중 갈등이 격화됨에 따라 한국에 대한 자유주의 진영에의 동참에 대한 요구가 높아질 것이며, 이는 동맹들(미국 등)과 상호운용성을 높이는 방향으로 국방혁신을 요청받게 될 것이라 전망된다.

제7장 "독일의 미래전 전략과 군사혁신 모델"(표광민)은 국제 정세의 변동과 국내 정치의 불안 요인으로 인해 독일은 새로운 안보환경에 놓여 있다고 지적한다. 이로 인해 독일 연방군은 자유주의 군대로서의 정체성을 유지하면서도 다양한 안보위협에 신속히 대처해야 한다는 과제를 안게 되었다. 제7장은 독일의 미래전 인식과 전략이 복합지정학적 여건 속에서 도출되었음에 주목하며, 미래전에 대응하기 위한 군사혁신의 방향으로 조직혁신, 작전혁신, 기술혁신이 추진되고 있음을 분석했다. 냉전의 해체 이후 평화에 대한 염원에도 불구하고, 오늘날 세계는 대량살상무기의 확산과 권위주의 체제의 위협, 인도·태평양 지역에서의 미중 갈등 등 계속되는 국제적 갈등을 목도하고 있다. 이는 독일의 입장에서는 필연적으로 미래전 대응전략과 군사혁신의 추진을 요구하게 되었다.

제7장은 독일이 추진하고 있는 혁신정책들을 조직혁신, 작전혁신, 기술혁신의 세 가지 측면에서 살펴보았다. 통일 이후 독일은 징병제에서 모병제로 전환하며 연방군의 효율적 운영과 현대화를 위한 조직혁신에 착수했다. 그러나 연방군 내부에서 극우화 경향이 나타나고 있다는 사실이 드러나면서, 자유주의 군대로서의 정체성을 재확립하는 것이 무엇보다도 시급한 과제로 제기되었다. 작전혁신을 위한 배경에는 러시아의 위협과 인도·태평양 지역의 중요성 증대가 자리하고 있다. 이에 대응하기 위해 독일 연방군은 유럽연합과 나토NATO를 통한 다자협력의 틀 속에서 해외에서의 임무 수행에 적극 나서고 있다. 다각화된 임무 수행을 위해, 독일 연방군은 현대화 정책을 추진하고 있으며, 이

를 위한 최첨단무기와 장비의 확충을 통한 기술혁신에 매진하고 있다. 이 과정에서 국방예산의 확보는 선결되어야 할 실질적 과제로 여겨지고 있다.

제8장 "터키의 미래전 전략과 군사혁신 모델"(설인효)이 다룬 터키의 사례는 대내외 정책 환경 변화로 국가안보전략 및 대외전략의 변환을 추구하는 중견국에게 군사혁신은 어떠한 정책적 의미를 지니며 어떻게 추진되는지를 보여준다. 터키는 근대화 이후 냉전기를 경험하면서 국내적으로는 세속적 민주주의 체제, 대외적으로는 나토의 일원으로서 미국 및 서방국가들과 가까운 국가로서 자신의 정체성을 형성해 왔다. 그러나 터키는 에르도안의 장기 집권하에서 점차 대내외적 변환 과정을 겪게 된다. 에르도안이 이끄는 AKP의 선거 압승이 지속되면서 민주화는 퇴색되고 권위주의화의 길을 걷는다. 대외전략적 차원에서는 미국과 서방 진영 국가들의 영향력을 배제하고 터키의 국경 안전을 위해 중동 및 아프리카 분쟁에 적극적으로 개입하며 지중해에서의 경제적 이익 보장을 위한 대양해군 건설에도 매진했다.

이와 같은 터키의 대외전략 전환은 우선 대외적 자율성을 요구했고, 이는 국방력 건설을 서방, 특히 미국에게 일방적으로 의존하는 데서 벗어나는 것을 필요로 했다. 터키의 방위산업 진흥과 자주국방 노력은 에르도안 정부하에서 국가적 정책으로, 대외정책의 핵심 어젠다로 추진되었다. 첨단 과학기술에 기반한 첨단무기체계 생산은 터키의 국방력을 강화하는 동시에 방산 수출로 이어져 규모의 경제로 인한 생산비 감축까지 가능해질 경우 국가경제에 기여할 뿐아니라 군사력의 강화로 이어질 수 있다. 4차 산업혁명과 함께 도래할 것으로 예상되는 미래전 분야에서 이러한 노력이 성공을 거둘 경우 그것이 가져다줄 추가적인 군사력 강화의 효과는 매우 클 것으로 예상된다. 터키의 사례는 기존에 주로 연구되어 온 강대국 내에서 추진된 군사혁신 사례와 달리 중견국 군사혁신의 국제적 측면을 부각하는 사례가 되어줄 것이다.

제9장 "이스라엘의 미래전 전략과 군사혁신 모델: 군사혁신과 혁신국가의 연계"(조한승)가 살펴본 이스라엘은 '분쟁 국가'이면서 동시에 '스타트업 국가'

이다. 이런 상반적인 국가 이미지의 연결고리에 이스라엘군이 존재한다. 2006년 제2차 레바논 전쟁을 계기로 이스라엘은 미래전 양상을 이란, 하마스, 헤즈볼라 등 다층적 적대 행위자와의 집약전쟁으로 상정하고, 이를 대비하기 위한 일련의 국방계획을 수립했다. 이스라엘의 군사혁신은 안보환경의 변화에 적응하기 위해 기존의 임기응변적 대응에서 탈피하여 미래 전쟁 양상에 대한 체계적 연구를 강조한 새로운 세대 장교 집단에 의해 주도되었다. 이스라엘군은 군-산-학-연 협력을 통한 방위산업 발전을 주도함으로써 한편으로는 전력승수 효과를 높이고 다른 한편으로는 이중용도 첨단기술을 국가성장의 중요한 도구로 활용했다. 끊임없는 분쟁을 치르고 있는 이스라엘에서 고전지정학적 의미의 물리적 생존의 모색은 여전히 중요하다. 하지만 최근 전쟁의 승리를 영토적 의미로만 해석하지 않고 정치사회적 의미에서 바라보기 시작하고, 국제여론과 국제 제도를 중시하며, 새로운 공간으로서의 사이버 공간에서의 활동을 적극적으로 확대하고 있다는 점에서 이스라엘의 군사혁신은 점차 복합지정학적 성격을 띠기 시작했다고 평가된다.

이 책이 나오기까지 도움을 주신 분들께 감사드린다. 무엇보다도 어려운 코비드-19의 발생으로 인한 이례적 상황에서 다소 늘어지는 진행 일정에도 불구하고 열의를 잃지 않고 연구에 참여해 주신 필자 선생님들께 깊은 감사의 마음을 전하고 싶다. 2021년 1학기에 진행된 중간발표 모임에 참여해서 알찬 질문과 열띤 토론을 벌인 서울대학교 미래전연구센터 2021년 프로그램 수강생들도 감사하다. 코비드-19로 인해서 당초 예정했던 이 책의 출판 일정을 한 한기 정도 늦출 수밖에 없었던 사정이 있었음도 밝혀둔다. 이 책에 담긴 초고들은 2021년 10월 22일(금) 정보세계정치학회 추계학술대회(비대면 회의)에서 발표되었는데, 당시 사회자와 토론자로 참여해 주신 김은비(국방대학교), 김주리(통일연구원), 김주희(부경대학교), 민병원(이화여자대학교), 박영준(국방대학교), 손열(연세대학교), 신범식(서울대학교), 유재광(경기대학교), 윤대엽(대전대학교), 이상국(국방연구원), 전혜원(국립외교원), 하영선(동아시아연구원)께도 감사를 전한다(직함과 존칭 생략, 가나다순). 이 책을 출판하는 과정에서 교정과 편집 총괄을 맡아준 석사과정의 강이슬에 대한 감사의 말도 잊을 수 없다. 끝으로 출판을 맡아주신 한울엠플러스(주)의 관계자들께도 감사의 말을 전한다.

2022년 3월
서울대학교 미래전연구센터장
김상배

1 미래전 전략과 군사혁신 모델

분석틀의 모색

김상배 | 서울대학교

1. 서론

4차 산업혁명으로 대변되는 기술 발달이 군사 분야에도 큰 영향을 미치면서, 이른바 '미래전future warfare'의 도래에 대한 논의가 한창이다(김상배, 2020). 미래전의 도래에 대응하는 노력의 성패가 미래 국력을 좌우하는 잣대로 이해되기도 한다. 이러한 맥락에서 미래전에 대응하기 위해 군사 분야에서 다양한 혁신전략이 모색되고 있다. 미·중·러로 대변되는 강대국뿐만 아니라 서구 선진국이나 비서구권의 중견국도 국가적 차원의 노력을 기울이고 있다. 한국도 미래전의 도래에 대응하는 전략을 적극적으로 추진하고 있음은 물론이다. 이 글은 세계 주요국들이 벌이고 있는, 미래전 대비 '군사혁신military innovation' 전략의 양상을 비교연구의 관점에서 이해하기 위한 분석틀을 마련해 보고자 한다.

미래전의 도래에 대응하는 '군사혁신'의 개념은, 유사 개념이라고 할 수 있는 군사분야혁명Revolution in Military Affairs: RMA이나 군사변환Military Transformation

등과 구별하지 않고 사용되기도 한다. 특히 군사혁신의 개념은 군사기술혁명 Military Technology Revolution: MTR의 개념과 혼용되기도 한다. 최근에는 '국방혁신Defense Innovation'이라는 개념이 흔히 쓰이는데, 이는 군사혁신의 개념에서 군사전략과 관련된 부분을 뺀, 첨단 방위산업 분야의 기술혁신을 강조한다 (Cheung, 2021). 여하튼 군사혁신과 여러 관련 개념들의 출현은 미중 첨단 군비경쟁이 가속화되고, 이를 뒷받침하는 민군겸용dual-use 기술경쟁이 첨단 방위산업 분야를 중심으로 전개되고 있는 현실을 반영한다(김상배, 2021a).

이 글은 미래전 대응의 차원에서 추진되는 군사혁신을 기술, 작전, 조직의 세 가지 차원에서 이해하고자 한다. 첫째, 군사혁신은 새로운 군사력의 수단을 제공하는 차원에서 수행되는 기술혁신이다. 기술혁신은 군사혁신의 수단이자, 군사혁신이 지향하는 중간 단계의 목표, 즉 '하드웨어 차원의 혁신'을 의미한다. 둘째, 군사혁신은 군사적 활동의 성격과 전쟁 수행 방식을 질적으로 변화시킴으로써 군사적 우위를 확보하는 작전혁신이다. 작전 수행 방식의 혁신은 군사적 효과성을 증대시켜 전장에서의 성과로 나타나는데, 이는 군사혁신이 지향하는 최종 단계의 목표라고 할 수 있다. 끝으로, 군사혁신은 전력체계와 군사 조직, 군사제도 등의 변화를 통해서 기술 및 작전의 혁신을 뒷받침하는 조직혁신이다. 조직혁신은 일종의 '소프트웨어 혁신'의 의미를 갖는데, '과정혁신'이라고 할 수 있다(Grissom, 2006).

이 책은 주요 8개국, 즉 한반도 주변4국인 미국, 중국, 러시아, 일본과 서구 및 아시아권인 영국, 독일, 터키, 이스라엘 4개국의 미래전 대비 군사혁신 전략을 비교연구의 시각에서 살펴본다. 주요국의 미래전 대비 군사혁신 전략을 다룬 기존 연구는 여태까지 많이 진행되지 못한 상태인데, 현재 몇몇 초보적인 연구가 존재한다(Grissom, 2006; Holmberg and Alvinius, 2019; Cheung, 2021). 특히 주요국들이 추구하는 미래전 대비 군사혁신 전략을 비교 분석하기 위해서는 구체적인 분석틀의 마련이 시급하다. 이러한 문제의식을 바탕으로 이 글은 군사혁신 전략의 국가 간 비교연구를 위한 플랫폼을 마련하기 위한 시도를 벌였다. 특히 이 글은 기존의 미래전 연구에서 제시된 두 가지 이론적 논의에 주목했다(김상배, 2020; 2021a; 2021b; 2021c).

그 하나는 복합지정학complex geopolitics에 대한 이론적 논의이다. 미래전에 대응하는 군사혁신 전략은 안보환경의 '구조적 상황'과 각국의 '구조적 위치'에 대한 인식을 배경으로 한다. 여기에는 고전적인 의미의 지정학적 시각에서 본 전통안보 분야의 권력구조 변화에 대한 인식이 주를 이루지만, 안보 개념의 확대라는 맥락에서 이해한 신흥안보 위협에 대한 주관적 구성, 즉 구성주의적 '비판지정학'의 시각에서 본 안보화securitization도 주요 변수이다. 한편, 군사혁신 전략은 행위자 차원에서 각국이 보유한 군사 기술혁신의 역량에 의해서 좌우된다. 이는 4차 산업혁명 분야의 기술을 원용한 무기체계의 스마트화 이외에도 사이버·우주 공간에서의 미래전 수행을 포함한다는 의미에서 군사혁신의 탈脫지정학적 차원을 보여준다. 아울러 이러한 군사기술 역량이 글로벌 시장을 타깃으로 한 민간 방위산업에서의 경쟁력 확보와 연결된다는 점에서 비非지정학의 양상도 드러난다.

다른 하나는 네트워크 국가network state에 대한 이론적 논의이다. 미래전에 대응하는 각국의 군사혁신 전략은 여러 층위에서 상이하게 나타난다. 첫째, 군사혁신 거버넌스의 추진체계, 특히 그 구성 원리와 작동 방식을 엿볼 수 있는 변수로서 군 내 또는 범정부 차원의 군사혁신 주체, 관련 법의 제정 및 운용 방식 등에 주목할 필요가 있다. 둘째, 민군 협력의 양상과 군-산-학-연 네트워크 등의 층위인데, 이는 민군겸용 기술혁신 모델과 관련하여 냉전기의 스핀오프spin-off로 대변되는 군 주도의 수직적 통합 모델이냐, 스핀온spin-on으로 대변되는 민간 주도의 분산형 모델이냐가 쟁점이다. 끝으로, 군사혁신의 국제 협력과 대외적 네트워크 변수이다. 미래전 분야에서 우방국과의 동맹 구축 및 지역 차원 국제 협력에의 참여, 그리고 국제규범 형성에 대한 각국의 입장 차 등이 변수가 된다. 궁극적으로는 다양한 층위에서 전개되는 군사혁신을 조정하고 통합하는 국가의 네트워킹 역량, 즉 메타 거버넌스가 중요한 변수가 된다.

이 글은 크게 세 부분으로 구성했다. 제2절은 미래전 전략의 복합지정학적 분석틀을 살펴보았다. 국내외 안보위협의 환경과 인식을 살펴보고, 이에 대응하는 미래전 대비 첨단 기술혁신의 역량 및 민간 방위산업 역량을 살펴보았다. 구조와 행위자의 상호작용 속에서 군사혁신이 추구되는 국가별 차이를 이해하는 것이 취지였다. 제3절은 군사혁신 모델의 분석틀을 세 가지 층위에서 살펴보았다. 대내적으로는 군사혁신 거버넌스의 추진체계와 함께 민군 협력과 군-산-학-연 네트워크를 살펴보았으며, 대외적으로는 군사혁신 분야의 동맹과 국제 협력 양상을 살펴보았다. 제4절은 이 글에서 제시된 분석틀을 8개국 사례에 적용하여 각 유형별로 구분이 가능한지를 탐색했으며, 이 책에 담긴 각 장의 논지를 소개하는 성격도 겸했다. 끝으로, 결론에서는 이 글의 주장을 종합·요약하고 미래전 전략과 군사혁신 모델의 분석틀에 대한 논의가 한국의 사례에 던지는 함의를 간략히 검토했다.

2. 미래전 전략의 복합지정학

1) 안보위협의 환경과 인식

(1) 전통안보의 환경 변화와 위협인식

미래전 대비 군사혁신 전략이 출현한 배경에는 안보위협에 대한 인식이 자리 잡고 있다. 특히 국가 간 국력 격차에서 유발되는 전통적인 안보위협에 대한 고전지정학적 인식이 대표적이다. 고전지정학은 국가별 국력 요소의 변화와 권력의 원천을 자원의 분포와 접근성이라는 물질적 또는 지리적 요소로 이해하고, 이러한 자원을 확보하기 위한 경쟁이라는 차원에서 국가전략을 이해한다. 이는 영토, 국민, GDP, 산업, 무기, 국방예산 등의 보유 정도에서 유추되는 자원권력의 지표를 활용하여 국제정치를 설명한다. 이러한 지정학적 논의는 좀 더 구조적인 차원에서 권력 분포로서 '구조'의 변화에 주목한다. 이러한 시각에서 본 최근의 쟁점은 미국을 중심으로 한 해양 세력과 중국을 중심으로 하는 대륙 세력의 경쟁이다.

미국의 군사혁신은 중국의 부상에 따른 권력전이 가능성이나 사이버·우주 공간과 같은 새로운 전략공간의 창출 등으로 인한 군사력 격차의 축소에 대한 인식에서 시작했다. 전통적으로 미국은 군사적 충돌이 발생하기 이전에 상대방의 군사력에 대한 상대적 우위를 확보하는 전략을 펼쳐왔다. 중국과 러시아의 추격으로 군사력 격차가 좁아지는 상황에 대응하여, 2010년대 중후반 미국이 추진한 '제3차 상쇄전략'도 이러한 인식을 배경으로 한다. 2018년 트럼프 행정부에서도 미국의 군사력 우위를 달성하기 위한 구체적인 계획을 내놓았다. 이러한 맥락에서 미 국방부도 중국과 러시아를 경쟁 상대로 명시하고 미국 군사력의 경쟁 우위를 달성하기 위한 국방목표를 내세웠다.

일본에게 중국은 미래의 가장 큰 안보위협이다. 일본은 중국을 현상 변경을 추구하는 세력으로 이해한다. 게다가 중국의 국방정책과 군사력의 불투명성으로부터 일본의 안보를 보장하기 위해서는 향후 경계심을 늦추지 말아야 한다고 인식한다. 2010년에 이르러 일본의 경제력은 GDP 면에서 중국에 따라잡혀서 세계 2위에서 3위로 추락했고, 그 이후 양국의 격차는 점점 더 벌어지고 있다. 일본의 군사혁신 전략의 저변에는 군사력 차원에서 일본은 중국에 혼자서 대항할 수 없으며, 미일동맹을 중심축으로 하여 다양한 국가들과 지역을 포함하는 다층적인 안보 네트워크를 구축해야 한다는 인식이 깔려 있다.

영국의 군사혁신 전략 추진의 배경에는 미중 갈등 심화와 같은 안보환경의 변화가 자리 잡고 있다. 미국이 나서서 동맹국을 규합하고 민주주의 가치의 복원을 통한 대對중 압박 전선의 확대 노력이 제기되면서 나토 동맹국인 영국의 참여가 기대되는 상황이다. 이러한 과정에서 안보 개념의 확대와 안보 주체의 다각화를 통한 국방 운영 방식의 전면적인 개혁 필요성이 제기되고 있다. 이와 더불어 2008~2009년 금융위기로 인한 국방비 삭감과 대내외 안보환경의 변화에 따른 국방예산 증액의 어려움, 그리고 저출산과 고령화 등 인구 변화에 따른 정규 병력의 감소 등과 같은 요인이 영국에서 좀 더 효율적인 군대 운영을 요구함으로서 군사혁신을 추동하고 있다.

독일의 경우에도 러시아의 위협에 대한 인식이 군사혁신을 촉발하는 요인이 되고 있다. 2014년 러시아의 크림반도 병합 이후 독일을 비롯한 유럽연합과 러시아 사이의 긴장은 한층 더 팽배해졌다. 크림반도 병합을 전후한 긴장 상황에서 유럽연합은 독일의 주도로 러시아에 대한 경제제재에 나섰으나 별다른 실효를 거두지 못했다. 대러 제재의 과정에서 오히려 전통적인 지정학적 대립 요소가 더욱 불거지기도 했다. 유럽에 가스를 공급하고 있는 러시아의 전략적 우위가 드러나면서 러시아에 대한 유럽연합의 취약성이 노출되었다.

터키(튀르키예)는 미국 및 나토 국가들과 갈등과 반목을 노골적으로 드러내면서 러시아 세력에 편승하여 미국의 영향력을 차단하려는 공세적 전략을 추진하고 있다. 이러한 과정에서 터키는 역내에서의 독자적 영향력을 강화하고자 한다. 터키 대외정책의 변화와 군사혁신 전략의 추진은 '에르도안 독트린'으로 알려진 공세적 군사 독트린으로 나타난다. 터키는 주변국에 대한 단순 개입을 넘어 터키 영토 밖에서 군사력을 공세적으로 운영할 것임을 천명하고 있다. '대서양 프레임워크'로부터 벗어나 터키의 미래 성장을 보장하기 위해서는 군사혁신을 통해서 서방국가, 특히 미국으로부터 독립된 자율적인 군사력의 구비가 필요하다는 것이다.

이스라엘의 군사혁신도 자국보다 규모가 크고 병력도 많은 주변 아랍 국가들의 위협에 대한 인식을 배경으로 추진되어 왔다. 특히 이스라엘의 인식 속에서 이란은 핵무기 개발과 미사일 배치로 이스라엘에 대한 군사적 위협의 수위를 계속해서 높이는 한편, 레바논과 시리아의 친親이란 군사 조직에 대해 군사적 지원을 제공하여 이스라엘을 다면적·다층적 전쟁 위협에 빠뜨리는 전략을 구사하는 존재이다. 게다가 서방 진영과 이란 사이의 긴장이 고조될 때마다 이란은 이스라엘에 대한 보복을 언급하고 있어 외부에서 촉발된 불똥이 이스라엘로 될 가능성도 크다. 이러한 안보위협에 대한 인식은 이스라엘이 추진하는 군사혁신 전략의 주된 동기가 되었다.

(2) 신흥안보 위협의 부상과 인식

신흥안보 위협에 대한 인식도 군사혁신의 큰 동인이다. 특히 비가시성과 복잡성을 특징으로 하는 신흥안보 위협은 '안보화'의 과정을 통해서 주관적으로 구성되는 성격을 지닌다. 이른바 구성주의적 비판지정학의 시각에서 본 안보위협에 대한 인식이 대표적인 사례이다. 이러한 신흥안보 위협은 4차 산업혁명 분야의 기술 시스템을 배경으로 한 사이버 안보나 신흥기술 안보와 관련해서 발생한다. 군사 정보·데이터 이슈나 감시와 감청 문제 등을 넘어서 빅데이터 환경에서의 데이터 안보 이슈도 쟁점이다. 코비드-19의 발생으로 불거진 글로벌 보건안보 문제나 기후변화 및 에너지 안보에 대한 인식의 출현도 최근에 부쩍 군사혁신을 추진하는 배경 요인이 되고 있다. 인구안보, 이주 및 난민안보 등도 최근 부각되고 있는 쟁점이다.

미국은 러시아, 중국과 같은 전통적인 경쟁국들과의 군사충돌에 대비할 뿐만 아니라 에너지 안보, 기후변화와 같은 새로운 도전에 대한 대응도 과제로 설정하고 있다. 대량살상무기, 이민자 관리, 테러 및 사이버 공격들로부터 미 본토의 안전을 확보해야 하고, 동시에 경제의 활성화와 공정한 무역을 통한 경제적 번영, 지속적인 연구개발과 고부가가치 핵심 기술의 보호, 에너지 분야에서의 주도권 확보 등을 달성한다는 국가적 목표를 설정하고 있으며, 이는 미국이 추진하는 군사혁신의 배경이 된다. 이밖에 인구 변화, 메가시티의 확대, 첨단기술의 확산 등과 같은 요인들도 새로운 전략환경의 형성을 추동하는 위협 요인으로 인식되고 있다.

영국의 군사혁신에도 신흥안보 위협에 대한 인식이 반영되어 있다. 영국은 안보 우선순위를 변화시킬 가능성이 있는 위협 요인으로 테러, 극단주의 위협 증가, 사이버 위협의 고조, 초국가적 범죄, 질병 및 자연재해, 기후변화 등을 거론한다. 영국 국방부는 코비드-19와 같은 감염병과 재난·재해의 위험 이외에도 가짜 뉴스를 유포함으로써 사회질서를 교란시키는 정보심리전과 하이브리드전의 부상, 핵심 데이터와 정보를 탈취하는 사이버 공격도 심각한 안보위협으로 규정했다. 특히 통상적인 군사 활동이 아닌 방식으로 전개되는 러시아의 하이브리드전 공세를 영국이 현재 당면한 중대한 안보위협으로 규정했다.

독일도 전통적인 군사 부문과 관련된 내용의 비중을 축소하면서까지 새로운 안보위협으로 떠오른 테러리즘, 사회 인프라에 대한 공격 가능성, 이민자 문제 등을 주요한 안보위협으로 지목하고 있다. 9·11 테러 이후, 독일 내부에서 시민의 생명을 위협하는 테러 행위들은 국경에서의 영토방어라는 전통적인 국방 개념을 벗어난 새로운 위협 요인으로 등장했다. 2015년 발생한 시리아 난민 위기 역시 대량의 이주민들로 인해 독일의 안보가 영토 내부에서 위협받을 수 있음을 확인시켜 주었다. 이는 국가안보를 더 이상 대외적인 국제정치의 영역에 국한시킬 수 없는 상황이 창출되었다는 인식을 확산시켰다. 러시아의 하이브리드전에 대한 대응도 독일이 맞서야 하는 새로운 안보위협으로 인식되고 있다.

이스라엘은 전통적으로 안보위협의 우선순위를 헤즈볼라, 하마스 등 비정규 무장 세력과의 비대칭 전쟁에 두었다. 이들 세력은 정규군으로 분류할 수도 없지만, 민간인으로 간주하기도 어렵다. 이들은 인구가 밀집된 도시 지역에서 민간인들과 섞여 있기 때문에 동태를 파악하기 어렵다. 이들이 폭탄테러를 감행하거나 반대로 이들을 진압하는 작전을 벌일 경우, 무고한 많은 민간인 희생자가 발생할 가능성이 있다. 이러한 비대칭 전쟁에서는 기존의 기갑부대 중심의 돌격 작전 대신에, 상대의 통신을 감청하여 위치를 파악하거나, 안면인식 기술 등을 통해 신분을 인식하며, 드론을 활용해 적의 보급 루트를 파악하는 등 첨단기술을 활용한 정보 수집 및 분석 능력이 중요하다는 인식이 확산되고 있다.

2) 미래전 전략의 역량

(1) 군사 기술혁신 역량과 미래전 수행 개념

미래전 대비 군사혁신 전략은 각국이 보유한 군사 기술혁신의 역량과 이를 기반으로 상정한 미래전 수행 개념의 영향을 받는다. 다시 말해, 군사혁신 전략은 4차 산업혁명 분야의 첨단기술을 활용한 전쟁 수행 전략이 일국의 안보전략 또는 군사전략 전반에서 차지하는 위상과 비중에 의해서 크게 좌우된다. 최근 군사전략 전반에서 미래전 대비 군사 기술혁신의 위상이 크게 증대하고 있다. 인공지능, 데이터, 로봇, 드론 등과 같은 이른바 신흥·기반 기술Emerging and Foundational Technology: EFT의 군사적 함의가 커지고 있다(Horowitz, 2020). 게다가 이들 기술은 미래전의 공간인 사이버 공간을 구성하는 변수가 되는데, 이러한 점에서 영토 공간의 발상을 넘어서는 탈脫지정학적 관심사와 만난다.

첨단 군사기술의 보유는 어떤 무기체계를 채용할 것이냐와 같이 미래전을 수행하는 데 필요한 첨단 군사력의 내용과 성격을 결정하며, 이는 군사혁신을 추진하는 의미와 정도를 결정한다. 자율무기체계Autonomous Weapon System: AWS의 군사 분야 도입은 관측observation-사고orient-판단decide-행동act으로 이어지는 이른바 'OODA 루프'에 영향을 미친다. 또한 자율무기체계의 개발과 배치는 군사작전 수준에서 무인 전장 개념을 구현하고 병력 감축을 유발한다. 결과적으로 이제까지 인간 중심으로 이루어져 왔던 표적의 확인, 위협 대상 판단, 무기의 발사 결정 등 각각의 과업을 인공지능이 장착된 기계가 대신하는 군사혁신이 발생한다.

신흥기술은 군사 분야의 무기체계뿐만 아니라 초연결된 환경을 배경으로 한 '시스템 전체'의 스마트화에도 영향을 미친다. 국방 분야의 사이버-물리 시스템Cyber-Physical System: CPS 구축이나 디지털 데이터 플랫폼의 구축이 관건이다. 각종 데이터의 수집·분석을 기반으로 지휘결심을 지원하는 '지능형 데이터 통합체계'를 구축하는 과정에서 훈련 데이터 축적, 사이버 위협 탐지, 새로운 전투 플랫폼 구축 등이 진행되고 있다. 디지털 플랫폼의 구축을 바탕으로 한 제품-서비스 융합도 쟁점이다. 제품으로서 무기체계 자체 이외에도 유지·보수·관리 등과 같은 서비스가 새로운 가치를 창출한다. 무기 및 지원체계의 고장 여부를 사전에 진단 및 예방하고 부품을 적기에 조달하는 '스마트 군수 서비스'의 비전도 제시된다.

인공지능 기술경쟁과 더불어 자율무기체계 개발 경쟁이 가속화되는 가운데, 미국은 이른바 '기술 주도 군사변환'에 박차를 가하고 있다(Haner and Garcia, 2019). 예를 들어, 미국의 제3차 상쇄전략은 미래전에서 미국의 군사력 우위를 보장하기 위한 최첨단 기술혁신을 위해 설계되었다. 미국의 제3차 상쇄전략이 지향하는 4차 산업혁명 분야의 기술은, ① 자율적 딥러닝 시스템 개발, ② 인간-기계 협력 의사결정체계, ③ 웨어러블 기기, 헤드업 디스플레이, 외골격 강화 기능 등을 활용하여 인간 병사의 개별 전투 능력 향상, ④ 개선된 인간-무인 체계의 혼성 작전, ⑤ 미래 사이버·전자전 환경에 작동하는 부분 자율무기의 개발과 운용 등의 다섯 가지로 집약된다.

중국도 지능화, 정보화, 자동화, 무인화를 통해 지휘체계와 부대 구조를 개편하는 군사혁신을 추구하고 있다. 낙후한 지휘체계를 혁신해 현대전은 물론 미래전에 대비하겠다는 것이다. 여기에는 지휘체계의 통일성을 구축하고, 군에 대한 시진핑 주석의 통제를 강화하려는 목표도 내재해 있다. 이는 과거 분산되어 있던 중앙군사위원회의 권력을 중앙으로 집중시킴으로써 '군에 대한 당의 영도'를 강화한 데서도 나타난다. 중국 정부는 2019년 7월 발표한 『국방백서』를 통해 정밀 작전, 입체 작전, 전역 작전, 다능 작전, 지속 작전 능력을 높여, 강대한 현대화 신형 육군 건설에 노력해야 한다는 목표를 명확히 제시했다.

2000년대 러시아의 군사혁신은 서구와의 군사력 격차를 메우고 신뢰할 만한 억지력을 확보하는 데 목표를 두었다. 러시아는 전면적인 파괴를 추구하기보다는 적의 진영을 해체하고, 혼란스럽게 하고, 싸우려는 적의 의지를 공격하면서 고도의 이동성, 빠른 속도, 정밀유도 능력 원칙에 기초한 전쟁의 새로운 기준을 세우려는 노력을 전개했다. 아울러 러시아는 정보심리전을 현대전의 가장 효율적인 무기로 설정했다. 2014년 우크라이나 사태에서 러시아가 전개한 하이브리드전은 이러한 변화를 극명하게 보여준 사례였다. 이른바 '게라시모프 독트린'은 이러한 러시아의 역량 전환을 촉구한 계기가 되었다.

일본도 기술 변화의 맥락에서 제기되는 안보위협에 대응하는 군사혁신을 추진하고 있다. 특히 '다차원 통합방위력' 개념의 도입은 모든 영역에서 유기적으로 각 역량들을 융합하는 것을 지향하고 있다. 이른바 '영역 횡단 작전'을 수행하기 위해서 일본은 미래전 전략에서 두 가지에 중점을 두고 있는데, 이는 첨단 전력 증강과 전자전 능력의 강화이다. 일본 방위성은 자위대의 전자전 능력이 러시아와 중국에 비해 열세에 있다고 평가했고, 향후 러시아나 중국과의 미래 분쟁에 대비하여 전자전 능력을 향상시키려 도모하고 있다. 여기에는 2014년 우크라이나 사태에서 러시아가 하이브리드전을 수행한 것이 반면교사가 되었다.

영국의 군사혁신은 감소하는 군병력과 의회의 국방예산 축소에 따른 영국군의 어려움을 무인자율기술 등과 같은 첨단 과학기술을 활용한 스마트화로 극복하고자 시작되었다. 기술적 우위를 내세운 경쟁의 심화, 군사기술의 고도화, AI와 우주 전략자산을 이용한 상시적이고 전 지구적인 감시 통제 시스템의 확대 등에 주력했다. 또한 엘리트 교육을 통한 군대의 최정예화 및 AI와 무인자율기술, 유전자 편집 기술을 통한 슈퍼솔저의 보급 등도 이루어졌다. 그러나 최근 영국은 미국 주도의 기술만능주의적 군사혁신에 대해서는 비판적인 입장을 취하고 있다. 영국의 군사혁신은 1990년대 군사기술혁명이 낳은 상명하복식의 경직된 군대 조직문화와 시대에 뒤처진 군사교리 및 작전개념, 조직 편성 및 운영 등을 모두 혁신하려는 의지를 내보이고 있다.

독일의 군사혁신은 '인더스트리 4.0'의 맥락에서 재래식 전력의 스마트화라는 방향으로 전개되고 있다. 독일군의 미래전 전략은 게임체인저에 해당하는 전략무기의 개발과 배치보다는 유럽연합과 나토의 지휘에 따른 군사행동을 기술적으로 보조하는 실질적 차원에 주력하고 있다. 독일군의 디지털화는 미래 보병, 드론 개발, 사이버 안보 전략을 총괄하는 포괄적 개념이라 할 수 있다. 또한 전쟁 수행 분야 외에도 인사 관리, 물자 관리·운용·보급 등에 첨단 정보 기술을 도입하고 군사 활동을 지원하는 상용 차량 관리, 물자 정비, 피복 관리 등 비핵심 분야를 대폭 민영화하여 효율성을 극대화하려는 계획도 추진하고 있다.

이스라엘의 군사혁신도 미래전에 대비한 첨단무기체계의 도입에 주력하고 있다. 이스라엘은 세계적 수준의 무인무기를 개발 및 실전 배치했으며, AI, 사물인터넷, 머신러닝 기술을 토대로 자율무기의 도입을 서두르고 있다. 이스라엘의 미래전 대비 첨단무기의 대표적 사례는 2011년 실전 배치된 아이언돔, 즉 미사일 방어체계이다. 또한 사이버 공간이 미래전의 주요 전장으로서 주목받고 있는 상황에서 이스라엘은 최고 수준의 사이버전 능력을 갖추었다고 알려져 있다. 이스라엘은 감지, 식별, 실시간 상황 인식에 필요한 전자센서, 레이더, 광학장비, 데이터링크, 인공위성 기술에서도 앞서 있는 것으로 알려져 있다.

(2) 글로벌 시장 지향 민간 방위산업의 역량

미래전 대비 군사혁신 전략은 민간 방위산업 역량의 영향을 받는다. 첨단 방위산업의 역량은 군사력과 경제력의 상징이다. 사실 방위산업은 외부의 위협으로부터 국가안보를 지키는 전략산업임과 동시에 첨단기술의 테스트베드로 인식되며, 이렇게 생산된 기술을 활용하여 민간산업의 성장도 꾀할 수 있는 국부의 원천으로도 여겨졌다. 첨단 방위산업 중에서도 군사 및 민간 부문에서 겸용되는 기술이 각별한 주목을 끌었다. 첨단 부문의 민군겸용 기술을 확보하는 나라가 미래전의 승기를 잡는 것은 물론, 더 나아가 글로벌 패권까지 장악할 것으로 예견된다. 이런 점에서 첨단무기체계의 생산력 확보 경쟁은 단순한 기술력 경쟁이나 이를 바탕으로 한 군사력 경쟁이라는 의미를 넘어서 포괄적인 의미에서 본 '디지털 부국강병 경쟁'을 의미한다(Caverley, 2007).

이러한 첨단 방위산업 역량은 자국의 국방 및 시장 수요만을 염두에 둔 것이 아니라 글로벌 시장으로의 수출도 상정한다는 점에서 그 관심사가 일국 차원을 넘어서는 경우가 많다. 방위산업이 전통적으로는 국가 경계 내에 머물렀지만, 탈냉전과 지구화 시대 이후부터는 다국적 방위 협력과 인수·합병이 늘고 있다. 이러한 변수들은 영토국가의 경계를 넘어서 글로벌 시장을 기반으로 초국적으로 활동하는 자본과 정보 및 데이터의 흐름에 주목하는 비非지정학적 발상과 일맥상통한다. 경제적 개방화와 자유화 등과 같은 지구화의 정도, 보호주의 정책의 채택 등과 같은 각국의 대응 양상도 여기에 해당된다. 이 과정에서 무기의 수출입 현황, 무기 공급망의 형성과 작동 등은 군사혁신 전략에 영향을 미치는 변수가 된다.

오늘날 무기체계가 점점 더 정교화되면서 그 개발 비용은 더 늘어나고 있는 상황에서 탈냉전 이후 대규모 국방예산을 확보하는 것이 몹시 어려워진 현실은 군사기술의 혁신 과정에 민간 부문의 참여가 활성화된 배경 요인이다. 게다가 명확한 군사적 안보위협이 존재하지 않는 상황에서 큰 비용을 들여 개발한 첨단기술을 군사용으로만 사용하는 데 대해 정치적 정당성을 확보하는 것도 어려워졌다. 이로써 오늘날 기술개발자들은 예전처럼 고정적인 군 수요자층만을 대상으로 하는 것이 아니라, 전 세계 수십억의 수요자를 대상으로 기술을 개발하게 되었다. 이런 맥락에서 민간 부문의 상업적 연구개발이 군사 부문의 중요한 기술혁신 기반으로서 무기 개발과 생산에도 활용되는 '군사 R&D의 상업화' 현상이 발생했다(Johnson, 2021).

결국 첨단 방위산업 역량은 미래 국력의 중요한 요소이며, 이러한 이유에서 미국을 포함한 세계 주요국들은 첨단기술을 활용한 무기 개발·생산 경쟁에 나서고 있다. 각국은 첨단 방위산업이 새로운 권력의 원천이라는 점을 인식하고 이 분야에 대한 투자를 늘리고 있으며, 민간 기술을 군사 분야에 도입하고, 군사기술을 상업화하는 등의 행보를 적극적으로 펼치고 있다. 특히 첨단화하는 군사기술 추세에 대응하기 위해서 민간 분야의 4차 산업혁명 관련 기술 성과를 적극적으로 원용하고 있다. 사이버 안보, 인공지능, 로보틱스, 양자컴퓨팅, 5G 네트웍스, 나노소재 등과 같은 기술들이 대표적인 사례이다. 이러한 기술에 대한 투자는 국방 분야를 4차 산업혁명 분야 기술의 테스트베드로 삼아 첨단 민간 기술의 혁신을 도모하는 효과도 있다.

첨단 방위산업 분야에서 중국이 벌이는 행보도 주목거리다. 중국은 '중국제조 2025' 정책으로 4차 산업혁명을 준비하는 한편, 군 현대화를 목표로 군사비 지출을 지속적으로 늘리면서 민군겸용 기술 혁신에 박차를 가하고 있다. 이러한 과정에서 주목할 것이 중국의 '군민융합 모델'인데, 당과 정부가 컨트롤타워의 역할을 하며 군의 기술혁신 성과를 활용함으로써 국가 기술 전반에서 미국을 추격하고 있다. 따라서 원래는 민용 기술이지만 군용 기술로서 쓰임새가 있는 기술을 중국의 방산 기업들이 적극적으로 도입해서 개발한다. 이러한 과정에서 중국이 지향하는 본연의 목적이 군사 분야 자체보다는 국가적 차원의 산업 육성과 기술개발이라는 인상마저 준다. 궁극적으로 이러한 중국의 방산 제품들은 해외로 수출된다.

터키는 방위산업 육성에 정책 우선순위를 두었으며 최근까지 상당한 성과를 거두기도 했다. 현재 터키는 세계 14대 방산 수출국인데, 이러한 터키의 방산 건설 노력은 1970년대에 시작되었다. 1974년 키프로스 위기 당시 미국은 나토 동맹국이었던 터키에 방산 수입 금지 조치를 부과했는데, 당시까지 거의 전적으로 미국과 나토에 무기와 군수품을 의존하고 있던 터키는 큰 위협을 느꼈다. 이러한 상황은 터키에게 독자적 방위산업 구축의 필요성을 일깨우는 계기가 되었다. 이후 터키는 방위산업을 수립하고 타국에 대한 의존도를 줄이는 목표를 세웠으며, 해외 판매를 위한 시장 개척에 노력을 기울였다. 첨단 전력의 독자적 구비는 터키가 지향하는 역내 패권국가라는 목표의 기반이 될 것으로 전망된다.

이스라엘의 군사혁신 전략에는 첨단무기를 제조하여 수출하는 이스라엘 방위산업의 이해관계가 밀접하게 연관되어 있다. 이스라엘의 연구개발 예산 가운데 약 30%는 방위산업 분야에 투입되며, 방산 매출의 5%는 첨단무기 기술개발에 투자되고 있다. 특히 미래전 수행을 위해 첨단무기를 개발하는 방위산업은 이스라엘 경제를 이끌어가는 중요한 분야이다. 더 나아가 국제 무대에서 이스라엘의 외교적·군사적 영향력 확대에도 크게 기여한다. 이스라엘 방위산업은 내수시장만으로는 운영이 불가능하기 때문에 해외 수출 의존도가 매우 높아, 생산의 80%를 수출하고 있다. 이러한 맥락에서 이스라엘 방위산업은 글로벌 무기시장에서의 경쟁력을 높이는 데 주력하고 있다.

3. 군사혁신의 네트워크 국가 모델

1) 군사혁신 거버넌스의 추진체계

군사혁신 거버넌스의 추진체계는 각국의 미래전 대비 군사혁신 모델을 판단하는 핵심 변수이다. 범정부 차원, 특히 군 차원에서 군사혁신 업무를 조정하는 컨트롤타워의 설치 여부나 실무 전담 기관과의 관계 설정, 군의 조직 형태나 군 내 조직 간 경쟁, 군 운영 방식의 집중도, 군의 조직문화, 무기 및 인재의 획득 제도와 관행 등에 주목해야 한다. 또한 군사혁신을 위한 법·제도의 정비 여부 및 그 형태도 중요한 변수이다. 공식적인 법·제도 이외에도 행위자들의 관계를 비공식적으로 규율하는 규칙, 규범, 관행 등에도 주목할 필요가 있다.

미국은 제3차 상쇄전략을 추진하는 과정에서 내부의 혁신적 기술 창출을 위한 연구개발 역량의 강화 차원에서 조직을 정비했다. 2015년 8월 애슈턴 카터 미 국방장관은 실리콘밸리 내에 국방혁신센터DIU를 설립하여 초소형 드론, 초소형 정찰위성 등을 개발케 했으며, 2016년에는 국방디지털서비스Defense Digital Service: DDS를 만들어 버그바운티bug bounties라는 해킹 프로그램을 군에도 도입했다. 한편 2018년 6월 미 국방부 내에 설립된 '합동인공지능센터Joint Artificial Intelligence Center: JAIC'는 인공지능을 국방 분야에 적극 활용한 사례로 평가된다. 이밖에도 미국에는 혁신적인 방산업체와 긴밀한 협업을 추진하고 있는 국방부 산하 10여 개의 연구소 조직이 있다. 2012년에 설립된 전략능력실Strategic Capabilities Office: SCO은 기존의 기술과 관련된 운용능력을 다양한 방식으로 혼합하고 재설정하여 상대적 우위를 지닌 능력을 새롭게 창출하는 임무를 수행한다. 국방혁신자문위원회Defense Innovation Advisory Board: DIAB, 국방정책위원회 Defense Policy Board: DPB, 국방비즈니스위원회Defense Business Board: DBB 등과 같은 각종 위원회도 있다.

러시아의 군사혁신 거버넌스의 추진체계로는 국방부의 국가방위명령통제센터National Command and Control Center for State Defense가 있는데, 이는 러시아 정부의 방위 관련 부처와 기관을 총괄하여 광범위한 조정 기능을 수행하기 위해 2014년 12월 국방부 내에 설립되었다. 과거 총참모부의 중앙지휘소를 개선하여 24시간 운용되는데, 전략핵전력통제센터, 전투통제센터, 평시작전통제센터로 구성되며, 전시는 물론 평시에 각급 군부대 및 방산업체와 안보 관련 기관의 활동 상황 유지 및 통제를 담당한다. 슈퍼컴퓨터 시스템이 담당하는 정보 처리 능력은 미국보다 앞서 있는 것으로 평가된다. 러시아는 군사 영역에서 국가기관 간에 정책을 이행하는 데 있어 명확한 임무 분장이 부족했으나, 푸틴이 장기 집권하면서 군사력 건설을 일관되게 추진한 결과가 2010년대에 접어들어 그 성과를 드러내기 시작했다.

일본의 군사혁신 추진체계는 과거의 관료 우위 모델에서 점차 관료와 군이 대등한 입장으로 참여하는 모델로 변화하고 있다. 과거 일본은 문관 우위 원칙에 따라 문관 관료들을 무관의 상위에 두었는데, 2015년 방위성설치법 개정안을 통해 이러한 원칙을 공식적으로 폐지했다. 최근 자위대의 지위가 향상되고 자위대에 대한 국민의 지지도 확대되고 있는 상황이 작용한 것으로 분석된다. 그러나 아직 현실에서는 문관 우위가 여전하다. 방위성 개혁 과정에서 통합막

료감부 수뇌부 및 방위성 산하 방위장비청 역시 문관이 고위직을 독점하고 있다. 방위성과 자위대의 개혁을 막는 근본적인 문제로 정치권력에 대한 예속이 지적된다.

터키의 군사혁신 거버넌스에서 주목할 것은, 방위산업체의 수가 증가함에 따라 1985년에 방위산업 분야 재조정을 위해 신설한 방산차관의 역할이다. 방산차관의 임무는 터키 방위산업과 군의 현대화를 추진하는 것이다. 지난 30여년간 지속적으로 방위산업을 이끌어온 방산차관은 자원의 제약과 많은 난관에도 불구하고 상당히 성공적이었던 것으로 평가된다. 2017년 터키 정부는 방위산업 재활성화를 위해 새로이 다수의 산업체를 대통령 휘하의 방위차관이나 터키군기금의 통제하에 두었는데, 이들 기구는 국가 방위산업 및 무기체계 구매 등을 전담하는 부서들이다.

이스라엘은 다양한 적대 행위자를 상대로 한 다층적 전쟁으로서 미래전을 상정하고 있다. 이러한 미래전을 치르기 위해서 이스라엘군은 다차원적 복합군으로 그 구조를 개편하는 작업을 추진하고 있다. 예를 들어 지상군의 경우 보병, 전차, 전투공병 등으로 분리된 여단급 부대들을 통폐합하고 슬림화하여 하나의 여단이 보병, 전차 운영, 전투공병의 기능을 수행할 수 있도록 만들었다. 이것이 가능하기 위해서는 미래지향적 기술에 바탕을 둔 무기 및 통신 체계가 뒷받침되어야 하는데, 이는 이스라엘군이 역점을 두어온 사안이다.

2) 민군 협력과 군-산-학-연 네트워크

민군 협력 모델과 군-산-학-연 네트워크도 각국의 군사혁신 모델을 이해하는 데 중요한 변수이다. 최근 첨단 방위산업의 기술혁신 과정을 보면, 민군의 경계가 없어졌을 뿐만 아니라 예전과는 반대로 민간 기술이 군사 부문으로 유입되는 현상이 나타나고 있다. 냉전기의 스핀오프spin-off로 대변되는 군 주도의 수직적 통합 모델에서 스핀온spin-on으로 대변되는 민간 주도의 분산형 모델로 전반적인 변환이 발생하고 있다(Stanley-Lockman, 2021). 과거에는 미사일, 항공모함, 핵무기 등이 이른바 게임체인저였고, 그 중심에 군이 있었다면, 4차 산업혁명 시대에는 인공지능, 3D 프린팅, 사물인터넷, 빅데이터 등과 같이 민간에 기원을 둔 기술들이 게임체인저의 자리를 노리고 있다.

오늘날에는 민간 부문에서 기술개발이 훨씬 더 빠르게 진행되고 있어 새로운 군사기술이 개발되는 경우에도 민군 양쪽의 용도를 모두 충족시키려는 경향이 있다. 과거 군사기술이 군사적 목적으로만 개발되어 이용되었다면, 지금은 좋은 민간 기술을 빨리 채택해서 군사 부문에 접목시키고 민간 부문에도 활용하려는 접근이 이루어지고 있다. 이러한 과정에서 민간 분야의 위상과 역할이 증대되는 현상이 발생한다. 4차 산업혁명 시대를 맞이하여 방산 선도기업은 군사 분야 바깥의 민간 테크기업들이 담당하고 있다. 게다가 군이 이들 민간 기술을 수용하는 것이 관건이 되면서 첨단기술 분야에서 민군 협력을 어떻게 달성할 것인가가 쟁점이다. 이와 더불어 좀 더 넓은 의미에서 군-산-학-연 네트워크도 각국의 군사혁신 모델을 이해하는 중요한 변수이다.

미국은 제3차 상쇄전략을 통해 역동적인 민군 협력 프로그램을 추진했다. 과거에는 행정부가 특정 방산업자들과의 제한된 협력을 통해 군사기술을 발전시켰다면, 이제는 군사-민간 영역을 넘나들면서 기술을 활용하고 있다. 인터넷, 레이더, GPS와 같은 기술들은 더 이상 군의 전유물이 아니다. 전통적인 국방 기관에만 국한되는 것이 아니라 상업적인 외부 첨단기술을 활용하도록 하고, 이들에 대한 투자를 확대하며, 민관의 유기적인 협력을 추진한다. 특정 민간 분야의 기술을 군사 분야에 적극적으로 도입해야 우위를 달성할 수 있다고 보고, 외부로부터 첨단기술을 활발히 도입하고 있다. 국가안보 임무를 수행하는 군과 첨단기술을 보유하고 있는 기업을 연결할 목적으로, 실리콘밸리, 보스턴, 오스틴 등과 같은 도시를 기반으로 하여 전장에 적용할 수 있는 기술의 획득을 도모하고 있다.

중국은 시진핑 집권 후인 2013년부터 줄곧 군민융합을 강조했는데, 국방경제와 사회경제, 군용 기술과 민간 기술, 군 인재와 일반 인재 등을 상호 통합하여 활용할 것을 주문했다. 2015년 3월, 시진핑은 군민융합 발전을 국가전략으로 설정하고 '군전민軍转民, spin-off'뿐만 아니라 '민참군民參军, spin-on'을 강력하게 추동했다. 이는 '국방과학기술공업'에만 머무르는 것이 아니라 국방건설 영역까지 추가로 확대하는 것으로, 군과 지역 차원의 협력에서 국가 차원의 국가 발전전략으로 승격되었다는 것도 큰 변화라고 할 수 있다. 군민융합 발전은 국방건설과 경제건설을 긴밀하게 연결해 한정된 사회자원을 생산력과 전투력으로 전환하려는 것이다. 즉, 군민융합의 핵심 요지는 국방과 군 건설을 경제사회 발전 시스템에 유기적으로 통합해 상호 소통하며 촉진을 뒷받침하는 것이며, 근본 목적은 국가전략 체계와 능력을 일체화시켜 부국강병을 실현하는 것이라고 할 수 있다. 이러한 점에서 중국의 군민융합 모델은 과거 미국 국방고등연구계획국DARPA의 스핀오프 모델과 대비된다. 미국 DARPA 모델이 군이 주도하는 모델이었다면, 중국은 당과 정부가 컨트롤타워의 역할을 하며 군의 기술혁신 성과를 활용해서 국가 기술 전반에서 미국을 추격하려는 모델이다. 또한 군민융합의 모델이기는 하지만 미국발 스핀온 모델과는 그 성격과 내용을 달리하고 있는 점에도 유의할 필요가 있다.

이스라엘의 경우에는 이중용도 기술을 개발하는 민군 협력 모델과 함께 군-산-학-연 네트워크에 주목할 필요가 있다. 이스라엘의 군사혁신은 첨단기술의 개발과 적용을 적극적으로 장려하여 국가의 산업 경쟁력을 높이기 위한 국가혁신 전략의 맥락에서 추진되고 있다. 이러한 특징은 방위산업 기술과 민간 산업 기술 사이의 벽을 낮추어 군과 민간의 기술 공유 혹은 공동 개발을 가능하게 만드는 민군 이중용도 기술개발에서 잘 나타난다. 이렇듯 이스라엘에서 민군 이중용도 기술개발이 활발하게 이루어지는 요인으로는 이스라엘의 군-산-학-연 네트워크의 존재를 들지 않을 수 없다. 이스라엘은 군, 산업계, 대학, 연구 기관 사이의 유기적인 네트워크를 통해서 첨단기술을 개발하고, 이를 군사력 증강에 활용할 뿐만 아니라 산업 분야의 발전을 이루어 고용 증대, 투

자 확대, 국가 기술경쟁력 강화, 수출 시장 확대, 국가 이미지 제고 등의 부가
적 효과를 거두기 위한 프로그램을 잘 갖추고 있다.

3) 군사혁신 분야의 동맹과 국제 협력

미래전에 대응하는 각국의 군사혁신 모델을 이해하는 데 있어 중요한 변수
중의 하나는 군사혁신과 관련된 동맹 및 국제 협력의 양상이다. 다시 말해, 전
통적으로 이미 구축된 우방국과의 동맹이나 지역 차원의 국제 안보협력에의
참여 양상 등은 각국이 국내적 차원에서 군사혁신을 추진하는 데 영향을 미치
는 변수이다. 구체적으로 양자 동맹이나 집단 동맹 참여, 지역 안보협력체 참
여, 국제 공동 연구개발, 국제규범의 수용, 무기의 수출입 등을 포함한 국방의
대외의존도, 양자 차원뿐만 아니라 다자 차원에서 전개되는 전략물자와 첨단
기술 수출통제 체제에의 참여 등도 중요한 변수로 작동한다. 특히 이러한 동맹
과 국제 협력의 변수는 미·중·러와 같은 강대국의 경우보다는 이들과 동맹관
계를 맺고 있는 국가들의 군사혁신에 상대적으로 더 큰 영향을 미치고 있다.

최근 일본은 군사전략은 물론 군사력의 기반으로서 연구개발 및 국방 획득,
방위산업 기반을 구축하는 군사혁신을 추진하고 있는데, 이러한 과정에서 미
국과의 동맹체제가 미치는 영향이 크다. 전후 일본의 군사변환은 전적으로 미
국이 주도하는 군사혁신을 수용한 결과라는 평가이다. 전후 군사혁신을 정의
하고 주도한 것은 전적으로 미국이었고, 군사전략의 혁신은 물론, 군사기술의
연구개발, 방위산업의 구조와 역량에 있어서 미국의 역량, 경험, 자본과 기술
은 큰 역할을 했다. 일본의 군사혁신은 미국과의 협력적 군사기술-방위산업
기반 구축을 목표로 방어적 억지력에 중점을 두고 있다. 미중 경쟁이 본격화되
면서 안보 불확실성이 높아지고 있는 상황에서 미국에 대한 일본의 의존은 더
욱 커지고 있다. 미일 안보체제는 일본 안보의 중심축인데, 이를 중심으로 하
는 미일동맹은 일본뿐만 아니라 인도·태평양 지역 및 국제사회의 평화와 안

정·번영에 커다란 역할을 하는 것으로 인식된다.

영국의 경우, 9·11 테러 이후 안보협력 양상을 보면, 미국 및 나토와의 관계가 매우 중요한 변수로 작동했음을 알 수 있다. 2020년에 들어서면서 영국 국방부는 탈냉전과 자생적 테러리즘을 겪으면서 전통적인 틀에 박힌 전쟁과 전투 수행 관행을 과감히 떨쳐내고 상시적이고 비가시적인 위협을 감소시키기 위해 좀 더 유연하고 효율적인 작전 수행의 목표를 구체화했다. 복합적인 위협에 대응하려면 영국군의 혁신 및 동맹과의 협력, 새로운 지정학적 비전의 도입이 필수적이라는 것이었다. 영국이 당면한 주요 안보 과제와 자구책은, 러시아의 하이브리드전 위협과 이에 대응하기 위한 나토 차원의 노력, 안보 불확실성의 증가와 핵억지력의 가치 제고, 지정학적 가치가 고갈된 상황에서 대서양 세력에서 인도·태평양 세력으로의 도약 등을 포함한다.

독일의 군사혁신은 유럽연합의 일원이자 나토의 일원으로서 참여하고 있는 지역 협력의 프레임에 많은 비중을 두고 있다. 2015년 당시 국방장관이던 우르줄라 폰데어라이엔은 독일이 유럽의 틀 속에서 중심 역할을 수행할 것을 분명히 밝힌 바 있다. 2016년『독일 국방백서』는 장기적인 계획으로서 '유럽 방위와 안보 연합European Defence and Security Union'을 제안한 바 있다. 유럽 통합의 수준을 현재의 경제적·사법적 수준에서 한 걸음 더 나아가 군사적 수준까지 끌어올려야 하며, 독일이 이를 주도하겠다는 의지를 내비쳤다. 프랑스의 경우와 달리, 독일은 유럽의 안보협력을 강조하면서 동시에 나토와의 결속력을 다지려는 경향을 보인다. 이러한 맥락에서 독일은 2003년 창설된 나토 신속대응군 활동에도 적극 참여하고 있다.

4. 미래전 전략과 군사혁신 모델: 분석틀과 사례 연구

1) 미래전 전략과 군사혁신 모델의 분석틀

이상의 논의를 종합하여 미래전 전략과 군사혁신 모델의 분석틀을 정리해 보면 **그림 1-1**과 같다. 이러한 분석틀을 구성하는 데 원용하는 요인들은 3개 범주의 7개 변수이다.

첫째, 미래전에 대응하는 군사혁신 전략의 배경으로서 각국이 처한 안보위협의 구조적 환경과 이에 대한 인식이다. 이는 국내외 안보위협의 객관적 환경에 대한 분석과 함께 새로운 안보위협의 비가시성과 복합성에 대한 주관적 인식을 포함한다. 좀 더 구체적으로는 전통안보 및 신흥안보 분야의 안보위협에 대한 인식과 이를 안보화하는 과정이 관련된다.

둘째, 미래전에 대응하는 군사혁신 전략을 추진하는 행위자 차원의 역량 변수가 고려되어야 한다. 이러한 역량으로는 미래전의 실제 수행이라는 군사적 함의를 갖는 첨단 기술혁신 역량과 함께, 민간 방위산업의 육성을 목표로 하는

그림 1-1 미래전 전략과 군사혁신 모델의 분석틀

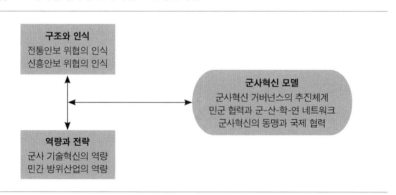

자료: 저자 작성.

그림 1-2 8개국 사례의 유형 구분 시도

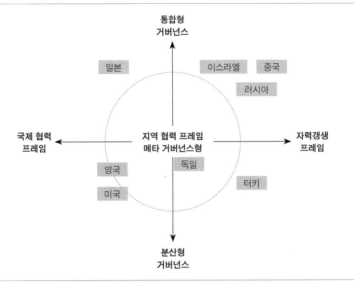

자료: 김상배(2018: 151)를 응용함.

민군겸용 기술의 혁신역량이 관련된다. 실제로 글로벌 시장을 대상으로 하는 방위산업의 경쟁력이 점점 더 중시되고 있다.

끝으로, 미래전에 대응하는 군사혁신 전략을 추진하는 각국의 네트워크 국가의 모델을 이해하는 차원에서 각국의 군사혁신 거버넌스의 추진체계와 법·제도, 민군 협력 모델과 군-산-학-연 네트워크의 양상, 군사혁신 분야의 동맹 및 국제 협력 등의 세 가지 변수에 주목할 필요가 있다. 이들 세 층위에서 나타나는 특징들은 각국 군사혁신 모델의 내용을 구성한다.

이상에서 살펴본 변수들을 종합하여 각국의 미래전에 대응하는 군사혁신 모델의 유형을 구분해 볼 수 있을 것이다. 일단 각국의 유형을 구분하는 기준을 정리해 보면, 다음과 같은 두 가지 축으로 나누어볼 수 있을 것 같다.

먼저, **그림 1-2**의 가로축에서 보는 바와 같이, 미래전에 대응하는 군사혁신 전략의 대외적 지향성을 크게 세 가지 유형으로 구분해서 이해할 수 있다. 대외적 지향성의 스펙트럼의 한쪽 끝에는 '국제 협력'의 메커니즘을 지향하는 '동맹 형성' 프레임을 놓을 수 있다. 다른 한편에는 일국적 차원의 국가안보를 관철하려는 '자력갱생'의 메커니즘에 주력하는 '국가 주권'의 프레임을 놓을 수 있다, 그리고 이러한 양극단의 중간 지대에 두 가지의 프레임이 복합된 일종의 '지역 협력' 프레임을 상정해 볼 수 있다.

한편 **그림** 1-2의 세로축에서 보는 바와 같이, 대내적인 군사혁신 거버넌스의 작동 방식을 크게 세 가지 유형으로 구분해서 이해할 수 있을 것이다. 거버넌스 작동 방식 스펙트럼 한쪽 끝은 통합형 거버넌스 모델인데, 이는 군이 대규모 기술혁신을 주도하고 수요를 보장했던 기존의 방위산업 모델과 일맥상통하며, 최종 조립자가 가치사슬을 위계적으로 통제하는 '수직적 통합 모델'과도 맥이 닿는다. 다른 한편에는 분산형 거버넌스 모델이 있는데, 이는 신흥기술을 장악한 생산자가 가치사슬 전체에 영향을 미치는 '수평적 통합(분산) 모델'의 추진체계와 일맥상통한다. 그리고 이러한 양극단의 중간 지대에 두 가지 유형의 거버넌스가 적절한 방식으로 복합되거나 중첩된 일종의 '메타 거버넌스형' 모델의 추진체계를 상정해 볼 수 있다. 이는 첨단 방위산업 분야에서도 다변화되는 주체들을 네트워킹하는, 이른바 '네트워크 국가' 모델과 일맥상통한다.

이상의 두 가지 구분 기준을 바탕으로 볼 때, 이 책에서 다룬 8개국의 미래전 전략과 군사혁신 추진체계의 유형은 대략 **그림** 1-2와 같이 위치시켜 볼 수 있을 것이다. 이들 8개국은, 이 책의 각 장에서 다룬 연구를 바탕으로 볼 때, 크게 다섯 그룹으로 나누어 이해할 수 있다.

① 자력갱생 프레임을 지향하는 통합형 거버넌스의 국가(중국, 러시아, 이스라엘)
② 자력갱생 프레임을 지향하는 분산형 거버넌스의 국가(터키)
③ 국제 협력 프레임을 지향하는 통합형 거버넌스의 국가(일본)
④ 국제 협력 프레임을 지향하는 분산형 거버넌스의 국가(미국, 영국)
⑤ 지역 협력 프레임을 지향하는 메타 거버넌스의 국가(독일)

이 글에서 시도한 미래전 전략과 군사혁신 모델의 유형 구분은 고정된 것이 아니라 시간이 지남에 따라 진화를 거듭하고 있다. 게다가 최근 많은 국가들이 각기 사정에 따라서 편차가 있기는 하지만, 국제 협력 및 자력갱생의 프레임, 그리고 통합형 및 분산형 거버넌스가 복합된 형태로 수렴되는 경향을 보이고 있다. 그럼에도 이 글에서 시도한 유형 구분은 비교 분석의 효율성이나 실천적 함의 도출의 편의성이라는 측면에서 나름대로 유용하며, 각국의 사례를 비교 분석하는 기준으로서 활용 가능할 것으로 기대한다.

5. 결론

이 글은 주요국의 미래전 전략과 군사혁신 모델을 비교연구의 관점에서 살펴보기 위한 분석틀을 모색했다. 이러한 분석틀에 기반을 두어 이 책의 각 장에서 다룰 주요 8개국, 즉 한반도 주변4국인 미국, 중국, 일본, 러시아와 서구 및 아시아권인 영국, 독일, 터키, 이스라엘 등 4개국의 미래전 대비 군사혁신 전략을 이해했다. 주요국의 미래전 대비 군사혁신 전략에 대한 기존 연구는 그리 많이 진행되지 못한 상황이어서 이 글에서 제기한 군사혁신 전략의 국가 간 비교연구를 위한 플랫폼은 향후 연구를 촉구하는 기대 효과가 있을 것으로 보인다. 특히 이 글은 기존의 미래전 연구에서 제시된 두 가지 이론적 논의, 즉 복합지정학과 네트워크 국가 모델에 대한 논의를 소개했다.

먼저 이 글은 각국이 처한 안보위협 환경의 구조와 이에 대응하는 행위자 차원의 역량을 파악하기 위해서 비지정학, 비판지정학, 탈지정학 등을 포함한 복합지정학에 대한 이론적 논의를 원용했다. 미래전에 대응하는 군사혁신 전략은 안보환경의 '구조적 상황'에 대한 객관적 분석과 각국의 '구조적 위치'에 대한 주관적 인식을 배경으로 한다. 한편 군사혁신 전략은 행위자 차원에서 각국이 보유한 군사 기술혁신의 역량에 의해서 좌우된다. 이는 4차 산업혁명 분야의 기술을 원용한 무기체계의 스마트화 이외에도 사이버·우주 공간에서의 미래전 수행을 포함하며, 더 나아가 이러한 군사기술 역량은 글로벌 시장을 전제로 한 민간 방위산업의 경쟁력 향상과 연결된다.

또한, 이 글은 각국의 군사혁신 모델을 분석적으로 살펴보기 위해서 네트워크 국가에 대한 이론적 논의를 세 가지 층위에서 원용했다. 첫 번째 층위는 군사혁신 거버넌스의 추진체계로서 군 내 또는 범정부 차원의 군사혁신 주체, 관련 법의 제정 및 운용 방식이다. 두 번째는 민군 협력의 양상과 군-산-학-연 네트워크 등의 층위이다. 마지막 세 번째는 군사혁신의 국제 협력과 대외적 네트워크 변수로서 우방국과의 동맹 구축 및 지역 차원의 국제 협력에 참여, 그리고 국제규범 형성에 대한 입장 등이 관여하는 층위이다. 궁극적으로는 이렇게 다양한 층위에서 전개되는 군사혁신을 조정하고 통합하는 네트워크 국가의 메타 거버넌스 역량은 각국의 군사혁신 모델을 이해하는 데 있어 중요한 변수가 된다.

이 글의 논의가 한국의 미래전 전략과 군사혁신 모델에 주는 함의를 밝히는 것이 향후 매우 중요한 연구 과제가 될 것이다. 한국의 군사혁신 전략이 형성되는 구조적 환경과 인식에 대한 논의 차원에서, 국내외 안보위협을 전통안보와 신흥안보 각각에서 제기되는 위협을 밝히는 것이 중요하다. 또한 이러한 구조 변동을 헤쳐나가는 데 필요한 기술 역량을 군사 분야뿐만 아니라 민간 방위산업 영역에서도 살펴보는 작업이 중요하다. 또한 한국의 군사혁신 거버넌스와 민군 협력 모델, 군-산-학-연 네트워크, 군사혁신 관련 법·제도, 그리고 군사혁신의 동맹과 국제 협력 변수 등에도 주목하여 이른바 '한국 모델'을 개념화하는 작업을 진행할 필요가 있다. 요컨대, 최근 제기되고 있는 미래 국방개혁의 과제와 더불어 한국의 미래전 대비 군사혁신 전략에 대한 체계적 연구가 필요한 상황이다.

김상배. 2018. 『버추얼 창과 그물망 방패: 사이버 안보의 세계정치와 한국』. 한울엠플러스.

김상배 엮음. 2020. 『4차 산업혁명과 신흥 군사안보: 미래전의 진화와 국제정치의 변환』. 한울엠플러스.

_____. 2021a. 『4차 산업혁명과 첨단 방위산업: 신흥권력 경쟁의 세계정치』. 한울엠플러스.

_____. 2021b. 『우주경쟁의 세계정치: 복합지정학의 시각』. 한울엠플러스.

_____. 2021c. 『디지털 안보의 세계정치: 미중 패권경쟁 사이의 한국』. 한울엠플러스.

Caverley, Jonathan D. 2007. "United States Hegemony and the New Economics of Defense." *Security Studies,* Vol.16, No.4, pp.598~614.

Cheung, Tai Ming. 2021. "A Conceptual Framework of Defence Innovation." *Journal of Strategic Studies,* Vol.44, No.6, pp.775~801, DOI: 10.1080/01402390.2021.1939689.

Grissom, Adam. 2006. "The Future of Military Innovation Studies." *Journal of Strategic Studies,* Vol.29, No.5, pp.905~934.

Haner, Justin and Denise Garcia. 2019. "The Artificial Intelligence Arms Race: Trends and World Leaders in Autonomous Weapons Development." *Global Policy,* Vol.10, No.3, pp.331~337.

Holmberg, Arita and Aida Alvinius. 2019. "How Pressure for Change Challenge Military Organizational Characteristics." *Defence Studies,* Vol.19, No.2, pp.130~148, DOI: 10.1080/14702436.2019.1575698.

Horowitz, Michael C. 2020. "Do Emerging Military Technologies Matter for International Politics?" *Annual Review of Political Science,* Vol.23, pp.385~400.

Johnson, James. 2021. "The End of Military-techno Pax Americana? Washington's Strategic Responses to Chinese AI-enabled Military Technology." *The Pacific Review,* Vol.34, No.3, pp.351~378.

Stanley-Lockman, Zoe. 2021. "From Closed to Open Systems: How the US Military Services Pursue Innovation." *Journal of Strategic Studies,* Vol.44, No.4, pp.480~514.

2 미국의 미래전 전략과 군사혁신 모델*

위협과 도전에 대한 '상쇄전략'

손한별 | 국방대학교

1. 서론

소련의 붕괴 이후 미국은 불확실하고 예측 불가능한 안보환경에 직면했다. 이는 소련이라는 특정 적대국의 위협threat뿐만 아니라 다양한 도전 요인challenge에 대응하기 위해 보다 확대된 안보 개념을 받아들여야 했으며, 미국군도 전통적인 군사 영역을 넘어 새로운 분야와 역할을 담당해야 한다는 것을 의미했다. 이제 미국은 러시아, 중국과 같은 전통적인 경쟁국들과의 군사충돌에 대비해야 할 뿐 아니라 에너지 안보, 기후변화와 같은 새로운 도전 과제에도 대응해야 한다. 대량살상무기, 난민과 국제범죄, 테러 및 사이버 공격의 위협으로부터 안전을 확보하는 동시에, 경제 활성화와 공정한 무역을 통한 경제적 번

---

* 이 글은 ≪한국국가전략≫ 제6권 3호(2021)에 발표한 저자의 논문 「미국의 군사혁신과 '상쇄전략': 장기 경쟁전략으로서의 기술우위와 비용부과」를 수정·보완한 것임을 밝힌다.

영, 지속적인 연구개발과 고가치 핵심 기술의 보호, 에너지 분야에서의 주도권 확보 등을 달성해야 한다는 것이다.

아울러 미국은 패권국의 지위를 유지하기 위해 군사적인 노력을 지속해야 한다. 국제적 안보 공약을 지키고 안보 제공자로서의 역할을 지속하기 위해 전세계 80여 개국에 750여 개의 군사기지를 유지하고 있으며, 17만 3000여 명의 병력을 배치하고 있다(*Aljazeera*, 2021.9.10). 또한 동맹 및 협력 관계를 긴밀히 유지하고 있다. 이를 위해서는 강력한 군사력을 보유하는 것도 중요하지만, 더불어 동맹관계, 국제 원조, 국제기구 등을 통한 영향력의 확대로 미국에 유리한 지역적·세계적 세력균형을 유지해야 한다고 인식하고 있다.

이러한 미국의 대전략은 새로운 도전 과제에 직면했다. 미국은 지금까지 경쟁국에 대한 압도적 우위를 통해 다양한 안보위협에 대처함과 동시에 우방국들에게 '보증공약assurance commitment'을 제공할 수 있었다. 그러나 미국의 우위가 지역적 또는 세계적 차원에서 위협받게 되면서 미국의 영향력, 지구적 차원의 전력 투사와 '항행의 자유freedom to navigate', 공약의 신뢰성과 개입의 자율성도 위협받게 되었다. 미국군이 기술적으로 지구상에서 가장 효과적이고 효율적인 군사력을 보유하고 있었으나 중국, 러시아와 같은 경쟁국들이 정밀타격무기, 정보·감시·정찰Intelligence, Surveillance and Reconnaissance: ISR, 지휘통제 네트워크 등에서 미국과의 기술격차를 좁혀가면서 군사적 우위도 위협받게 된 것이다.

특히 기술의 지구적 확산은 새로운 기술의 '이중용도' 사용을 촉진했는데, 군사 및 민간 기술은 사용자의 의도에 따라 그 용도가 쉽게 전환될 수 있다. 특히 테러리스트는 다용도의 작고, 값싸고, 흔한 상용 기술을 적극적으로 활용함으로써 정치적 목적을 추구하고 있다. 상업적 목적을 가진 민간 기술의 발전 역시 미국의 기술우위를 위협하고 있다. 과거에는 행정부가 특정 방산 계약자들과의 제한된 협력을 통해 군사기술을 발전시켰다면, 이제는 기술들이 군사 영역과 민간 영역을 넘나들면서 활용되고 있다. 인터넷, 레이더, GPS와 같은 기술들은 더 이상 군의 전유물이 아니며, 이 때문에 적대국에 쉽게 전달되면서 미국의 기술우위를 잠식하고 있다.

또한 기술의 확산은 다른 요인들과도 상호작용한다. 중국의 부상에 따라 힘의 중심축이 이동하고 있는 현실, 사이버 및 우주와 같은 새로운 전략공간의 창출, 국가별 인구학적 특성 등으로 인해 압도적 우위를 점하고 있던 미국과 타국의 격차가 더욱 축소되고 있는 것이다. 미국은 자국의 우세를 유지하기 위해 새로운 '상쇄전략offset strategy'을 내놓았다. 미국의 기술우위 상실을 차단하고, 적대세력의 양적 우위를 상쇄함으로써 효과적으로 억제를 달성하는 것이 상쇄전략의 핵심 목표이다.

미국은 이미 두 차례 상쇄전략을 추진함으로써 상대에 대한 기술우위를 유지했던 경험이 있다. 소련의 재래식 전력과 공세성을 핵무기로 상쇄하는 '뉴룩New Look'으로 대표되는 제1차 상쇄전략, 장거리 정밀유도무기, 스텔스 전투기, ISR과 같은 기술에 투자를 집중했던 제2차 상쇄전략이 그것이다. 현재 진행 중인 제3차 상쇄전략은 2014년 당시 척 헤이글Chuck Hagel 국방장관이 '국방혁신구상the Defense Innovation Initiative'과 함께 제기한 것으로(Hagel, 2014), 기술혁신과 작전개념·교리의 발전을 큰 축으로 하고 있다. 먼저, 기술혁신이란 로봇, 자율화 체계, 소형화, 빅데이터 분석, 3D 프린팅과 같이 실제 전장에서 활용될 수 있는 최신 기술을 개발하는 것이고, 다음으로는 개발된 기술을 활용할 수 있는 새로운 작전개념 및 접근법을 탐색하는 것이다.

이러한 상쇄전략은 기술, 무기체계, 정책 등으로 적대국의 강점에 대응하는 것으로, 물질적 역량을 수단으로 하여 적의 강점에 일대일로 대응하기보다는 질적 측면과 영향력으로 상대의 양적 우위를 상쇄하는 것을 골자로 한다. 이 글은 미국이 우세를 유지하기 위한 전략으로 기술우위와 비용 부과의 개념을 제시하고, 사례로서 세 차례의 상쇄전략을 분석한다. 많은 부분을 현재 진행 중인 제3차 상쇄전략에 초점을 둠으로써 향후 미국의 국방혁신의 방향을 전망해 보고자 한다.

2. 미국의 경쟁전략

1) 미국 국방전략의 특징

미국 국방전략의 특징을 살펴보기 위해서는, 먼저 미국의 '위협인식'에 대해서 살펴볼 필요가 있다. 제2차 세계대전이 끝난 이후 초강대국으로서의 위치를 인식하게 된 미국에게 있어 안보를 위한 핵심적인 과업은 '적대적인 위협'의 부상을 억제하는 것이었다. 또 이념과 체제를 달리하는 소련이라는 초강대국의 존재는 이른바 '냉전'이라는 특수한 형태의 경쟁을 유발했다(이근욱, 2012). 이에 따라 미국 국방전략 기획의 첫 단계로서 '위협평가'는 미국만의 특수성을 잘 드러낸다. 미국의 위협평가는 강대국 중심, 장기 경쟁 중심으로 진행되었다.

초강대국으로 부상한 미국의 위협평가는 철저히 강대국 위주로 이루어졌다. 1947년 서유럽 경제의 붕괴, 1950년 북한의 남침에 의한 6·25전쟁, 1962년 쿠바 미사일 위기, 1990년 이라크의 쿠웨이트 침공, 2001년 9·11 테러와 같은 위기가 있었으나, 미국의 안보를 직접 위협하지는 못했으며 주변적인 위협에 그쳤다. 미국은 강대국의 물리적 능력에 대한 위협평가에 중점을 두고 있었던 것이다.

이 같은 강대국 중심의 위협인식은 다시 장기 경쟁 중심의 위협평가로 이어졌다. 경쟁전략은 반드시 적대 관계를 전제하지 않으며, 물리적 충돌보다는 지속적인 경쟁에서 우위를 점하기 위한 투쟁을 의미한다. 따라서 군사력 충돌이 발생하기 이전부터 상대방의 국력과 군사력에 주목하고, 피아간의 능력 비교에서 경쟁적 우위를 확보하는 것을 목표로 한다. 이는 당연히 피아간의 포괄적 능력에 대한 지속적인 평가를 필요로 한다. 경쟁전략은 직접적으로 상태를 격퇴하기보다는 억제하거나 강제하는 데 초점을 두지만, 극심한 불확실성과 확전의 가능성, 성패 판단의 어려움 등에 직면할 수밖에 없다(Mahnken, 2014: 6).

자연스럽게 미국 국방전략의 두 번째 특징은 '장기적 경쟁전략'으로 이어진다. 미국의 국방전략은 군사적 충돌을 기준으로 평시와 전시를 구분하는 이분법적 세계관을 배격하며 경쟁 상태를 일반적인 상태로 분석한다. 따라서 대규모 전쟁을 억제함과 동시에 미국이 경쟁적 우위를 달성할 수 있는 전략과 기술을 확보하고, 반대로 상대방의 기술적·전략적 강점을 퇴화시키고 추가적인 비용을 부과하는 것을 목표로 하는 것이다(김태현, 2020: 38~44). 반대로 때로는 과도한 비용이 필요하거나 낮은 생산성과 효율성 때문에 비난받기도 한다(Lee, 2012: 32~43).

2018년 트럼프 행정부의 「국가방위전략 National Defense Strategy: NDS」은 이 같은 미국 중심의 세력균형을 달성하기 위한 구체화된 운용에 대한 내용을 담고 있다. 미 국방부는 "미국 군사력의 경쟁적 우위를 분명히 확보"하는 것을 국방목표로 제시했고, 중국과 러시아를 경쟁 상대로 명시했다(U.S. DoD, 2018). 경쟁국과의 총괄적인 역량을 비교하는 데 있어 가장 기초가 되는 것은 군사기술 요소에 의한 시스템 평가이다. 2018년 발표된 NDS도 '예측 가능하고 지속적인 투자'를 통해 '효과적이며, 효율적이고, 성능 개선을 위해 첨단기술 접목이 용이한 형태의 합동군 건설'을 목표로 명시했다. 또한 미국이 우세한 영역에서 상대국을 압도할 수 있도록 주도적으로 여건을 조성하며, 필요시에는 경쟁적 우위를 과시하여 경쟁국과 우방국 등의 협력을 유도하는 '장기적이고 전략적인 경쟁 접근법 Long-term and Strategic Competition Approach'을 제시했다.

이를 종합해 보면, 미국의 위협인식과 대응 전략은 철저히 '고전지정학'의 영역에 있으며, 패권국가로서의 영향력과 주도권을 유지하고 도전 국가의 부상을 저지하려는 시도로 나타났다. 국제체제적 접근으로서의 고전지정학 2.0, 국제 협력 및 제도화를 추구하는 비지정학, 인식론적 접근으로서의 비판지정학, 비영토적인 흐름을 탐구하는 탈지정학의 요소를 고려하고는 있지만, 고전지정학의 틀에서 벗어나지 않고 있으며, 지리적으로 인식의 범위가 확대되었을 뿐이다.

미국 국방사는 국방전략 기획과 실행의 성공과 실패를 잘 보여준다. 소련의 붕괴를 통해 장기간의 평화와 경쟁국 패퇴를 동시에 달성하기도 했지만, 이후 지역 강대국들의 부상을 효과적으로 차단하지 못했다. 제한적이기는 하지만 지역분쟁에 함몰되어 강대국 경쟁 관계에서 충격을 받을 수밖에 없었던 사례도 많았다. 그러나 미국은 국방전략의 성공과 실패를 통해 교훈을 얻고 새로운 국방전략을 수립하는 역동적인 환류 과정을 이행해 왔다. 이러한 실패와 혁신의 과정을 통해서 장기 경쟁에서의 우세를 유지하고자 했던 것이다.

예를 들어, 미국은 자국의 핵우위가 소련의 모든 공격 행위를 억제할 수 있을 것이라고 보았으나, 1960년대에 이르러 소련이 미 본토를 핵무기로 공격할 수 있게 되면서 핵전쟁은 미국과 소련의 상호 공멸을 의미하게 되었다. 결국 핵무기의 개발은 미소 양측의 긴박한 경쟁 속에서도 전쟁을 억제하는 원인이 되었고, 이로써 핵전쟁은 상상할 수 없는 것이 되었다. 결국 '사용할 수 없는 무기'인 핵무기는 배제된 채 재래식 위협이 지속되었다. 미국은 냉전기 강대국 간의 핵전쟁을 막을 수 있었을지 모르나, 한반도와 베트남에서 재래식 전쟁을 피할 수는 없었다.

또 다른 사례로는 비교적 최근의 작전교리와 관련된 실패의 교훈도 있다. 재래식 군사기술을 통한 승리 공식에 대한 신념을 강화시켜 효과중심작전 Effective Based Operation: EBO을 합동작전 교리로 채택했지만, 아프가니스탄 전쟁 및 이라크 전쟁에서 안정화 작전이 실패로 돌아가고, 제2차 레바논 전쟁이나 우크라이나 사태와 같이 정치 영역과 군사 영역의 경계가 모호한 전쟁 양상이 부각되면서 어려움을 겪기도 했다(Kober, 2011: 16~38). 미국은 장기 전략경쟁에서 우위를 유지하기 위해 국방혁신을 지속해 온 것이다.

2) 기술우위와 비용 부과

앞에서 살펴본 미국 국방전략의 특징은 결국 기술혁신을 통해서 우위를 달성함으로써 전쟁을 억제한다는 것이다. 전략적 경쟁국인 중국, 러시아와의 군사적 격차를 확대하는 것을 목표로, 연구개발을 통해 첨단기술을 확보하고 군사력을 증강시키며, 현재 보유한 군사력의 최적화 운용을 통해 주요 지역에 효율적·효과적으로 순환배치 하며, 동맹국 및 우방국에게 허용된 범위 안에서 첨단무기를 비롯한 무기체계를 판매하거나 공동연구한다는 것으로 정리할 수 있을 것이다. 철저히 위협 기반 전략 기획이며, 기술혁신의 우선성을 강조하고, 국제 협력과 동맹을 주요 수단으로 한다.

미국 국방혁신의 첫 번째 특징은 '기술혁신을 통한 우위의 달성'에 있다. 미국은 외교, 군사, 정보, 경제, 정치, 사회, 문화 등 상대적으로 다양한 가용 자산이 있으나, 특히 우수한 과학기술을 바탕으로 군사기술에서 우위를 유지해 왔다. 미국의 대외정책은 강력한 군사력에 기반한 것이었으며, 군사적 우위는 군사기술 혁신에 의한 상대적 우세 달성에서 비롯된 것이었다. 냉전기부터 미국은 유럽 전역과 아시아 전역으로 구분하여 각각의 지역에서 우위를 달성하기 위해 노력해 왔다. 물론 이 같은 군사기술의 우위는 기술 자체만으로 달성되지 않으며, 전략의 혁신, 즉 조직과 교리의 변혁을 통해 완성된다.

먼저, 유럽 전역에서 소련의 재래식 전력에 대한 양적 열세를 극복하려는 다양한 노력이 있었다. 나토NATO와 같은 강력한 동맹체제를 구축하고, 유연반응전략 및 공지전투와 같은 전략개념의 제시도 있었지만, 결정적으로 동맹국 영토 내에 대규모 군사기지를 세우고 강력한 군사력을 현시함으로써 우위를 달성했다. 미국의 최신 핵미사일 및 미사일 방어체제의 배치는 양적 우위를 갖고 있었던 소련의 계산법을 복잡하게 만들었다. 다음으로 아시아·태평양 지역에서는 태평양전쟁 이후 미국이 질량적으로 절대적인 우위를 유지해 왔다. 따라서 상대적으로 기술혁신의 요소가 결정적이지는 않았지만, 중국이 군사적으로 부상함에 따라 강력한 재래식 군사력을 현시하는 것이 중국의 공세적 군사태세에 대응하고 억제하는 중요한 과업이 되었다. 특히 중국이 적극적으로 군사기술을 탈취함으로써 기술적 요인의 중요성이 커지고 있는 상황이다.

미국 국방혁신의 두 번째 특징은 '기술우위를 바탕으로 한 비용 부과'에 있다. 미국은 장기 경쟁 관계에서 적극적인 소진전략exhaustion strategy을 통해 상대방에게 비용을 부과해 왔다. 상대의 의지를 소진시키는 등의 무형의 비용을 부과하기도 했지만, 무기·예산·물자 등 적대적 행위에 필요한 유형적·물질적 비용 부과를 적극적으로 강요해 왔다(Bowdish, 2013: 247). 일반적으로 소진전략은 전시에 적의 수도나 보급선을 공격함으로써 전쟁 지속 능력과 의지에 손실을 입히는 것을 의미했으나(Smith, 2014), 평시부터 군사 대비 태세의 지속이나 불필요한 비용의 지출을 강요하는 것으로 확대되어 사용되어 왔다. 브레턴우즈 체제에 기반한 미국의 강력한 경제력은 평시 경쟁 관계에서 비용 부과를 강요할 수 있는 기초를 제공했다.

1950년 'NSC-68'은 비용 부과를 통한 소련 봉쇄를 명시했는데, 소련의 영향력과 국력을 감소시켜 평화를 위협하지 못하도록 하며, 소련과 그 위성국가들과의 분열을 유발하고, 소련 내부 지도층의 균열을 유도하고, 소련의 영향력에 속하지 않는 국가들이 미국에 우호적인 행동을 취하도록 유도할 것을 제시했다. 실제로 '대공산권수출조정위원회Coordinating Committee for Export Control: COCOM'를 통해 기술 수출을 금지하고, NATO로 하여금 물리적 봉쇄를 하도록 하며, 대리전과 군비경쟁을 통한 군사 자원의 소모를 강요한 바 있다(박민형·김강윤, 2018: 108~111). 물론 비용 부과는 미국 자신에게도 똑같은 비용을 요구하며, 반대로 상대가 미국의 취약성을 이용할 수 있다는 점에서 상당한 부담을 야기한다(Mahnken, 2014: 5). 결국 정책결정자는 한정된 국가 재원을 국방에 투입해야 하는 트레이드오프trade-off와 양측의 정책 결정 과정에 참여하는 다양한 행위자, 장기 경쟁의 시간 요소에 대한 명확한 이해가 필요하다.

이처럼 기술우위와 비용 부과를 바탕으로 경쟁 관계에서 우세를 달성하려는 미국의 전략은 몇 가지 제약 요인을 가지고 있었다. 먼저 상대방에게 우세를 강요할 수 있도록 적절한 소통이 요구되었다(Mahnken, 2020). 다음으로는 실현 가능성의 측면에서 기술우위와 비용 부과는 기본적으로 막대한 국방비를 필요로 했다. 또한 수용성의 측면에서 혁신적인 변화를 추구함으로써 군과 국방부 내부에서 조직적 저항이 발생할 수 있는데, 기술결정론에 대한 내외부의 반감을 예로 들 수 있다. 이 같은 제약 요인을 극복하는 과정은 국방혁신으로 나타났으며, 특히 세 차례의 상쇄전략은 국방혁신 자체의 발전을 보여주는 중요한 사례이다.

3. 세 차례 상쇄전략을 통한 우세 달성

1) 제1차 상쇄전략: 무제한 핵군비경쟁

(1) 장기 경쟁의 시작

제2차 세계대전이 끝난 이후 미국은 소련이라는 강력한 적을 만났다. 이른바 '봉쇄전략'이 정책 서클에서 활발하게 논의되었으며, 소련과의 이념 경쟁과 국력 경쟁이 공식화되었다. 아이젠하워 행정부는 1953년 6월 '솔라리엄 프로젝트Solarium Project'를 시작했다. 이 프로젝트에서 제시된 세 가지 대안에 대해 A팀, B팀, C팀이 각각 보고서를 작성했다(Hughes, 1975: 51). 여기서 조지 케넌George Kennan이 이끄는 A팀의 봉쇄전략이 채택되었으며, 일부 수정을 거쳐 소련과의 장기 경쟁에 돌입하게 되었다.

다만 봉쇄전략이 물리적 격리나 고립을 의미하지는 않았는데, 이는 미국이 공산 진영의 국력과 영향력을 잠식하기 위한 비밀공작, 정치전·심리전을 적극적으로 검토했기 때문이다. 따라서 낮은 단계의 분쟁에서의 적극적인 활동을 요구했으며, 지역 단위의 비구조적 위협이 강대국 간의 전면전으로 비화되지 않도록 관리하는 것이 중요한 과업이 되었다(Schnabel and Watson, 1998: 207).

미국은 소련이라는 새로운 적과 함께, 국방비 절감과 경제회복에 대한 국내의 요구에 직면했다. 제2차 세계대전과 한국전쟁을 거치면서 막대한 예산을 사용해야 했기 때문에 아이젠하워 행정부는 국방예산을 급격하게 삭감해야 한다는 압박을 받았다. 아이젠하워는 평시 국방예산이 비효율적이며 낭비라고 생각했다(Converse, 2012: 393). 군인 출신이었지만 평시에 군비를 증강하는 것은 미국 시민의 일상을 희생하는 것이라는 신념이 있던 그에게, 'American way of life'를 회복하기 위해 국방예산을 절감하는 것은 중요한 과업이었다.

아이젠하워는 소련과의 경쟁 체제 속에서 경제력 역시 중요한 경쟁력이라고 생각했다. 그는 강력한 외교정책은 굳건한 경제력에 기반하며, 군사력은 국력의 한 요소일 뿐이라고 믿었다. 또한 세계대전을 겪으며 전시라는 특수한 상황에서 비롯된 '국방-산업 복합체defense-industrial complex'와 국가 주도의 국방 경제가 국방예산을 증액시킬 뿐 아니라 국가경제 전반에 인플레이션을 가져온다고 보았으며, 이를 타개하기 위한 혁신을 요구했다. 아이젠하워는 핵무기에 의존한다면 대규모 병력을 유지하는 데 드는 예산을 절감하면서 안전을 보장할 수 있다고 믿었고, 이는 곧 새로운 정책으로 나타났다.

(2) 핵무기 기술경쟁과 군 구조의 변화

1950년대 초반 핵 개발에 박차를 가한 미국은 열핵폭탄 실험에 성공하고, 다양한 미사일 기술을 확보함으로써 소련에 대한 기술적 우위를 확신하는 계기를 만들었다. '뉴룩 정책New Look Policy'은 아이젠하워 대통령과 행정부 정책 결정자들이 경험한 실제 사건을 바탕으로 결정된 것이었다. 1952년, 미국은 10Mt(메가톤)의 열핵폭탄 실험에 성공함으로써 새로운 핵 시대를 열었다. 히로시마와 나가사키에 투하된 핵폭탄이 15~20kt(킬로톤)의 위력이었음을 고려하면, 메가톤급의 열핵폭탄은 가공할 만한 파괴력과 상대보다 작고 가벼운 수단을 가지고 투발할 수 있다는 점에서 군사적으로도 큰 의미가 있다.

여기에 제트엔진의 개발은 다양한 투발 수단을 확보할 수 있는 계기를 만들면서 뉴룩 정책의 기반을 제공했다. 이른바 '미사일 시대'를 열게 된 것이다. 뉴룩 정책은 핵무기를 투발할 수 있는 전략공군 자산에 기반하고 있었는데, 공군의 송신기transmitter와 유도homing 기술이 발달하면서 핵공격의 정확도를 더욱 높일 수 있었다. 미국은 전략적 타격뿐만 아니라 전술적 수준에서도 핵무기를 사용할 수 있는 융통성을 갖추게 된 것이다.

다만 핵무기에 대한 의존은 재래식 열세에 직면한 미국의 불가피한 선택이었다는 주장이 있다. 소련과의 불확실한 재래식 전쟁에 의존하지 않는 대신, 직관적인 억제력을 가진 핵무기에 의존하고 핵전쟁에 대한 두려움을 강요하려는 시도였다는 것이다. 또한 핵무기의 확실한 효과를 '전제'함으로써 군사적 효용성에 대한 논쟁을 회피했다는 평가도 있다(Gray, 2004: 601~610). 앞에서 본 바와 같이 전후 미국의 경제 상황을 고려하면 핵무기에 의존한 뉴룩 정책의 채택은 국방혁신의 일환일 뿐 아니라 미국의 대전략을 전환하는 것이었다.

결국 미국은 1950년대 국방예산을 축소하고, 소련의 재래식 우위를 상쇄하며, 필요시에는 소련을 격퇴하려는 목적에서 핵무기에 의존하는 뉴룩 정책을 제시했다(FRUS, 1952~1954: 577~597). 뉴룩 정책은 미국군을 핵전력을 중심으로 재편하려는 시도였으며, 공군 전력에 의한 전략적 억제에 의존하고 있었다. 제2차 세계대전 이후 병력의 열세와 군비 절감에 대한 압박을 해소해야 했고, 특히 유럽 전역에서의 재래식 열세를 상쇄하기 위해서는 과도한 재원을 소요할 수밖에 없었기 때문에, 핵무기와 우세한 공군력을 활용하여 한정된 예산이라는 제한적 상황을 극복하고자 했던 것이다.

미국은 군사적으로는 소련의 침략에 대비하여 압도적인 핵 능력을 통한 '대량보복massive retaliation' 전략을 제시했다(Dulles, 1954). 이 전략은 소련을 비롯한 공산주의 세력의 위협에 대응하기 위해 '핵무기의 사용을 위협하거나 실제로 그것을 사용할 준비가 되어 있어야 한다'고 명시했지만, 핵무기의 가공할 파괴력을 고려할 때 억제에 방점을 두고 있었다. 소련이 미국보다 수소폭탄을 먼저 개발했고, 탄도미사일 개발에 박차를 가하는 등 핵전력이 크게 증강되었지만, 여전히 투발 수단이 미약했기 때문에 미국에 직접 위협을 가할 수 없다고 보고 핵무기로 우세를 달성할 수 있을 것이라고 보았던 결과이다(FRUS, 1952~1954: 1056~1091).

뉴룩 정책은 당연히 군에도 다양한 영향을 주었다. 뉴룩 정책은 육군·해군·공군의 예산, 전력구조, 교리상의 큰 변화를 가져왔다. 특히 핵무기 투발 임무를 수행하는 전략공군의 성장 속에서 육군과 해군 역시 혁신을 통해 핵 시대에 적응하려는 노력을 지속했다. 뉴룩 정책은 공군의 절대적인 성장을 이끌었다. 1954~1960년 공군의 예산은 전체 국방비의 46.5%를 차지했다(Meilinger, 2012: 299). 전투기 대수와 미사일의 증강이 증액을 이끌었는데, 그 결과 전략공군사령부Strategic Air Command: SAC의 항공기는 1830대에서 2992대로 늘었고, 1959년에는 일시적이지만 3207대의 항공기를 보유하기도 했다(Hopkins and Goldberg, 1976: 33, 81).

다음으로 육군의 변화를 살펴보면, 뉴룩 정책이 기대한 바와 같이 병력은 크게 절감되었다. 1954년 330만 명에서 1960년 250만 명으로 줄었다. 육군을 기준으로 한국전쟁 당시 20개였던 현역 사단은 1956년에는 12개로 줄었는데, 이는 핵전쟁에 대비하고, 전술핵무기를 사용하기 위해 '펜토믹Pentomic 사단'으로 재편하려는 시도였다. 해군의 경우에는 1954년 도입한 포레스탈Forrestal급 항공모함이 새로운 항공기를 탑재하고, 이를 새로운 핵억제력으로 활용할 수 있다는 명분으로 큰 폭의 예산 삭감은 피할 수 있었다. 또한 수상함에서는 순항미사일과 잠수함 발사 탄도미사일Submarine-Launched Ballistic Missile: SLBM이 핵탄두를 탑재할 수 있었으며, 원자력 추진 항공모함인 엔터프라이즈호Enterprise와 잠수함이 도입되면서 예산을 지킬 수 있었던 것으로 평가된다.

뉴룩 정책은 '스푸트니크 쇼크'로 불리는 소련의 기술 진보를 만나면서 가장 큰 난관을 만난다. 1957년 10월 4일 소련이 인공위성 스푸트니크Sputnik 1호를 쏘아 올려 미국을 경악시켰는데, 이는 소련이 탄도미사일에 핵탄두를 실어 미국 본토를 타격할 수 있는 능력을 확보했음을 의미하고, 미국이 소련의 공격에 취약해졌음을 의미한다. 당시 미국도 대륙간탄도미사일을 개발하고 있었으나, 1957년 6월 공군이 실험한 아틀라스Atlas 미사일은 발사 1분 만에 폭발했고, 1958년 11월에야 5500NM(해리, nautical mile)의 거리를 성공적으로 발사했다

(Bundy, 1988: 325~328).

스푸트니크 쇼크는 미국에게 새로운 국방혁신을 요구했다. "핵 시대의 억제와 생존Deterrence and Survival in the Nuclear Age"이라는 제하의 일명 「게이더 보고서 Gaither Report」는 공격 및 방어를 위한 핵 태세를 점검하고 민간인 및 시설을 보호하기 위해 추가적인 태세를 갖출 것을 요구했다. 이 보고서는 소련이 1959년 까지 핵탄두를 탑재한 ICBM 공격 능력을 완비할 것으로 보고, 향후 5년간 공격 능력에 190억 달러, 능동 및 수동 방어 능력에 250억 달러를 포함해, 총 440억 달러 규모의 예산을 요구했다(FRUS, 1955~1957: 638~653).

스푸트니크 쇼크의 결과로, 1957년 이후 미국은 이른바 '뉴 뉴룩New New-Look' 의 시기를 맞았다. 정보 당국은 소련의 위협이 그리 크지 않음을 확인했음에도 불구하고 의회와 여론의 압력을 이길 수 없었고, 군은 「게이더 보고서」가 요구한 일부를 실행에 옮겨야 했다(Beukel, 1989: 9~11). 각 군의 요구에 맞춰 공군이 탄도미사일을 , 해군은 폴라리스Polaris 체계를, 육군은 나이키 제우스Nike-Zeus 미사일을 개발하고, 이에 대한 예산을 배정받게 되었다(Bundy, 1988: 328).

(3) 핵군비경쟁을 통한 비용 부과

미국이 먼저 핵무기 개발에 성공하면서 예견된 대로, 미국이 먼저 나아가면 소련이 그 뒤를 따르는 식의 군비경쟁이 이어졌다. 스푸트니크 쇼크는 핵 능력의 실질적 역전 현상이라기보다는 소련에 대한 미국의 경각심을 일깨워 오히려 비대칭성을 심화시키는 계기가 되었다. 양국은 핵탄두, 미사일, 인공위성 등의 군비경쟁을 이어갔는데, 이를 경제력으로 뒷받침할 수 있었던 미국은 상당한 국방예산을 투입했다. 반면 소련은 냉전 기간 내내 GDP의 20% 정도를 국방비에 사용하면서 국가 자원을 소모할 수밖에 없었고, 핵군비경쟁 초기였던 1940년대 말에는 사용한 국방비가 GDP의 60%에 달하기도 했다(nintil.com, 2016.5.31). 경제에 구조적 문제를 안고 있었던 소련은 경기침체에 더해, 막대한 국방비를 사용할 수밖에 없었던 것이다.

미국과 소련의 핵군비경쟁은 결과적으로 소련의 자원을 심각하게 잠식했지만, 미국은 제1차 상쇄전략으로서의 뉴룩 정책에서 다음과 같은 교훈을 얻을 수 있었다. 먼저, 기술우위의 달성은 어려우며, 기술격차는 쉽게 좁혀질 수 있다. 다음으로, 상대의 의도를 고정할 수 없는 상황에서 단일 시나리오를 구상하는 것은 위험하며, 균형 있는 접근이 필요하다. 또 불확실한 미래에 대응하기 위해서는 국방예산의 과다 지출을 감수할 수 있어야 한다. 아울러 각 군 간 경쟁이 항상 건전한 것은 아니며 군사전략의 왜곡을 낳을 수 있다. 마지막으로 뉴룩 정책은 동맹국들을 확장억제로 묶어둠으로써 비확산에 기여했으나, 저강도 분쟁에 취약성을 드러내기도 했다.

2) 제2차 상쇄전략: 기술과 전략의 연계

(1) 핵과 재래식 무기의 연계

베를린 장벽 사태, 쿠바 미사일 위기 등을 겪었지만, 1960년대 미국의 관심은 베트남에 있을 수밖에 없었다. 그러다가 1973년 베트남에서 철수한 이후 중부유럽에서 팽창하는 소련에게로 관심이 옮겨갔는데, 이는 그동안 간과하고 있었던 소련의 위협을 재인식하는 계기가 되었다. 당시 미국의 위협인식에 대해서는 「1973 회계연도 국방부 보고서DOD report Annual Fiscal year 1973」를 통해 잘 알 수 있는데(U.S. DoD, 1972), 소련의 다방면의 위협에 대해서 재인식하게 된 것이다.

먼저 질량적으로 상당한 우위를 점하고 있었던 미국 핵전력은 베트남전쟁을 거치면서 소련에 역전을 허용했다. 소련이 우위를 점한 사례로 100여 개의 새로운 ICBM 지하 격납고silo, 모스크바 주변에 배치한 새로운 대탄도탄 미사일Anti-Ballistic Missile: ABM 등이 있었다. 1966년과 비교하면 양적으로 크게 증가한 것인데, ICBM은 400기에서 1600기로, SLBM 발사대는 200대에서 500대로 증강되면서 미국을 추격하거나 역전했다. 그리고 1978년에 이르면 소련의 핵탄두는 2만 5393개로 처음으로 미국을 앞서게 된다(Grant, 2016).

다음으로 핵전력의 양적 증강뿐만 아니라 질적 증강 역시 미국에 심각한 위협이었다. 소련이 개발하고 있던 다탄두각개돌입체Multiple Independently targetable Re-entry Vehicles: MIRV는 미국의 취약성을 높이면서 핵우위를 잠식했다. 또한 8~10개의 탄두를 탑재할 수 있는 SS-19를 개발했으며, 이동식 ICBM 발사대, SLBM에 MIRV 탑재, 새로운 장거리 폭격기 등을 동시에 개발하면서 핵3축 체계를 강화했다.

마지막으로 재래식 전력의 증강 역시 미국의 입장에서 우려되는 부분이었다. 베트남전 이후 병력을 감축할 수밖에 없었던 미국과 달리 소련은 160~170개 사단 규모를 유지하고 있었고, 동독, 폴란드, 체코, 헝가리 등에 31개 사단을 배치하고 있었다. 또한 T-64, T-72와 같은 신형 전차를 개발하면서 중부유럽 지역에 대한 재래식 침략을 우려하는 상황이 되었다.

(2) 첨단기술의 발전과 군사혁신

이 같은 상황에서 미국은 소련과의 경쟁에서 우세를 점하기 위한 국방혁신의 필요성을 절감하게 된다. 제2차 상쇄전략의 기초는 카터 행정부에서 내놓았는데, 특히 과학기술 신봉자였던 해럴드 브라운Harold Brown 국방장관이 최초로 '상쇄offset' 라는 용어를 발전시켰다. 그는 1982년 예산안과 관련한 연례 의회보고서에서 무려 15번이나 상쇄라는 단어를 사용했다(Hasik, 2018: 15). 실제로 그는 적의 방공체계를 무력화시킬 수 있는 스텔스기술 개발에 앞장섰고, 기존 탄도미사일을 대체하는 최신 MX 미사일 개발에도 힘썼다.

제2차 상쇄전략의 핵심은 국방고등연구계획국Defense Advanced Research Project Agency: DARPA의 전신인 고등연구계획국Advanced Research Projects Agency에 의해서 1973년부터 추진된 '장기연구계발기획프로그램Long Range Research and Development Planning Program: LRRDPP'에 있었다. 이 프로그램은 "미래 전장의 새로운 조성reshaping the battlefield of the future"이 가지는 전략적 중요성을 강조했

다(*The Wall Street Journal*, 2014.12.3). 또한 브라운 장관은 국방부 내 연구개발의 중요성과 획득 프로세스의 간명화에도 신경을 썼는데, 이는 국방부 내의 기술관료들에게 힘을 실어줌으로써 첨단기술을 기반으로 한 국방정책 수립의 풍토를 만들어냈다.

제2차 상쇄전략의 특징은 세 가지로 나누어볼 수 있다. 첫째, 재래식 전력의 중요성 인식이다. 지정학적으로도 소련의 영향력이 확대됨에 따라 미국의 재래식 개입 필요성도 더욱 커졌다. 미국과 소련은 당시 독일에서 대치하고 있었지만, 베트남, 중동, 니카라과 등에서도 대립하는 양상을 보였으며, 1979년에는 아프가니스탄을 두고 충돌하기도 했다. 그러나 뉴룩 정책 이후 핵무기에 대한 의존성이 높아진 미국은 베트남에서와 같이 단계적으로 비화escalation되는 양상에 제대로 적응하지 못했다는 비판에 직면했다. 베트남전쟁 당시 핵공격을 위해 만들어진 F-105와 같은 전투기는 지대공 미사일에 의해 큰 손실을 입었는데, 이는 재래식 폭격, 근접전dogfighting, 근접항공지원Close Air Support: CAS과 같은 임무에는 적합하지 않았기 때문이다.

아울러 미소 간의 직접 충돌은 자제되었지만 다양한 지역에서 대리전이 치러졌는데, 이는 무기체계의 우세성을 검증할 수 있는 기회가 되었다. 1973년 욤키푸르Yom Kippur 전쟁에서는 전차에 의한 기동전이 치러졌는데, 미국은 대전차무기에 취약성을 보였다. 미 육군의 '빅 파이브'라고 할 수 있는 M1 전차, M2 장갑차, 아파치, 블랙호크 헬기, 패트리어트 미사일 등은 재래식 전력의 성능 개량에 대한 명분을 가지게 되었다.

둘째는 도약적 기술의 발전이다. 제2차 상쇄전략은 다수의 행정부를 거치면서 장기간에 걸쳐 진행되었으며, 명확한 주창자가 없었다. 브라운 장관에 의해서 처음으로 '상쇄전략'이라는 용어가 사용되기는 했지만, 제3차 상쇄전략이 제시된 최근에서야 사후적으로 1970년대와 1980년대를 제2차 상쇄전략의 시대라고 명명한 것에 불과하다(Martinage 2014: 13~18). 오바마 정부의 척 헤이글 국방장관이 스스로 밝힌 것처럼 제2차 상쇄전략의 핵심은 정밀유도무기, 장거리/스텔스 전투기, 방호력을 갖춘 전술통신망, GPS, 정찰인공위성, 전술적 정보분배체계, 위상배열 레이더, 조기경보통제기, 무인 고공정찰기와 같은 정보·감시·정찰 자산의 기술개발에 있었다.

제1차 상쇄전략이 핵무기에 기반한 대량보복과 억제에 목표가 있었다면, 제2차 상쇄전략은 미국의 신흥기술 기반을 활용한 재래식 무기의 발전에 목표가 있었다. 이를 통해 결과적으로 미국은 전장인식에서의 우세를 달성하고, 수평적·수직적 도달 범위를 확대했으며, 정확성을 확보하여 부수적 피해와 아군의 피해를 획기적으로 감소시킬 수 있었다. 우수한 기갑 전력을 보유하고 있는 소련에 대해 우위를 장담할 수 없었던 미국이 기술적으로 정밀도 향상을 추구한 것인데, 기술뿐만 아니라 조직, 훈련에서 종합적 변혁을 통해 전장에서의 마찰 발생 가능성을 최소화하고자 했다.

세 번째 특징은 교리와 조직의 변화에 있다. 제2차 상쇄전략은 명확히 '기술 중심technology centric'이었지만 전략과 교리, 조직, 교육훈련의 발전에서도 변화 요인을 찾을 수 있다. 먼저 1973년에 창설된 육군 교육사령부United States Army Training and Doctrine Command: TRADOC는 전쟁 수행 개념과 훈련체계를 정립하는 중요한 역할을 수행했다. '능동방위Active Defense', '공지전투Air-Land Battle'와 같은 개념을 발전시켰고, 국가훈련센터National Training Center: NTC를 창설하여 마일즈 장비에 의한 과학화 훈련, 워게임 및 시뮬레이션의 방법을 발전시켰다. 미국은 베트남전쟁에서 비전통적인 적과 교전을 치른 후, 소련의 위협을 재인식하게 되었고, 강대국 경쟁전략으로 회귀하게 되었다. 공지전투 교리는 유럽 전역에서 소련의 침략을 억제하고 대응하기 위한 합동작전의 개념이었다. 마지막으로 1973년 미군은 '총체전력정책Total Force Policy: TFP'을 도입하면서 정규군의 대규모 감축과 예비군의 정예화를 꾀했다(Doublers and Renfroe, 2003: 42~47). 닉슨 행정부는 징병제에서 모병제로 전환하는 과정에서 예상되는 국방예산의 제한, 병력 수급의 어려움, 전투력의 저하를 해결하기 위해 예비군을 정예화하고 상비군과의 전력 배합을 추구했다.

(3) 군사적 효과성에 대한 비용 부과

제2차 상쇄전략은 장기간에 걸쳐서 다양한 군사기술이 적용된 사례이다. 미소 간 장기간의 군비경쟁은 군사기술 측면에서도 지속되었는데, 베트남전의 수렁에 빠져 있던 미국의 입장에서는 첨단기술과 운용교리의 발전을 통해서 상대적인 우세를 회복하려는 시도였던 것이다. 제2차 상쇄전략은 '카터 행정부에서 시작했고, 레이건 행정부에서 상당한 예산을 투입함으로써 한층 더 발전했고, 부시 행정부에서 완성'되었다. 걸프전에서 보여준 미국 군사기술의 진보는 소련의 붕괴와 함께 단일 패권국으로서의 미국의 등장을 공식화하는 계기가 되었다.

따라서 제2차 상쇄전략은 단기간의 혁신이라기보다는 점진적 발전으로 보는 것이 적합하며, 기술과 교리의 상호 보완적인 발전의 사례로서 이해된다. 즉 공지전투는 기술·훈련에 의해서 완성될 수 있었으며, 기술은 교리 없이 독립적으로 적용되기 어렵다. 그런 점에서 보면 제1차 상쇄전략처럼 핵무기의 무한 경쟁이 아니라, 상대방의 군사적 효과성을 공략하면서 비용을 부과한 전략으로 볼 수 있다(Mahnken, 2014: 10). 미국은 기술과 물량의 경쟁을 하면서도 상대의 노력이 효과성을 갖지 못하도록 상대의 약점을 공략할 수 있는 무기체계의 발전을 추구했다. 결국 소련은 미국과 군비경쟁을 하면 할수록 취약성이 커지는 딜레마에 빠질 수밖에 없었다.

물론 제2차 상쇄전략이 국방예산을 절감해야 했던 현실을 모두 해결하지는 못했다. 1970년대 중반의 원유 파동으로 인한 경기침체가 외부적 요인이 되었다. 또한 모병제를 전격 시행했음에도 실질적인 예산 절감의 효과는 달성하지 못했는데, 이는 임금과 복지를 기반으로 모병할 수밖에 없는 모병제의 현실에서 비롯된 것이다. 또한 제2차 상쇄전략이 소련에 대한 미국의 우세를 유지하도록 하거나 소련의 붕괴를 촉진한 것인지에 대해서는 평가하기가 어렵다. 소련 붕괴 이후 30년 가까이 단극체제를 유지하면서 미국 군사기술이 우세한 것인지, 상대가 달라져도 동일한 효과를 가지게 될 것인지를 평가할 수 없었기 때문이다.

군사교리적으로도 제2차 상쇄전략의 성패에 대한 논쟁이 있다. 공지전투를 통해 기동의 효과성을 제고하고 발전된 기술을 도입하여 직접적인 마찰을 축소시키기는 했지만, 결정적 전투 없이 군사작전의 성공을 보장하지 못했기 때문이다. 광범위한 기술개발의 성과는 1991년 걸프전에서 여실히 드러났지만, 걸프전과 이라크 전쟁에서 나타난 것처럼 이라크군에 대한 공격의 성과는 절대적이지 않았다는 평가도 있다(Woods et al., 2006: 126~130). 다만 제2차 상쇄전략을 통한 소련과의 군비경쟁은 미국의 기술적 우위뿐만 아니라 동맹국들에 대한 기술이전을 통해서 지전략적 우세 달성과 영향력의 확대, 비용 부과의 역할 분담의 결과를 가져왔다는 점에서 소진전략으로서 의미가 있다.

3) 제3차 상쇄전략: 역동적 민군 협력 모델

(1) 새로운 적의 등장

탈냉전과 9·11 테러는 적을 특정할 수 없는 새로운 전략환경을 제공했다. 이전 두 차례의 상쇄전략이 특정 위협을 상정하고 이를 상쇄하려는 노력이었다면, 미국은 이제 다중의, 동시적인 도전 요인들의 발현에 대응해야 하는 어려움에 직면했다. 우선 미국은 전통적인 적대국들의 진보하는 군사기술에도 대응해야만 하는데, 탄도미사일, 무인무기체계, 우주와 사이버 능력 등이 대표적인 위협으로 인식되었다. 제2차 상쇄전략을 통해 미국이 획득한 기술이 확산되면서 미국의 강점과 우위는 점차 사라지고 있다. 이전에는 동맹국들을 대상으로 제한적으로 이루어졌던 기술이전과 협력이 이제는 비국가 행위자와 상업 영역에서도 빠르게 확산되고 있다.

아울러 내외부의 다양한 요인들이 새로운 전략환경을 형성했는데, 인구변화, 지구화, 메가시티의 확대, 힘의 역학 변화, 기술의 확산 등이 대표적이다. 이러한 변화는 독립적이지 않고 연계되어 있으며, 언제든지 지정학적 경쟁으로 비화될 수 있는 폭발력을 가지고 있다. 여기에 개발도상국의 인구 증가는 에너지 및 식량 안보, 난민과 내전으로 연결될 수 있고, 도시에서의 전쟁이 일상화되면 민간인은 피해를 입게 되고, 중무장된 장비 및 병력이 쇠퇴될 수 있다. 또 디지털 데이터와 첨단기술의 확산은 강대국의 상대적 우세를 잠식하게 될 것이다.

어떠한 경우에도 미군은 외부의 위협을 억제하고deter, 거부하며deny, 격퇴해야defeat 하는 임무를 가지고 있으며, 이를 위해 다양한 국가역량과 동맹·협력국과의 노력을 통합해야 한다. 2015년 미국 「국가군사전략National Military Strategy」은 핵억제력의 유지, 미 본토 방위 제공, 적의 격퇴, 지구적 안정 제공, 테러리즘과 대량살상무기Weapons of Mass Destruction: WMD 대응, 적의 목표 거부, 위기관리, 군사개입과 안보협력 실행, 안정화 및 대분란전 수행, 민주적 권위에 대한 지원 제공, 인도적 및 재난 구호 조치 등을 군사 임무로 제시했다(Joint Chiefs of Staff, 2015: 10~13).

미국군의 우세를 유지하고, 강력한 재래식 억제력을 기반으로 평화를 보장하는 것이 제3차 상쇄전략의 목표이다. 적의 강점을 상쇄offset 또는 약화undermine시키는 데 목적이 있다는 점에서, 적을 명시적으로 다루지는 않지만 대상을 가질 수밖에 없다. 미국은 냉전 이후 잠재적 적국의 군사력을 평가하는 보고서를 간행하지 않다가, 의회의 요청에 따라 2002년부터 중국의 군사력을 평가하여 의회에 제출하고 있다(박준혁, 2017: 49).

미국의 적은 다음의 두 가지 유형으로 구분된다. 첫 번째는 군사력의 증강을 통해서 미국의 궤적을 뒤쫓고 있는 러시아와 중국이다. 이들은 미국의 제2차 상쇄전략을 뒤따르고 있는데, 5세대 전투기, 차세대 구축함, 중거리 순항미사일, 대함미사일 등을 예로 들 수 있다. 이들 강대국의 '적대적인 상쇄adversarial offset'에 대응하는 것을 목표로 하고 있다. 두 번째는 전자전·정보전과 같이 미국의 취약성을 공략하는 적대세력이다. 네트워크에 기반을 두고 있는 미국 군사력에 사이버 및 전자전 공격을 하는 것인데, 중국, 북한의 해킹 및 사이버 공격을 예로 들 수 있다. 사실 이러한 취약성은 사이버 공간뿐만 아니라 육·해·공·우주·사이버 전 영역에 걸쳐서 나타나고 있다.

(2) 네 가지 노력선

헤이글 국방장관이 '국방혁신구상the Defense Innovation Initiative'의 일부로 제3차 상쇄전략을 제기했는데, 이에 대한 공식적인 문서는 없지만 그가 한 연설과 인터뷰를 통해서 내용을 확인할 수는 있다. 헤이글 국방장관은 첨단기술의 군사적 적용, 첨단기술을 극대화하기 위한 운용 개념의 발전, 유능한 인력 획득이라는 세 가지 목표를 제시했는데, 이 글은 여기에 보다 역동적인 민군 협력까지 총 네 가지의 노력선을 제시한다.

가) 'Technological Innovation' 실제 전장에 초점을 맞춘 첨단기술의 개발

첫 번째 노력선은 역시 첨단기술 개발에 있다. 기존의 '무기 대 무기 방식'으로 상대와 경쟁하는 것은 재정적으로나 전략적으로도 바람직하지 않으며, 새로운 과학기술을 적용하여 전쟁 수행 패러다임의 전환을 모색해야 한다(박준혁, 2017: 45). 미 국방부 차관the Deputy Secretary of Defense 로버트 워크Robert O. Work는 2015년 12월 14일 신안보센터Center for a New American Security: CNAS가 주최한 안보포럼에서 제3차 상쇄전략이 포함하게 될 핵심 기술 분야를 다섯 가지로 제시했다. 다음은 워크 차관이 언급한 내용을 정리한 것이다(U.S. DoD, 2015).[1]

첫째, 자율심화학습 시스템autonomous deep learning system이다. 이미 딥러닝

---

[1] 핵심 기술 분야로 미국 전략예산평가센터는 글로벌 호크와 같은 무인장비, 장거리 정찰 비행과 타격체계, 스텔스기술로 무장한 무기, 해저 작전 수행 능력, 체계공학과 체계통합 능력을 제시했고(Martinage, 2014, 49~70), 국방성 연구개발국은 자율기계 분야, 양자과학, 인간체계, 나노공학 등을 들었다(U.S. DoD, 2016).

시스템은 데이터를 분석하는 방식을 바꾸었고, 전장에서는 '회색지대'에서 일어나는 일을 식별하고 경고할 수 있는 능력을 갖추게 되었다. 현대전은 인간의 판단만으로는 적시에 대응할 수 없는 상황을 만들어내는데, 인공지능은 인간보다 더 빠른 판단과 반응을 함으로써 사이버전 및 전자전, 우주전, 미사일 교전 상황에서 적의 공격에 자동적으로 대응할 수 있도록 한다. 사전 심화학습을 통해 인공지능은 실제 위기 상황에서의 많은 데이터를 분석하여 자율적으로 대응한다는 것이다.

둘째, 인간-기계 협력human-machine collaboration에 의한 의사 결정이다. 인간의 '전략적 분석' 능력과 컴퓨터의 '전술적 민감성'을 결합시킨다는 것인데, 기계가 인간이 더 나은 결정을 더 빨리 내릴 수 있도록 의사결정을 지원하는 것을 의미한다. 워크 차관은 F-35의 헬멧을 예로 들었다. 조종사가 360°의 상황을 모두 인식할 수 있도록 정보가 기계에 의해서 처리되고 헬멧의 헤드업 디스플레이에 시현되는 것이다. 조종사가 동시에 인식하고 처리할 수 없는 수많은 데이터를 기계가 분석하여 조종사가 신속한 의사 결정을 할 수 있도록 지원하는 것인데, 인간-기계 협력의 전형적인 사례라고 할 수 있다.

셋째, 인간의 활동을 보조하여 그 능력을 향상시키는 보조적 인간작전 assisted human operations이다. 인간의 능력을 직접 향상시키는 대신 인간을 보조하여 다양한 상황에 적절하고 신속하게 대처할 수 있도록 해주는 것이다. 웨어러블 전자장비, 헤드업 디스플레이, 외골격exoskeletons을 사용하여 인간이 전투를 더욱 잘할 수 있도록 하는 것이다. 이미 미국의 적들은 보다 향상된 능력을 실질적으로 추구하고 있다는 점에서 미국 역시 이를 적용할 것인지에 대해서 고민할 때가 되었음을 역설한다.

넷째, 인간-기계 전투 팀 구성human-machine combat teaming이다. 인간과 기계의 협업은 의사 결정자가 더 나은 결정을 내릴 수 있도록 기계를 사용하는 것을 의미한다. 다양한 로봇과 기계들이 인간 전투원(또는 지휘자)과 하나의 전투 팀을 이루어 작전 임무를 수행하는 것인데, 이미 미 육군의 아파치 헬기와 무인항공기UAV 그레이이글이, 해군의 P-8 초계기와 무인항공기 트리톤이 함께 운용하도록 설계되었다. 인간-기계 협업의 자율성이 보다 높아진다면 작전 운영이 혁신적으로 발전할 것이다.

마지막은 전자전 및 사이버 환경에서 작동하기 위해 새로운 유형의 강화 네트워크를 활용한 반자율무기network-enabled semi-autonomous weapons이다. 전자전 및 사이버 환경에 대한 의존성이 강화될수록 취약성 역시 커질 수밖에 없다. 이를 극복하기 위해서는 반자율무기를 사용하는 것이 도움이 될 것이다. GPS 기능이 탑재된 폭탄이 적의 전자전 공격에 의해서 교란되지 않도록 GPS 없이도 완전히 작동하도록 소구경 폭탄small diameter bomb을 개발하여 기존 시스템을 개량하고 있다.

나) 'Operational Innovation' 새로운 운용 개념과 접근 방식의 개발

두 번째 노력선은 새로운 작전개념이다. 결국 경쟁국으로 상정하고 있는 중국에 대한 작전개념을 의미한다. 중국의 반접근/지역거부Anti-Access/Area-Denial: A2/AD는 미국이 가지고 있던 우위를 상쇄하면서 행동의 자유를 크게 제약하는 요소로 작용하고 있다. 반접근Anti-Access은 상대 국가의 투사 전력이 작전지역으로 진입하는 것을 차단하기 위한 작전개념으로, 미군의 전방기지 및 전개기지를 타격할 수 있는 사거리 1500km 이상의 육·해·공 미사일, 대위성 공격무기, 잠수함 전력 등이 있고, 지역거부Area-Denial는 작전지역 내 상대 국가 투사 전력의 행동의 자유를 제약하기 위해 정밀유도로켓, 고사포, 미사일, 기타 방공전력과, 적의 해양 우세를 거부하기 위한 단거리 대함 및 대잠 탄도미사일 등을 주요 전력으로 육성하고 있다(박준혁, 2017: 49).

먼저, 미국은 공해전투air-sea battle를 통해 중국을 견제하고자 해왔다. 2009년 미 합참이 제시한 개념인 공해전투는 해군과 공군의 유기적인 합동작전을 통해 중국의 A2/AD를 무력화시키고 미군 행동의 자유를 확보하고자 하는 것이었다. 또한 중국군의 지휘통제체계 등을 직접 겨냥함으로써 A2/AD 능력을 직접 타격하고 그 능력을 와해시키는 데 초점을 두고 있다. 이후 위기 고조, 지속적인 소모전의 강요, 지상군의 역할 배제 등이 문제로 지적되면서, JAM-GC로 대체되었지만(박원곤·설인효, 2016: 84~85), 여전히 해군과 공군 합동작전의 교리로서 역할을 하고 있다.

다음으로 '국제 공역에서의 접근과 기동을 위한 합동개념Joint Concept for Access and Maneuver in the Global Commons: JAM-GC'이 제시되었다. 이 개념이 2015년부터 공해전투를 대체했는데, 핵심 노드를 직접 공격하는 대신 적의 계획과 의지를 무력화하는 데 초점을 둔다(Hutchens et al., 2017: 136). JAM-GC는 3단계 작전으로 구성되는데, 정보전information warfare, 적과 일제공격 경쟁salvo competition, 돌파/강제진입break in/forcible entry으로 이루어진다(최우선, 2015: 15~16). JAM-GC 개념은 제3차 상쇄전략의 첨단기술과 결합하여 상승 작용을 가져올 것으로 기대되는데, 새로운 군사작전 개념을 발전시킴으로써 국방 차원에서 제3차 상쇄전략의 효용성을 극대화할 수 있을 것이기 때문이다(Carter, 2016). JAM-GC의 실천적 차원에서는 특정 군사력의 전진배치CCFE를 통한 전선의 강화, 전 지구적 운용모델GOM과 동적전력운용-DFE을 추구하고 있다.

이제 미군은 2016년 육군이 주창한 다영역작전Multi-Domain Operations: MDO에서 '합동전영역작전Joint All Domain Operation: JADO'으로 공식 작전개념을 발전시키고 있다. 이와 함께 각 군의 작전개념도 구체화되고 있는데, 공군의 '전영역지휘통제Joint All-Domain Command and Control: JADC2', 해군의 '분산해양작전Distributed Maritime Operation: DMO', 해군 및 해병대의 '연안작전Littoral Operations in a Contested Environment: LOCE과 '원정기지작전Expeditionary Advanced Base Operations: EABO' 등 교리를 발전시키고 있다. 특히 미국의 다영역작전은 동맹 네트워크의 협력을 필요로 하는데, 이를 통해 동맹국들과의 협력을 정치외교적으로 강화할 뿐만 아니라 다양한 형태의 군사작전을 구사할 것으로 보인다. 미 의회가 국방예산안에 포함시킨 '태평양억지구상'은 이 같은 동맹 및 미군의 주둔전략을 실질적으로 뒷받침하는 것이다(≪연합뉴스≫, 2021.5.29).

합동전영역작전이 2035년을 겨냥한 작전개념이라면, 미군은 한발 더 나아가 '모자이크전mosaic warfare'을 먼 미래의 작전개념으로 발전시키고 있다. 모자이크전은 다영역작전을 더욱 신속하고 효율적으로 수행하는 수단이 될 것이지만, 결정중심전decision-centric warfare을 수행하는 데 핵심적인 위치를 차지한다. 모자이크전은 "인간에 의한 지휘와 기계에 의한 통제를 활용하여, 분산된 아군 전력을 신속하게 구성하거나 재구성함으로써, 아군에게는 적응성과 유연성을 제공하는 반면, 적에게는 복잡성과 불확실성을 가져다주는 전쟁 수행 개념"으로 정의된다(Clark, Patt and Schramm, 2020: 27). 이는 앞으로 전력화될 다양한 유무형의 자산을 킬웹kill-web으로 연결함으로써 기존의 탐지-결심-타격 주기를 더욱 신속하고 정확하며 효율적으로 융합하는 데 목표를 둔다.

다) 'Organizational Innovation' 명석한 인력 및 혁신적 연구 역량 획득

세 번째 노력선은 혁신적 인력의 획득이다. 애슈턴 카터Ashton Carter 국방장관은 국방과학기술의 혁신을 위해서는 군 내부에서의 기술 창출과 외부에서의 첨단기술 도입이 병행되어야 한다고 주장한 바 있다. 카터 이후에도 국방혁신구상Defense Innovation Initiative: DII, 첨단 능력과 억제 패널Advanced Capabilities and Deterrence Panel: ACDP, 조찬클럽Breakfast Club 등이 제3차 상쇄전략을 이끌어왔다(Gentile et al., 2021: 41~67). 미국은 우선 국방부 내부에서 혁신적 기술을 창출하기 위한 연구개발 역량 강화에 힘쓰고 있는데, 연구 역량 강화의 핵심 행위자들은 다음과 같다.

먼저, 국방부 산하 10여 개의 연구소이다. 혁신적인 방산업체와 긴밀한 협업을 추진하고 있는 국방부 산하 연구 조직들이 있는데, 대표적으로 해군연구소는 얕은 물에서도 작전이 가능한 수중 드론을 개발 중이고, 육군연구소는 포 형태의 미사일 방어체계를 개발 중이며, 공군연구소는 인간의 뇌와 같은 메커니즘으로 작동하는 신경 형태 컴퓨팅neuromorphic computing 시스템을 개발 중이다(Carter, 2016).

다음으로는 전략능력실Strategic Capabilities Office: SCO이 있다. SCO는 카터 국방장관이 부장관으로 있던 2012년에 설립했는데, 기존의 기술과 운용능력을 다양한 방식으로 결합하고 상대적 우위의 능력을 새롭게 창출하는 임무를 수행하고 있다. 또 상대가 예상하지 못하는 새롭고 창의적인 방법을 고안하고 있는데, 예를 들어 기존의 미사일 시스템, 고도화된 정밀탄약을 다양한 작전 영역에서 사용하도록 하는 것 등이 전략능력실의 주요한 관심 분야로 알려져 있다(박준혁, 2017: 44).

마지막으로 각종 위원회도 중요한 역할을 하고 있다. 일류 기업의 혁신적 문화 및 운용 방식이 국방부로 유입될 수 있도록 관련 아이디어를 제공하는 국방혁신자문위원회Defense Innovation Advisory Board: DIAB, 국방 분야와 연계된 외교·정책, 민간사업에 대한 혁신 사례를 소개 및 자문하고, 관련 문화를 확산시키는 국방정책위원회Defense Policy Board: DPB, 국방비즈니스위원회Defense Business Board: DBB 등이 있다. 또 국방부 수석혁신장교DOD Chief Innovation Officer 직을 신설하여 국방부 근무자 주도의 혁신이 가능하도록 했으며, 소프트웨어 플랫폼과 인간 네트워크를 구축하고, 다양한 경쟁을 통해 새로운 아이디어 및 방법을 촉진하는 등의 역할을 수행하도록 했다(박준혁, 2017: 44).

라) 'Innovative Military-Civilian Talent Management' 역동적인 민군 협력 프로그램 추진

마지막 노력선은 역동적 민군 협력의 추진이다. 기술과 전략을 연결하는 제3차 상쇄전략은 다양한 민군 협력 프로그램을 통해서 현실화될 수 있다. 미국은 상쇄전략이 제시한 세 가지 목표 외에 혁신적인 국방프로그램을 병행하여 진행 중인데, 이를 통해 잠재적 위협에 적극적으로 대응할 뿐만 아니라 취약성을 포괄적으로 감소시키려는 노력으로 이해된다.

전통적인 국방 기관이 아닌 상업적인 외부의 첨단기술을 활용하도록 하고, 이들에 대한 투자를 확대하며, 정부-기술 산업의 유기적인 협력을 추진하는 것이다. 대표적인 프로그램으로 '구매력 개선Better Buying Power'이 있다. 경쟁과 인센티브, 관료주의의 축소를 골자로 혁신적인 민간 기술을 획득하는 데 기여할 것으로 기대된다(U.S. DoD, bbp.dau.mil). 이를 위해서는 국방 분야의 필요를 명확히 제시하고, 기술개발 과정에서의 유기적인 협업, 기업이윤에 대한 이해가 필요할 것이다.

현재까지 제시된 몇 가지 방향성으로는, 대형 플랫폼의 개발보다는 기존 플랫폼을 업그레이드하고 첨단기술을 접목함으로써 새로운 능력을 창출할 수 있다. 또한 장기적 혁신이 아니라 점진적인 발전을 꾀하며, 지속적인 평가와 개발을 반복함으로써 기술적 우위를 이어가겠다는 것이다. 미국은 타 국가들의 기술추격이나 기술확산에 따라 기술의 도약적 우위 확보가 어렵다는 것을 인식하고, 3~5년의 기간을 목표로 잡고 점진적인 혁신을 통해 이를 극복하고자 하고 있다(U.S. DoD, 2016).

또한 민간 기술을 획득하기 위한 노력은 국방혁신단Defense Unit Innovation Experiment: DUIx의 창설에서 엿볼 수 있다. DUIx의 가장 중요한 역할은 군사 부문보다 앞서 있는 민간 상업 분야의 기술을 국방 분야에 적극적으로 도입하는 것이다. 상대에 대한 압도적 우위를 달성하기 위해 외부로부터의 첨단기술 도입을 촉진하는 임무를 담당하고 있다. 국가안보 임무를 수행하는 군과 첨단기술을 보유하고 있는 기업을 연결하는 것이 목적인데, 실리콘밸리, 보스턴, 오스틴과 같이 기술 기반이 형성된 도시에 위치하여 전투 현장에 적용할 수 있는 기술을 획득하도록 했다.

(3) 민군 협력을 통한 첨단기술 경쟁

중국이 경제적으로 부상하기 시작한 2000년대 이후, 미국은 중국의 군사적 위협에 대한 상반된 인식을 보여왔다. 그동안 중국의 국방비는 연평균 11% 이상 증강되어 왔고, 이는 GDP 상승률을 상회하는 것이다. 이 같은 추세라면 2030년이 되면 미국의 국방비에 근접할 것으로 예상되기도 한다. 미국은 중국과의 군비경쟁을 낙관할 수만은 없는데, 냉전기 소련과 달리 중국은 상당한 경제력과 기술력을 갖추고 있기 때문이다. 따라서 소련에게 적용했던 핵군비경쟁, 군사적 비용 부과를 중국에게도 적용하는 것은 미국에게 상당한 부담으로 작용한다. 오히려 중국은 미국의 아시아 동맹국들을 압박하면서 미국의 군사적 취약성을 파고들고 있다. 중국의 A2/AD 전략은 지리적 근접성을 활용하면서 미국에도 막대한 비용을 요구한다.

앞에서 언급한 바와 같이 제3차 상쇄전략은 네 가지 노력선으로 구성되며, 이는 중국 및 러시아에 대한 확고한 우위를 차지하기 위한 노력으로 이해된다. 특히 현재의 기술우위를 유지하기 위해 다양한 민간 기술을 조기에 적극 적용하려는 노력은 열세에 있는 상대에게 상당한 비용을 요구하는 것이다. 양자컴퓨팅, 인공지능, 디지털 트윈 등의 민간 기술은 군사기술을 선도하면서 군사적 활용성을 높일 것으로 기대되는 바, 미국은 우위를 유지하고 있는 민간 기술을 더욱 적극적으로 활용하면서 상대의 소진을 이끌어내려고 할 것이다. 물론 미국이 여전히 우세를 점하고 있는 항공우주 전력, 전략타격 능력 및 미사일 방어 체계는 중국에게도 상당한 비용을 부과하면서 부담으로 작용할 것이다(Ekman, 2015: 43~52).

아울러 미국은 동맹국들을 활용할 수밖에 없는데, 이는 자신의 비용을 낮추면서 상대를 소진하는 효과가 있다(Frelinger and Hart, 2012: 347~353). 미국이 추구하고 있는 안보, 기술, 가치의 전방위 동맹전략은 전통적인 군사동맹의 차원을 넘어 높은 수준의 책임과 역할 분담을 담보한다(정성철, 2021). 지리적으로 근접한 아시아의 동맹국들을 강하게 결속시키는 데 있어 군사기술 분야에서의 협력은 효과적이며 매력적인 수단이 된다. 반대로 미국의 확장억제 정책은 중국이 활용할 수 있는 취약성으로 발전할 수 있다는 점에서 동맹국들을 적극적으로 관리할 필요도 있다(Ellis, 2016; Mahnken et al., 2019: 79~81). 결국 미국은 동맹국들에 대한 영향력을 유지하면서, 중국에 대한 양적·질적 우세를 통해 소진을 유도할 수 있다.

(4) 도전과 전망

현재 진행 중인 제3차 상쇄전략의 성공 여부는 다음의 몇 가지 도전 요인에 의해서 결정될 것이다. 불확실한 내외부의 안보환경에 대한 상황 인식이 제3차 상쇄전략을 이끌었지만, 이에 적절히 적응하고 미국에 유리한 환경을 조성하는 데에는 많은 도전 요인이 있기 때문이다.

첫째는 다양한 C4ISR 능력의 발전이다. 이는 전장의 불확실성을 감소시킬 것이며, 네트워크화된 자동화 무기체계와 고속 무기체계는 기동과 지휘통제 분야에서 마찰을 줄이고 효과성을 보장한다. 제3차 상쇄전략은 미국의 발달된 무인체계 기술을 통해 중국에 대해 절대적인 수적 우위도 달성할 수 있을 것으로 보았다(박상연, 2019: 95~97). 문제는 중국이 군사력 증강뿐만 아니라 하이브리드전, 회색지대 분쟁을 기획함으로써 위협인식 자체를 혼란에 빠뜨릴 수 있다는 데 있다. 얼마나 신속하고 정확하게 상대의 움직임을 파악할 수 있는지가 기술우위를 극대화하면서 상대에게 비용을 부과할 수 있는 첫 단계가 될 것이기 때문이다.

두 번째, 미국의 기술개발과 관련하여 가장 큰 문제는 예산의 제약이다. 제3차 상쇄전략을 선언하기는 했지만 핵심 기술을 구현하기 위한 충분한 예산 확보 가능 여부가 지속적으로 제기되어 왔다(Sadler, 2016: 13). 시퀘스터sequester 시대를 맞아 많은 국방프로그램이 중단되거나 지연되었고(박준혁, 2017: 48), 특히 2020년부터 전 세계를 휩쓸고 있는 코비드-19 상황은 국방예산의 안정적인 공급을 제약하고 있다. 중국을 직접 겨냥하고 있는 '태평양억지구상Pacific Deterrence Initiative'이 2014년 '유럽억지구상'과 같은 분명한 메시지를 갖고 있어서, 향후 미국의 국방비가 얼마나 증액될 것인지 주목할 만하다.

셋째는 제3차 상쇄전략이 핵심 전력으로 제시한 무인체계에 대한 것이다. 무인무기체계에 의한 전쟁 수행은 교전규칙, 전쟁 윤리, 전쟁법 등 도덕적·법적 문제와 직접 연결된다(Sadler, 2016: 16). 미국이 인명 중시 경향을 고려하여 비살상, 피아 피해 최소화 등을 원칙으로 효과성을 중시한다고 할지라도, 상대가 이와 같은 인식을 하지 않고 무인체계의 자율성을 극대화한다면 상대적인 피해는 더욱 커질 수밖에 없고 비인간적인 전투가 자행될 가능성이 크다. 따라서 인공지능과 무인무기체계의 군비경쟁은 규범과 레짐의 마련을 필요로 한다.

네 번째, 미국 국방부의 관료주의를 타파하는 것도 중요한 과제이다(Metha, 2016.9.10). 미국 국방부는 세계에서 가장 큰 관료조직으로 관료주의적 성향에 대해서 많은 비판을 받아왔다. 변화하는 안보환경에 민첩하게 대응하지 못한다는 문제점도 제기되었다(박준혁, 2017: 44). 혁신적이고 전략적인 사고를 창출하고 변화에 적응하기 위해서는 조직 전체에 지속적인 자극을 제공하는 컨트롤타워가 필요한데, 앞서 언급한 전략능력실을 비롯한 신설 조직과 위원회들이 이러한 역할을 담당할 수 있을 것인지 주목할 필요가 있다.

마지막으로 가장 결정적인 도전 요인은 상쇄전략의 상대성에 있다. 미국의 전쟁 수행 방식이 첨단화되면 적국 역시 이를 극복하고 상쇄하기 위한 전략을 마련할 수밖에 없다. 중국 등 잠재적 도전국들은 미군의 독점적 우위를 위협하고 있고, 기술의 확산은 새로운 의지를 가진 적대세력의 등장을 초래할 수 있다. 반대로 기술적으로 우위에 있는 미국이 적의 비대칭 수단에 의해 첨단무기체계의 취약성이 증가할 수 있는 역설적 상황에 직면할 수 있다. 따라서 제3차 상쇄전략이 실패할 가능성을 충분히 고려하면서, 전략을 지속적으로 평가하고 보완해 나가려는 노력이 필요할 것이다.

4. 결론

제2차 세계대전 이후 초강대국으로 부상한 미국은 냉전이라는 특수한 상황 속에서 강대국과의 '장기 경쟁전략'을 선택했다. 미국의 군사혁신은 이러한 경쟁전략 속에서 우위를 달성하기 위한 방법으로 이해할 수 있는데, 목표-방법-

수단의 불균형을 해소하려는 노력의 일환으로 군사혁신이 일어났다. 미국은 강대국 중심의 위협인식을 바탕으로 군사적 충돌 없이 경쟁을 통해 상대를 억제하고 우세를 달성하고자 했다. 냉전 기간 동안 소련의 군사력에 대한 평가 보고서를 발간해 오던 미국은 탈냉전기 잠재적 적국의 군사력 평가 보고서를 간행하지 않다가, 2002년부터 의회의 요청에 따라 중국의 군사력에 대한 보고서를 작성하고 있다. 특히 최근 발간된 보고서는 중국의 군사력 증강에 대한 심각한 우려를 포함했다(U.S. DoD, 2021).

이러한 강대국 중심의 위협인식은 당면한 위협에 의해서 완화되는데, 1960년대 베트남 전쟁, 2001년 9·11 테러와 그 이후 이라크 전쟁과 아프간 전쟁, 최근 IS와의 전쟁은 미국의 위협인식에 변화를 주었다. 그러나 대응을 통해 위협이 어느 정도 해소되면서 다시 강대국에 대한 위협을 인식하게 되었는데, 이 과정에서 군사혁신의 필요성이 대두되었다. 세 차례의 상쇄전략은 기존 군사전략에 대한 부적응, 강대국 경쟁에 대한 재인식, 기술경쟁에서의 격차 발생 등에서 비롯되었다. 제2차 세계대전 이후 유럽 전역에서의 대규모 지상 전력 감축에 따른 열세, 베트남 전쟁 이후 소련 위협에 대한 재인식, 탈냉전기 중국을 비롯한 다양한 위협과 군사기술의 확산에 따른 취약성을 극복하려는 시도들을 미국 군사혁신의 일환으로 이해할 수 있다.

미국의 대전략이 왜 변화하지 않고 있는지에 대한 논의에도 불구하고(Porter, 2018), 상쇄전략은 국방혁신의 과정이자 국방전략으로서 역할 해왔다. 미국의 세 차례 상쇄전략은 전략적 경쟁국인 러시아와 중국에 대한 '경쟁적 우위competitive edge'를 달성하는 것을 목표로, 첨단기술의 연구개발을 통한 기술 우위, 압도적인 국력을 기반으로 한 비용 부과를 두 개의 축으로 하고 있다. 이는 전략적 상대의 추격을 차단하고, 군사행동에 대한 의지 자체를 억제하는 역할을 해왔다. 표 2-1은 세 차례의 상쇄전략을 개괄적으로 비교해 본 것이다.

다양한 도전 요인에 직면하여 제3차 상쇄전략을 추진하고 있는 미국은 새로운 도전을 만날 수 있으며, 이는 미국의 안보에 직접적인 위험 요인으로 작용

표 2-1 미국의 상쇄전략 비교

	제1차 상쇄전략	제2차 상쇄전략	제3차 상쇄전략
시기	1950년대 초반~1970년대 중반	1970년대 중반~2000년대	2014년~현재
제안자	드와이트 아이젠하워 대통령	헤럴드 브라운 국방장관	척 헤이글 국방장관
국방정책	뉴룩(New Look) 정책	상쇄전략(Offset Strategy)	국방혁신구상(DII)
기술우위	전략핵무기, ICBM 등	정밀유도무기, ISR 등	무인무기체계, 인공지능 등
비용부과	핵무기 군비경쟁	군사적 효과성	첨단기술경쟁
작전개념	대량보복전략, 유연반응전략	공지전투	JAM-GC, 합동전영역작전
경쟁국	소련	소련	중국, 러시아
혁신 거버넌스	군 주도의 수직적 통합	민군 융합 메타 거버넌스	민간 주도형으로 이동

자료: 박준혁(2017: 42)의 '표 1'; 박지훈·윤웅직(2020)의 '표 1'을 종합하여 보완함.

할 수 있다. 대표적인 도전 요인들은 다음과 같다. 첫째, 상쇄전략은 미국의 기술우위를 전제하고 있으나 도전국의 기술추격과 기술의 확산으로 인해 우위를 지속하기 어렵다. 강대국 데이터 정보 전쟁의 일상화, 군사기술 스파이 행위 등으로 기술격차가 줄어들고 있다. 따라서 스스로의 취약성을 보완하는 '보안'의 중요성과 민간 연구개발 역량과의 협력에서 답을 찾아야 할 필요가 있다. 이를 위해 첨단기술에 대한 수출통제를 골자로 한 이른바 제4차 상쇄전략의 필요성을 제기하기도 한다(Kassinger, 2020).

둘째는 미국의 강건한 경제력이다. 상쇄전략이 전제하고 있는 두 번째 축은 비용 부과에 있고, 이는 상대의 소진을 목표로 한다. 미국이 기술혁신을 표방한 데에는 강력한 경제력과 영향력에 기반한 비용 부과가 기반이 되었다. 압도적 물량 공세를 통해 기술우위를 지속하려는 것이다. 미국 국방예산 감축의 압박이나 3D 프린팅 기술의 확산이 지속된다면 미국의 압도적 물량 공세가 지속되기 어렵다. 현재 미국의 중국과의 금융·무역 경쟁은 결국 지정학적인 군사 경쟁과도 연결될 수밖에 없음을 의미한다.

셋째, 기술-전략의 선순환 여부이다. 미국의 군사혁신에서 기술-전략의 선순환적 연계는 중요한 기반을 제공해 왔다. 방산업체의 군사기술 기초 제공 및 협력, 각 군 간의 건강한 경쟁, 민간 군사전문가의 적극적인 참여와 협력체계, 행정부-의회의 견제와 균형 등이다. 반대로 군사기술 개발의 정치화, 각 군 간의 소모적 경쟁, 민군 관계의 불평등 심화, 국방부의 현상 유지 기조, 의회의 단기적인 성과 요구 등은 기술-전략의 불균형을 초래하여 강대국 경쟁에서 뒤처질 위험이 있다.

마지막으로 세 차례의 상쇄전략은 명확히 동맹 및 우호국과의 협력을 전제하고 있다. 지정학적 영향력 지속, 중국의 추격 및 지역 강대국들의 부상, 과도한 국방비 지출의 절감 등을 고려할 때 동맹국과의 협력은 더욱 더 강조될 것이다. 상호운용성, 데이터 전송, 정보 공유, 기술이전 및 공동 개발, 상호 보완적 신기술 협력, 특화된 전문 인력 교류 등을 적극적으로 추진할 필요가 있는데, 트럼프 행정부 이후 드러난 동맹 내부의 결속력과 신뢰성을 회복하는 일은 무엇보다 중요한 과제일 것이다.

김태현. 2020. 「트럼프 시대 미국의 대중국 군사전략: '경쟁전략'과 '비용부과'」. ≪국가전략≫, 제26권 2호, 35~63쪽.

박민형·김강윤. 2018. 「대북 군사전략 개념의 확장: 소진전략을 중심으로」. ≪국가전략≫, 제24권 2호, 99~122쪽.

박상연. 2019. 「강대국 경쟁의 재부상과 미국의 군사전략 패러다임 전환: 미국의 군사부문 혁신이 억제전략에 미치는 영향을 중심으로」. ≪전략연구≫, 제26권 1호, 57~105쪽.

박원곤·설인효. 2016. 「미국: 오바마 행정부의 안보·군사전략 평가와 신행정부 대외 전략 전망」. 『2016 동아시아 전략평가』. 한국전략문제연구소.

박준혁. 2017. 「미국의 제3차 상쇄전략: 추진동향, 한반도 영향전망과 적용방안」. ≪국가전략≫, 제23권 2호, 35~66쪽.

박지훈·윤응직. 2020. 「모자이크전, 개념과 시사점」. ≪국방논단≫, 제1818호.

≪연합뉴스≫. 2021.5.29. "美 국방예산, 中 억제 초점…핵전력 늘리고 北미사일 방어 강화(종합)". https://www.yna.co.kr/view/AKR20210529007051071?section=search

이근욱. 2012. 『냉전: 20세기 후반의 국제정치』. 서강대학교출판부.

정경두. 2019. 「미국의 제3차 상쇄전략으로 바라본 군사전략의 변화」. 서울대학교 국제문제연구소 미래전연구센터 워킹페이퍼, No.1.

정성철. 2021. 「디지털 안보 동맹외교의 미중경쟁과 한국: 탈냉전기 미국 대외전략과 '디지털 자유 연합'의 등장」. 김상배 엮음. 『디지털 안보의 세계정치: 미중 패권경쟁 사이의 한국』. 한울엠플러스.

최우선. 2015. 「미국의 새로운 상쇄전략(Offset Strategy)과 미·중 관계」. ≪주요국제문제분석≫ 2015-43.

aljazeera. 2021.9.10. "Infographic: US military presence around the world." https://www.aljazeera.com/news/2021/9/10/infographic-us-military-presence-around-the-world-interactive. (검색일: 2021.9.20)

Beukel, Erik. 1989. *American Perceptions of the Soviet Union as a Nuclear Adversary*. London: Pinter Publisher.

Bowdish, Randall. 2013. "Military Strategy: Theory and Concepts." Ph.D. Dissertation at the University of Nebraska.

Bundy, McGeorge. 1988. *Danger and Survival: Choices about the Bomb in the First Fifty Years*. New York: Random House.

Carter, Ashton. 2016. "Keynote Address: The Path to the Innovation Future of Defense." Assessing the Third Offset Strategy: Progress and Prospects for Defense Innovation, CSIS http://www.defense.gov/News/Speeches/Speech-View/Article/990315/remarks-on-the-path-to-an-innovative-future-for-defense. (검색일: 2021.6.30)

Clark, Bryan, Dan Patt and Harrison Schramm. 2020. *Mosaic Warfare: Exploting Attificial Intelligence and Autonomous Systems to Implement Decision-Centric Operations*. Wahington DC: Center for Stratyegic and Budgetary Assessments.

Converse, Elliot. 2012. *History of Acquisition in the Department of Defense: Rearming for the Cold War 1945-1960*, Vol.1. Washington, DC: Historical Office. http://history.defense.gov/Portals/70/Documents/acquisition_pub/OSDHO-Acquisition-Series-Vol1.pdf?ver=2014-05-28-103257-540. (검색일: 2021.6.27)

Doublers, M. D. and V. Renfroe. 2003. *The National Guard and the Total Force Policy: The Modern National Guard*. Tampa: Faircount.

Dulles, John F. 1954. "Policy for Security and Peace." *Foreign Affairs*, Vol.32, No.3.

Ekman, Kenneth P. 2015. "Applying Cost Imposition Strategies against China." *Strategic Studies Quarterly*, Spring, pp.26~59.

Ellis, Jason D. 2016. *Seizing the Initiative: Competitive Strategies and Modern U.S. Defense Policy*. Lawrence Livermore National Laboratory.

Frelinger, David and Jessica Hart. 2012. "The U.S.-China Military Balance Seen in a Three Game Framework." in Richard P. Hallion, Roger Cliff and Phillip C. Saunders(eds.). *The Chinese Air*

Force: Evolving Concepts, Roles, and Capabilities. Washington. DC: NDU Press.

FRUS(Foreign Relations of the United States). 1952~1954. "Historical Documents." http://history. state.gov/historicaldocuments. (검색일: 2021.6.20)

Gentile, Gian, Michael Shurkin, Alexandra T. Evans, Michelle Grisé, Mark Hvizda and Rebecca Jensen. 2021. *A History of the Third Offset, 2014-2018*. Santa Monica: RAND Corporation.

Grant, Rebecca. 2016. "The Second Offset." *Air Force Magazine,* http://www.airforcemag.com/ MagazineArchive/Pages/2016/July%202016/The-Second—Offset.aspx. (검색일: 2021.6.27)

Gray, Colin. 2004. *Strategy for Chaos: Revolutions in Military Affairs and the Evidence of History.* New York: Taylor & Francis.

Hagel, Chuck. 2014. ""Defense Innovation Days." Opening Keynote Speech to Southeastern New England Defense Industry Alliance." https://www.defense.gov/News/Speeches/Speech/Article/ 605602/

Hasik, James. 2018. "Beyond the Third Offset: Matching Plans for Innovation to a Theory of Victory." *Joint Forces Quarterly*, Vol.91, No.4, pp.14~21.

Hopkins, J. C. and Sheldon Goldberg. 1976. *The Development of Strategic Air Command, 1946-1976.* http://www.dtic.mil/dtic/tr/fulltext/u2/a060394.pdf. (검색일: 2021.6.22)

Hughes, Emmet John. 1975. *The Ordeal of Power: A Political Memoir of the Eisenhower Years.* NY: Macmillan Publish Company.

Hutchens, Michael E., William D. Dries, Jason C. Perdew, Vincent D. Bryant and Kerry E. Moores. 2017. "Joint Concept for Access and Maneuver in the Global Commons: A New Joint Operational Concept." *Joint Forces Quarterly*, Vol.84, No.1, pp.134~139.

Joint Chiefs of Staff. 2015. *National Military Strategy of the United States of America.*

Kassinger, Theodore W. 2020. "Shaping the Fourth Offset: The Emerging Role of Export Controls in Pursuit of National Economic Self-Reliance." https://www.cnas.org/publications/commentary/ shaping-the-fourth-offset-the-emerging-role-of-export-controls-in-pursuit-of-national-economic -self-reliance. (검색일: 2021.6.20)

Kober, Avi. 2011. "What Happened to Israeli Military Thught?" *Journal of Strategic Studies*, Vol.34, No.5, pp.707~732.

Lee, Bradford A. 2012. "Strategic Interaction: Theory and History for Practitioners." *Competitive Strategies for the 21st Century: Theory, History, and Practice.* Palo Alto: Stanford University Press.

Mahnken, Thomas G. 2014. "Cost-Imposing Strategies: A Brief Primer." Washington DC: Center for a New American Security.

_____. 2020. *Selective Disclosure: A Strategic Approach to Long-term Competition.* Washington DC: Center for Stratefic and Budgetary Assessments.

Mahnken, Thomas G., Gillian Evans, Toshi Yoshihara, Eric Edelman and Jack Bianchi. 2019. *Understanding Strategic Interaction in the Second Nuclear Age.* Washington DC: Center for

Stratefic and Budgetary Assessments.

Martinage, Robert. 2014. *Toward a New Offset Strategy: Exploiting U.S. Long-Term Advantages to Restore U.S. Global Power Projection Capability.* Washington DC: Center for Strategic and Budgetary Assessments.

Meilinger, Phillip. 2012. *Bomber: The Formation and Early Years of Strategic Air Command.* Maxwell Air Force Base, AL: Air University Press. http://www.au.af.mil/au/aupress/digital/pdf/book/b_0127_meilinger_bomber.pdf. (검색일: 2021.6.20)

Metha, Aaron. 2016.9.10. "Strategic Capabilities Office Preparing for New Programs, Next Administration." *Defense News.*

nintil.com. 2016.5.31. "The Soviet Union: Military Spending." https://nintil.com/the-soviet-union-military-spending/. (검색일: 2021.6.20)

Norwood, Paul and Benjamin Jensen. 2016. "Wargaming the Third Offset Strategy." *Joint Forces Quarterly*, Vol.83, No.4, pp.34~39.

Porter, Patrick. 2018. "Why America's Grand Strategy Has Not Changed: Power, Habit, and the U.S. Foreign Policy Establishment." *International Security*, Vol.42, No.4, pp.9~46.

Salder, Brent D. 2016. "Fast Followers, Learning Machines, and the Third Offset Strategy." *Joint Forces Quarterly*, Vol.83, No.4, pp.13~18.

Schnabel, James and Robert Watson. 1998. *History of the Joint Chiefs of Staff: The Joint Chiefs of Staff and National Policy, Volume III, 1951-1953.* Washington, DC: Office of Joint History. http://www.dtic.mil/doctrine/doctrine/history/jcs_nationalp3b.pdf. (검색일: 2021.6.20)

Smith, Lawrence M. 2014. "Rise and Fall of the Strategy of Exhaustion." https://alu.army.mil/alog/issues/novdec04/rise_fall.html. (검색일: 2021.6.30)

The Wall Street Journal. 2014.12.3. "Long Range Research and Development Plan (LRRDP) Request for Information." http://online.wsj.com/public/resources/documents/offsetrfi1203.pdf. (검색일: 2021.9.20)

U.S. DoD, bbp.dau.mil.(U.S. DoD). https://www.ustranscom.mil/dbw/docs/BBP_Fact_Sheet.pdf

U.S. DoD. 1972. *National Security Strategy of Realistic Deterrence: Secretary of Defense Melvin R. Laird's Annual Defense Department Report, FY1973.* Historical Office of the Secretary of Defense. http://history.defense.gov/Portals/70/Documents/annual_reports/1973_DoD_AR.pdf?ver=2014-06-24-150625-420. (검색일: 2021.6.22)

_____. 2015. "Deputy Secretary of Defense Speech at CNAS Defense Forum." https://www.defense.gov/News/Speeches/Speech/Article/634214/cnasdefense-forum/.

_____. 2016. "Advanced Tech, New Operational Constructs Underlie Third Offset Strategy." https://www.defense.gov/News/News-Stories/Article/Article/995201/advanced-tech-new-operational-constructs-underlie-third-offset-strategy/. (검색일: 2021.6.30)

_____. 2018. *National Defense Strategy of the United States America.* Washington DC: Department of Defense.

_____. 2021. *Military and Security Developments Involving the People's Republic of China: A Report to Congress Pursuant to the National Defense Authorization Act for Fiscal Year 2000.* Washington DC: Office of the Secretary of Defense.

Woods, Kevin M., Michael R. Pease, Mark E. Stout, Williamson Murray and James G. Lacey. 2006. "Iraqi Perspectives Project. A View of Operation Iraqi Freedom from Saddam's Senior Leadership." Norfolk: Joint Center for Operational Analysis.

Work, Robert. 2015. "Keynote Speech at CNAS Defense Forum." http://www.defense.gov/News/Speeches/Speech-View/634214/cnas-defenseforum. (검색일: 2021.6.27)

3 중국의 군사혁신 전략 변화와 전망*

김상규 | 한양대학교

1. 서론

코비드-19가 전 세계를 휩쓸면서 비전통 안보가 국가 간 협력에서 중요한 의제가 되었다. 하지만, 우리는 최근에 발생한 러시아의 우크라이나 침공 사례에서 보듯, 불변의 중요한 논의를 깊이 되짚어 봐야 할 필요가 있음을 확인한다. 첫째, 국제사회가 여전히 힘의 논리가 지배하는 무정부성의 냉혹한 현실에서 벗어날 수 없다는 점, 둘째, 상호 간 오인misperception이 국가의 위협인식에 영향을 주고 군사적 충돌을 일으킬 수 있다는 점, 셋째, 국가의 안전을 보장하고 영속하기 위한 중요한 조건 중 하나가 바로 강력한 군사력의 확보라는 점이다. 그중에서도 일찍이 한스 모겐소가 "국가의 운명이 전쟁 기술에 의해 결정

* 이 글은 국가안보전략연구원이 발간하는 《국가안보와 전략》 제22권 1호(2022)에 발표한 저자의 논문 「중국의 군사혁신 전략 변화와 전망」을 수정·보완한 것임을 밝힌다.

된다"라고 말했던 것처럼 과학기술의 발전은 새로운 무기의 개발을 촉진하고 전쟁의 승패를 가늠할 수 있는 바로미터가 된다. 이 같은 측면에서 볼 때, 2021년 미국 국방부가 발표한 「중국의 군사력에 관한 연례보고서」는 상술한 세 가지를 모두 아우르는 인식을 보여준다 해도 무방하다. 해당 보고서에는 중국이 글로벌 혁신 초강대국을 추구하며 미국의 경제적·군사적 이익에 도전한다는 내용을 적시하고 있다. 구체적으로 살펴보면, '중국이 군사력 강화를 위한 기계화·정보화를 진행하고 신흥기술을 기반으로 한 지능화 군대를 확보하여 미래 전장에서 활용할 수 있는 새로운 전략과 전술, 교리 등 전투 계획을 수립하고 있다'는 판단을 하고 있다(DOD, 2021: 145~148).

흔히 미중 양국을 확전 일로에 놓여 있는 패권 경쟁국으로 평가한다. 양국은 기술과 자원을 전폭적으로 투입해 상대를 압도할 '힘'을 증강하고자 각축전을 벌이고 있다. 현재 진행되고 있는 경제, 기술, 정치, 사회, 문화에서의 경쟁이 군사, 안보 분야에서도 동시에 일어나면 궁극적으로 군사 경쟁 및 충돌로 이어질 수 있다(전재성, 2021: 7). 따라서 미래의 잠재적 전쟁 가능성을 상정하고 대비하기 위해서는 각종 첨단무기 개발 전략을 수립하고 이를 운용할 인적 자원 양성에 박차를 가할 수밖에 없는 것이다. 중국은 4차 산업혁명 시대를 이끌어가는 기술력과 이를 구현할 수 있는 경제 역량에 기대어 전력을 증강하고 군사체계를 구상하는 데 총력전을 펼치고 있다. 그도 그럴 것이 중국은 대륙 14개국, 해양 6개국과 국경을 맞대고 있어서 그 어떤 국가보다도 군사 안보 차원에서 전략 설정과 정책 시행에 고심할 수밖에 없는 처지다. 게다가 미국의 압박은 물론 대만 문제, 남중국해 영토 갈등 등 일촉즉발의 상황에 직면해 있기에 이에 대한 대비 또한 절실하다. 따라서 대내외적으로 불가측 충돌에 대비하기 위한 빈틈없는 준비 태세는 중국의 모든 지도자에게 공통으로 요구되는 역사적 소명이라 해도 과언이 아니다. 더군다나 시진핑은 국가주석에 오른 뒤 줄곧 '강군몽強軍夢'을 외치며 중화민족의 위대한 부흥을 이루겠다는 선언을 한 점에서 더욱 공세적인 행위로 나타날 가능성이 크다. 실제로 공산당 100주년 기념식에서 "외부 세력이 우리를 괴롭히면 14억 인민의 피와 살로 만든 강철 만리장성에 머리가 깨져 피가 흐를 것"이라는 경고를 대내외에 천명하고, 그 누구도 대적하지 못할 강대한 중국을 실현하겠다는 의지를 극명히 드러냈다.

문제는 선언적 행태가 아닌 업적 정당성performance legitimacy과 연결해 구체적 방법론을 제시하고 실제 성과를 만들어내고 있다는 데 있다. 잠재적 위협이 아닌 질적 수준을 담보한 종합 국력의 시현으로 동북아를 둘러싼 한반도에 군사적 균형을 깨고 군비경쟁의 도미노 현상을 가속할 수 있는 것이다. 이에 이 글은 중국이 군사적인 차원에서 강한 중국을 만들기 위한 발전 전략과 혁신을 어떻게 수립하고 추동하는지 핵심 기제를 살펴본다. 이를 위해 우선, 중국 지도자 시기별 군사정책의 주요 변인을 개괄하여 전반적인 군사 발전의 이해를 선행하고, 다음으로 현재 중국이 추진 중인 군사혁신의 시스템 수립, 추진 주체, 협력 대상이라는 세 가지 내용과 연동, 분류하여 그 전략 설정과 구체적 성과를 고찰하고자 한다. 마지막으로 첨단기술을 기반으로 한 중국의 군사 무기화 전략을 살펴보고 그 함의를 분석한다.

2. 중국의 지도자 시기별 군사정책 주요 변인 개괄

중국의 군사정책은 대외 상황에 대응하면서 두드러진 정책 변화를 이끌어 왔다. 특히, 덩샤오핑鄧小平 집권 시기는 개혁·개방의 성공적 수행이 최대 과제였기에 안정적인 국제 정세를 확보하고 국가 발전에 집중하는 것이 중요했다. 이 때문에 선진국의 행태를 관찰하고 점진적이지만 장기적인 전략 목표를 수립하는 데 방점을 찍었다. 그중에서도 군의 현대화는 중국의 국가안보를 확보하기 위한 가장 중요한 조건이었다. 당시 중국의 군사정책은 정예 병력을 육성하고, 현대적인 무기체계를 수립하여 다병과 합동작전을 실시할 수 있도록 하는 것이 주요 목표였다(楊貴華, 2019: 5). 이를 위해 1985년, 11대 군구 체제를

7대 군구로 개편하는 개혁을 단행했고, 조직을 개편한 뒤에는 과학기술 역량을 강화하기 위한 정책을 시행하는 데 초점을 맞추었다. 그중에서도 '863 계획'이라고 불리는 '국가 고高기술 발전연구계획강령'은 중국의 기초과학 기술을 강화하는 데 핵심적인 역할을 한 정책이었다. 해당 계획은 의약, 신소재, 첨단 제조, 첨단 에너지, 자원 및 환경, 해양, 현대 농업, 현대 교통, 지구관측 및 항법 등을 비롯해 생물, 항공, 정보통신, 방어, 자동화 등의 분야를 총망라하고 있다. 특히, 최첨단기술을 개발하기 위해 100억 위안, 15만 명의 연구 인력, 500여 개의 연구 기관과 300여 개의 대학, 1000여 곳의 기업 등 중국이 투입할 수 있는 다량의 자원을 쏟아부었다.[1] 중국이 이러한 정책을 시행한 것은 당시 미국이 수립한 이른바 '스타워즈 계획'으로 알려진 전략 방위구상Strategic Defense Initiative: SDI, 프랑스와 독일 주도하에 실시한 유럽의 공동 연구개발 네트워크인 '유레카EUREKA', 그리고 일본의 '10년 과학기술 진흥정책'에 상응해 경쟁적으로 수립한 것으로 볼 수 있다(김상규, 2021: 264).

이어 장쩌민은 국제사회의 변화를 이끌 첨단기술과 정보화 추진의 중요성을 실감하고 이를 위한 투자를 중점적으로 진행했다. 이는 장쩌민이 "첨단기술이 폭넓은 군사 분야의 혁명을 불러일으키고 있다. 항공이든 미사일이든 다른 관련 무기든 모두 전자기술과 관련이 있다. 중국의 전자기술과 세계 선진 수준과의 격차는 좁혀지지 않고 있다"라고 강조한 것에서도 잘 드러난다.[2] 특히, 중국은 군사적으로 약자가 강자를 이기는 길은 '정보화전'에 있다는 전략사고를 하고(박남태·박승조, 2021: 142), '적극방어'라는 군사전략을 수립하여 전쟁의 새로운 추세에 대비했다. 중국은 국부전쟁 전략에 기초해 지상군의 신속한 대응 태세를 갖추고, 해군의 적극적인 근해 방어 전력을 증강하며, 공군의 원거리 투사

---

1   http://kostec.re.kr/wp-content/uploads/2019/01/ART201408051652327220.pdf (검색일: 2021.10.6)
2   http://theory.people.com.cn/GB/40557/350432/350798/index.html# (검색일: 2021.10.7)

능력과 핵미사일의 기술 수준을 제고하는 등 첨단기술력 강화를 통한 군사력 증강 실현을 기본 독트린으로 설정했다(박병광, 2019: 47). 이러한 결과는 방위 작전 능력 향상을 위해 고도의 과학 기술력을 갖추어 군의 질적 수준을 높여야 한다는 점을 인식했기 때문에 가능했다. 이 외에도 중국은 미국의 과학 기술 투자금 확보 정책인 21C 연구기금, 정보기술 시장 선점을 위한 IT2 Information Technology for the Twenty First Century 이니셔티브,[3] 1995년에 일본이 제정한 '과학기술기본법', 5년 단위의 '과학기술 기본 계획'과 1년 단위의 '과학기술 이노베이션 종합전략' 등 과학기술의 단기, 중장기 전략 목표(유종태, 2018: 6) 등 선진국의 정책 변화를 살펴 조직을 개편하고 시대 변화에 맞는 전략을 수립하는 데 중점을 두었다. 실제로 1998년 4월, '총후근부總後勤部'를 총후근부와 총장비부總裝備部로 개편하고, 총장비부가 무기 연구와 개발 및 제작, 우주공업 발전을 지원하도록 했다. 1990년대 이후 중국의 우주개발 사업이 빠르게 발전할 수 있었던 이유는 조직 개혁을 통해 총장비부의 역할이 확대되었기 때문이다(박병광, 2019: 30).

후진타오는 전임 장쩌민이 퇴임 후 2년 동안 군사위 주석직을 유지하고, 자신의 측근을 통해 군을 움직였기 때문에 군권 장악에 상당한 어려움을 겪었다. 하지만, 이는 오히려 중국군을 객관화하여 살필 수 있는 계기가 되었고, 주석직 승계 이후에는 국방 역량 강화를 위한 전략을 설정하고 제도를 수립하여 군의 질적 수준을 높이는 데 일조했다. 2006년 발표한 『국방백서』에서는 "정보화 부대를 건설하고 정보화 전쟁에서 승리한다"라는 군 현대화 목표를 제시했고, 2008년 발표한 『국방백서』에서도 "정보화 조건에서 발생하는 국지전에 대응하기 위한 해군과 공군의 첨단화, 적극방어를 통한 전쟁 승리" 등 정보화를 중심으로 한 군사 목표 수립을 언급했다. 이 시기 가장 큰 특징은 정보화와 현대

---

3 https://scienceon.kisti.re.kr/commons/util/originalView.do?cn=JAKO199956605665853&oCn=JAKO199956605665853&dbt=JAKO&journal=NJOU00291033 (검색일: 2021.10.7)

화를 해양전략의 변화와 그에 따른 해군력 증강 전개와 연계했다는 점을 들 수 있다. 특히, 후진타오는 2006년 12월, 인민해방군 해군 제10차 당 대회 전체 회의에서 중국의 해양 대국을 실현하겠다는 목표를 선언하고 '근해 종합작전 능력'과 '원해 방위작전 능력'을 갖춘 강력한 해군 건설을 강조했다. 중국은 2010년 발표한 『국방백서』를 통해 '책임 대국'을 표방하면서 해군이 국제적 임무를 수행하고 전력 투사를 확대해 나가기 위한 전략을 적시하고 수송, 지원 등 원양해군체계의 핵심 기반을 조성하는 데 박차를 가했다. 또한, 2012년 11월에 열린 중국공산당 제18차 전국 대표대회를 통해 국가 해양 권익 수호와 해양 강국의 건설을 선언하고, 대만 문제, 주변국과의 해상 영토 분쟁, 해상 교통로 확보 등 정치적·경제적 차원에서 직면한 문제를 해결하기 위한 적극적 대응정책을 폈다. 이를 위해 군사적으로 항공모함과 전단을 구축하고 해양 작전 수행을 위한 지휘통제와 지상 및 해상 무기 체계를 갖추며 관련 군수 지원 조직 정비에 중점을 두었다. 더 나아가 우주·사이버 안보를 위한 군사력 강화도 표명했는데, 이는 현대전을 수행하는 데 정보통신기술이 중요한 요인으로 작용하며, 특히, 'C4ISR'이라 불리는 지휘command, 통제control, 통신communications, 컴퓨터computers, 정보intelligence, 감시surveillance, 정찰reconnaissance 시스템을 완비하는 것이 핵심 문제라고 인식했기 때문이다.

이처럼 중국이 시행한 정책은 시진핑 시기에 이르러 첨단기술 발전과 연결한 전략 설정과 무기 개발로 이어졌다. 시진핑은 국력 상승에 기초하여 부유하고 강한 중국을 건설하고, 중화 문명의 회복은 물론 분열된 국토를 통일하려는 의지를 군사력 증강과 국방전략 설정에 투사했다. 시진핑은 전임 후진타오의 군 장악 문제를 의식한 듯, 중앙군사위원회 주석에 취임한 이후 각 군종을 시찰하면서 절대적 충성과 신뢰, 파벌과 부패가 없는 절대적 순결을 요구했다. 이는 중국의 강대국화를 위한 강한 군대 건설은 물론 군권을 완벽히 장악하겠다는 의지를 표명한 것으로 볼 수 있다. 중국은 2013년 11월, 18기 3중전회를 통해 군의 규모를 조정하고 구조개혁을 공포했다. '육군 조직의 최적화, 각 군종과 병종 간의 조정과 균형, 비전투 기구와 인원 감축, 군위 아래 합동작전 사령 기구 설치와 전구의 합동작전 체계 수립, 새로운 전투력 건설 가속화, 군 교육기관 개혁 심화' 등 중국군의 전면적인 개혁을 연이어 발표했다(구자선, 2016: 8). 2015년에는 『국방백서』를 발표하면서 '중국 군사전략'을 명기했는데, 여기에는 중국을 둘러싼 동북아 안보환경 변화에 따른 전략 인식과 국방정책의 방향성이 나타나 있다. 또한 2016년 1월, 중앙군사위원회가 '국방과 군대 개혁에 관한 중앙군사위의 의견'을 공포하고 군사 차원에서의 혁신(이론, 기술, 조직, 관리)과 시스템 설계 지속, 정층설계頂層設計와 하부 구조의 원활하고 정확한 정책 시행, 체제 개혁을 통한 조직 간의 유기적인 결합을 제시했다. 더 나아가 '4총부'(총참모부, 총정치부, 총후근부, 총장비부)를 폐지하고, 중앙군사위원회 내에 15개 직능부문職能部門 설치, 7개 군구軍區를 5개 전구戰區로 개편, 연합작전 지휘 기구를 만드는 등 조직과 구조의 변화를 시도했다.[4]

사실, 중국군은 소련 모델에 기초한 지상군 위주의 지휘체계를 유지해 왔기에 현대전에 적합한 연합작전 능력이 현저히 뒤떨어진다. 이 때문에 군 인력 감축을 통해 조직을 개편했고, 육군 중심의 비대한 군대를 개혁해 미래전에 필요한 실질적 전략 운용과 작전 수행에 대비하고자 했다.[5] 이에 따라 해군과 공군을 전략의 중심축으로 만들려 제2포병 부대를 인민해방군 '화전군火箭軍'으로 바꾸었고, 전자정보전과 우주전을 상정한 전략지원부대를 설립했다. 화전군은 핵 위협을 억제하고 핵 반격과 재래식 미사일의 정밀타격 등 미사일 전략과 관련한 중요 임무를 수행하는데, 미국의 항공모함이 아시아·태평양 지역에서 군사적 우위를 담보하는 가장 강력한 무기인 상황에서 이를 무력화할 수 있는 핵심 전력이다. 현재 중국이 개발하고 있는 극초음속 미사일이 더욱 가시적으로 발

4 자세한 내용은 이 글의 제3절 참조.
5 http://military.cnr.cn/zgjq/gcdt/20160201/t20160201_521302313.html (검색일: 2021.10.7)

전하고 기술적인 성과를 보여준다면, 미국이 운용하는 미사일 방어망 시스템을 무력화할 수도 있다. 미국 합참의장이 중국의 극초음속 미사일 시험에 대해 공개적으로 위기 의식을 드러낸 것은 이 같은 맥락에서 이해할 수 있다(*The Washington Post*, 2021.10.28).

한편, 중국은 2015년 이후 4년 만인 2019년 7월,『국방백서』를 발표하여 국경 분쟁, 해양영토 분쟁 등 전통안보, 테러와 해적 등 지역 불안정성 요인과 우주·사이버 안보, 자연재해, 전염병 등 신흥안보 요인에 관한 내용을 적시했다. 또한, 주요 국가들이 안보전략과 군사전략을 조정하고 군사 조직 개편 및 새로운 유형의 전투력을 개발하고 있다는 사실을 포함해, 미국이 추구하는 군사기술과 제도적 혁신은 물론 러시아, 영국, 프랑스, 독일, 일본, 인도 등의 군사력 강화와 군사 체계를 최적화하려는 노력을 언급했다. 이 외에도 새로운 과학기술 혁명과 산업 변화에 힘입어 군사적인 응용을 가속화하고, 국제사회의 군사 경쟁이 정보기술을 핵심으로 한 정보화·지능화 전쟁으로 빠르게 진화하고 있다고 판단했다. 하지만 "중국의 기계화는 미비하고 정보화 수준은 시급히 개선되어야 하며, 군사 안보와 현대화 수준은 국가안보를 이루기에 세계 선진국 수준보다 여전히 큰 격차가 있다"라고 평가했다. 중국의 이 같은 현실 자각과 국제 정세에 관한 분석은 중국이 왜 강군 노선을 강력하게 추동하려 하는지 그 근본 이유를 보여준다. 중국의 이 같은 인식은 2020년 10월, 19기 5중전회에서 전략계획을 발표하는 데 영향을 주었고, 창군 100주년이 되는 2027년까지 국방 현대화와 군 현대화를 실현하겠다는 선언과 함께 2021년 열린 양회를 통해 국방비 증액의 필요성을 강조하기에 이른다. 중국은 첨단 군사과학기술 개발과 강군몽을 실현하는 데 주력하겠다는 사실을 재차 강조했는데, 이는 현재 중국 국방과 군사력의 발전이 목표치에 도달하지 못했다는 사실을 방증한다. 따라서 앞으로도 중국이 해당 분야에서 공격적이고 적극적인 투자를 하고 군사 개혁의 모멘텀으로 작용할 정책 변화를 지속해서 시행할 것임을 예상할 수 있다.

3. 중국의 군사혁신 추진 전략과 정책 시행 분석

1) 시스템 수립을 위한 조직과 제도 개혁

중국은 시진핑 시기 들어 대대적인 조직 개편을 통해 군사혁신의 기반을 다져나가고 있다. 이를 이끄는 가장 핵심적인 조직은 중앙군사위원회로, 중국공산당의 최고 군사 의사 결정 조직이자 지휘 기구이다. 중국은 기존의 중앙군사위원회 예하 4총부(총참모부, 총정치부, 총후근부, 총장비부)를 해체하고, 7부(판공청, 연합참모부, 정치공작부, 장비발전부, 후근보장부, 훈련관리부, 국방동원부), 3위원회(기율검사위원회, 정법위원회, 과학기술위원회), 5직속기구(전략기획판공실, 개혁과 편제판공실, 국제군사협력판공실, 심계서, 기관사무관리총국)으로 개편했다(기세찬, 2019: 25). 그중에서도 작전지휘와 조직 관리를 위한 책임과 임무를 명확히 규정했는데, 이는 효율적인 전력 운용과 무기 장비 개발 차원에서 혁신을 위한 조직체계를 갖추려는 의지의 표명이다. 주요 임무를 살펴보면 우선, 연합참모부는 작전계획, 지휘통제, 군사전략 및 군사 전투 준비와 지원 연구, 작전능력 평가, 연합훈련 지도, 전투 준비 태세 확립 및 일상 전투 준비 업무 등을 담당하고, 후근보장부는 군수지원 배치와 지휘관계 조정, 연합작전 지휘체제에 최적화한 군수지원 시스템 구성을 주로 맡고 있다. 장비발전부는 군사 무기의 발전을 위한 체계적인 시스템 수립을 위해 연구개발, 시험, 검증, 구매 관리, 정보체계를 만드는 데 집중한다. 이와 더불어 3위원회 중 과학기술위원회는 국방과학기술 전략 관리 강화, 국방과학기술 자주 혁신, 과학기술 영역에서의 군민융합軍民融合, Civil-Military Integration: CMI 발전 협력을 추동하고 있다. 5개 직속기구 중 전략기획판공실은 전군의 전략 규획체제를 구축하고 군사위원회의 전략 관리 기능을 강화하여 국방건설의 질적 수준과 효율성을 높이는 데 중점을 두고 있다. 이는 군의 조직 개혁과 전략 시행의 결합으로 군사혁신을 이뤄내려는 포괄적이고 거시적인 차원에서의 노력이다.

그림 3-1 군 혁신 핵심 조직과 영도 소조

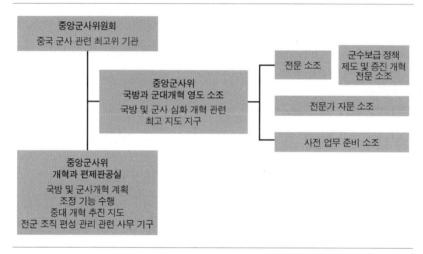

자료: 저자 작성.

이 밖에 공식적인 편제는 아니지만, 정책 과정에서 역할을 하면서도 드러나지 않는 임시 기구가 다수 존재한다. 영도 소조 역시 그중 하나이며 일반적으로 정책 결정을 주도하는 역할leading group을 담당하고 있다. 2018년 3월, 중국 정부는 「당과 국가기구 개혁 심화 방안」을 발표해 '중국공산당 중앙 전면심화 개혁 영도 소조', '중국공산당 중앙 인터넷 안전과 정보화 영도 소조', '중국공산당 중앙 재경 영도 소조', '중국공산당 중앙 외사 공작 영도 소조'의 '영도 소조'를 모두 '위원회'로 바꾸고 주임主任이 책임을 맡도록 했다. 하지만, '국방과 군대개혁 영도 소조'는 그대로 명칭을 유지하고 시진핑이 조장组长을 맡고 있다. 해당 조직은 군대 혁신을 가장 적극적으로 추진하는 핵심 기관으로, 개혁 방안에 대한 업무 규정과 분업 계획을 검토·비준하고 군 내부의 부조리는 물론 병영 관리, 군대체제 편제, 지도체제 관리, 행정체제에 대한 개혁과 개선을 담당한다. 시진핑은 취임 후, 조장으로서 직접 육·해·공, 로켓, 무장경찰을 비롯해 각지의 11개 부대를 시찰하는가 하면, 4만여 명이 참여한 '사명 행동-2013'이라는 기동 전역 훈련을 직접 참관하고, 육·해·공, 우주, 전자정보전 등의 전력을 확인하고 연합작전 훈련에 대한 방안을 직접 결정하는 등 영도 소조 활동에 적극적인 모습을 보여주었다. 국방과 군 개혁을 위한 시진핑의 관심과 의지가 얼마나 강력한지 엿볼 수 있는 대목이다.

이 외에도 인재 양성과 군사과학 기술혁신을 추구하는 조직을 재정비하고 있는데, 중국인민해방군의 직속 대학인 중국인민해방군 국방대학China People' Liberation Army National Defence University, 중국인민해방군 군사과학원Academy of Military Sciences, 중국인민해방군 국방과학기술대학National University of Defense Technology이 그 중심에 있다. 이 중 국방대학은 종합군사대학으로 세계 군사 연구, 군사 인재 양성, 부대 건설, 군사 전투 이론을 제공하는 중국 10대 싱크탱크 기관 중 하나이다. 2017년 국방개혁으로 일부 대학을 통폐합하고 자체 교육 역량과 규모를 더욱 확대·강화했다.[6] 국방대학은 전쟁모의 시스템 연구 분야에서 뛰어난 성과를 보여준다는 평가를 받는다. 실제로 아시아 최대 규모의 전쟁 시뮬레이션 실험실과 워게임 DB, R&D 센터를 갖추고 있어 실전과 훈련을 일체화하는 데 큰 역할을 하고 있다. 이뿐만 아니라 복잡계 이론을 활용한 실감형 가상현실immersive virtual reality 전략 시뮬레이션 시스템인 '승전' 시리즈를 만들고 다자 대항 전략, 정책 결정, 각 군의 연합작전, 무기 장비 시스템 대항 등의 시뮬레이션 프로그램을 연구하고 있다. 군사과학원은 군사전략, 전투 이론과 교리, 군사 준비 태세, 외국군 연구와 군사 등을 연구하고 관련 계획을 수립·조정하는 중추적인 기구이다. 걸프전 이후 「첨단기술 조건하 국지전 특성과 법칙에 관한 보고서」를 발간한 곳이 바로 이곳이다. 2017년 7월 19일, 군사과학원은 새롭게 조직을 정비하고 구조조정을 통해 8개 연구소(군사 의학

---

6   시안(西安) 정치학원은 국방대학 정치학원, 스좌장(石家莊) 육군 지휘 학원은 국방대학 참모학원, 해방군 예술학원은 국방대학 군사문화학원, 후근지휘 학원과 장비지휘 학원은 국방대학 후근장비보장(後勤裝備保障)학원으로 통합되었다.

연구소, 국방 공학연구소, 군사 정치공작연구소, 시스템 공학연구소, 전쟁연구소, 화학 방위연구소, 군사 법제도연구소, 국방과학기술 혁신연구소)와 2개의 센터(평가 실증 센터, 군사과학 정보센터)로 바꾸었다. 이 연구소들에서는 항공모함, 기함, 무인기, 로봇 등 군사 지능화와 관련한 영역의 연구, 개발, 실험, 검증 임무를 수행하고 있다.

국방과학기술대학은 중국의 국방과학기술력을 대표하는 혁신적인 성과물을 만들어냈으며, 과거 마오쩌둥 시기 '양탄일성兩彈一星'을 비롯하여 유인 우주비행 프로젝트에서 핵심적인 임무를 수행한 곳이다. 이 외에 슈퍼컴퓨터 시스템 '톈허天河, Tianhe' 시리즈, 베이더우北斗, Beidou 위성항법 시스템의 핵심 기술, 마이크로 나노 위성의 '톈퉈天拓, Tantuo' 시리즈, 레이저 자이로스코프, 슈퍼 피니싱 머신super finishing machine, 자기부상열차 등도 모두 이곳에서 만들었다. 이처럼 중국은 기존 국방·군사 관련 조직의 역할을 통합하거나 개편하여 저마다의 특성을 극대화하고 연구개발에 매진할 수 있도록 조정했다. 이를 통해 '양적 규모형'에서 '질적 효능형'으로, '인적 집약형'에서 '과학기술 집약형'으로의 전환을 모색하고 있다. 이뿐만 아니라 단순히 기술 차원에서의 혁신을 추동하는 것이 아닌 이론적 방법론 차원에서도 전략과 기술의 시너지 효과를 확보하여 '이론-기술 일체화'에 대한 장기적 계획을 수립해 가고 있다. 이 같은 계획을 국가기관에만 국한하지 않고 민간과의 협력으로까지 확대, 적용해 나가고 있다.

2) 군민융합을 활용한 기술 역량 강화

중국은 2007년부터 공식적으로 군민융합을 강조하기 시작했다. 하지만, 마오쩌둥, 덩샤오핑, 장쩌민 역시 군민양용軍民兩用이나 군민결합軍民結合과 같은 유사 개념을 지속적으로 언급해 왔다. 그러다가 후진타오 시기 제17차 당 대회 업무보고를 통해 처음으로 "중국 특색의 군민융합식 발전軍民融合式發展의 길을 가야 한다"라는 점을 명확히 했다.[7] 중국이 정의하는 군민융합은 국방과 경제를 '강군'과 '부국'으로 연결하여 최종적으로 국가의 안보와 발전을 이루려는 방법이다. 군민융합에서 가장 핵심적인 내용은 "국방과 군 건설을 경제·사회 발전 시스템에 유기적으로 통합, 상호 소통을 촉진할 수 있도록 뒷받침하는 것"이며, 그 근본 목적은 "일체화한 국가전략 체계와 능력을 구축하는 것"이다.[8] 이는 국방과학기술과 인재 양성, 정보화 등을 포괄하고 국방과 군사를 경제·사회 시스템과 연동하는 국가 대전략의 방법론이다. 즉, 군 개혁 과정에 투여되는 자원의 분산을 막아 국방과 경제의 선순환을 이루고, 한정된 사회자원의 효율적 활용으로 시너지 효과가 일어나면 생산력(경제)과 전투력(국방)은 극대화될 수 있다는 것이다.

시진핑은 2013년부터 군민융합의 영역과 범위를 넓혀서 국방경제와 사회경제, 군용 기술과 민간 기술, 군 인력과 지방 인력의 양립 발전을 추동했다.[9] '군전민軍轉民, spin-off'뿐만 아니라 '민참군民參軍, spin-on'을 강조하며 국방과학 기술공업 발전에만 국한한 것이 아닌 군과 민간의 융합을 확대하고 국가발전전략의 범위 속에서 군민융합을 구현한 것이다. 이를 위해 2016년 3월, 중앙정치국 회의에서 「경제건설과 국방건설 융합 발전에 관한 의견關於經濟建設和國防建設融合發展的意見」을 통과시키는 한편, '군민융합은 국가, 군, 인민에 이로운 국가 대전략으로 군과 지방정부 쌍방이 당과 국가 발전을 위해 고민하고 동참해야 한다'는 점을 명확히 했다. 영역별 주요 내용을 살펴보면, 산업 분야는 국방기술 산업 시스템의 개혁을 통해 사회적 협력 촉진, 군수산업 및 기업 개편 추진, 과학기술 분야는 군사와 민간 통합 가속화, 과학 연구의 강점과 자원 통합, 대학 및 연구 기관의 장점과 잠재력 확대, 전문가그룹 구성 등 기초과학과 첨단기술 영역의 핵심 역량 강화를 위한 공동연구를 진행하여 군민 기술의 쌍방

7   http://www.china.com.cn/military/txt/2007-10/20/content_9090784.htm (검색일: 2021.9.28)

8   http://www.china.com.cn/military/txt/2007-10/20/content_9090784.htm (검색일: 2021.9.28)

9   http://www.gov.cn/ldhd/2013-08/30/content_2477794.htm (검색일: 2021.9.28)

향 이전과 응용, 촉진을 목표로 한다. 또한, 교육 차원에서는 군 인재를 양성하고 활용할 수 있는 제도 개선과 정책 마련에 초점을 맞추고 있다. 이 외에도 사회 서비스 차원에서 군민 의료와 보건 자원 공유 메커니즘 개선, 지역 협력을 추진하고 있다. 특히, '국방교통법中華人民共和國國防交通法'은 군민융합이 단순한 군과 민의 협력을 통한 군사기술 발전이 아닌, 국가 전반에 걸쳐 시행하는 '국가-군-사회'의 통합화라는 점을 확실히 보여주는 제도이다. 즉, 교통 분야에서 군, 정부, 기업, 인민의 권리와 의무를 명시하고, 전시·평시 관리와 운용 기제, 정책체계를 만들어 군사-민간의 통합 전략사고를 구현하겠다는 것이다.

더 나아가 2017년 1월에는 시진핑을 위원장으로 하는 중앙군민융합발전위원회中央軍民融合發展委員會를 설치하여 중국 군사혁신 실현을 위한 군민융합 강화 전략을 추진했는데, 당시 군민융합의 주요 의제는 해양, 사이버, 우주, 생물, AI, 양자컴퓨터, 드론 등 4차 산업혁명과 관련한 핵심 내용이었고, 이는 군의 지능화, 정보화, 자동화, 무인화 등 군사혁신을 이루려는 목표와 연동된 것이었다. 전 세계적으로 첨단기술을 군사 분야에 광범위하게 적용하면서 국제 군사 경쟁 구도에 급격한 변화가 일어났다. 중국은 이런 변화에 발맞춰 2018년 3월, 중앙군민융합발전위원회 제1차 전체 회의를 개최해 '군민융합발전전략 강요軍民融合發展戰略綱要', '국가 군민융합 혁신 시험구 건설 시행방안國家軍民融合創新示範區建設實施方案' 등 군민융합과 관련한 실질적인 정책을 통과시켰다. 이 외에도 '군민융합' 인프라 구축 통합 계획 및 자원 공유, '국방과학 기술공업'과 무기 장비 발전, 군민 간 과학기술 혁신 협력, 군과 지역 간 인재 양성 교류 활용 협력 등을 제시했다.[10] 이를 실현하기 위한 주요 조직으로는 '중국과학원Chinese Academy of Science: CAS', '중국 과학기술부Ministry of Science and Technology of the People's Republic of China: MOST', '국가 자연과학 연구기금위원회National Natural

---

10   http://www.xinhuanet.com/politics/2019-07/24/c_1124792450.htm (검색일: 2021.9.28)

그림 3-2 과학기술 발전전략 3각 축

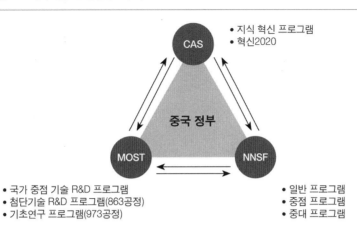

자료: 저자 작성.

Science Foundation of China: NNSF'가 있다. 중국과학원은 1949년 11월 정식으로 설립한 후, 소속 과학자를 소련에 파견해 기술을 배워 오게 하는 등 신중국 성립 초기부터 지금까지 중국 과학기술 발전의 산실 역할을 하고 있다. 중국과학원은 중국이 시행하는 모든 과학기술 발전 방안을 기획·지도·감독하고, 관련 기구의 업무 계획을 수립·조정·배치·관리하는 조직이다. 이 외에도 인재를 양성하고, 국제사회의 과학 발전 동향과 추이를 파악·분석하여 전략을 수립하는 등 과학 발전에 대한 국가 공헌도가 가장 큰 핵심 기관이라 할 수 있다(김상규, 2021: 259).

이들 세 기구 간 협력은 정책의 시너지 효과를 극대화하고 유의미한 결과물을 창출해 내는 데 큰 역할을 하고 있다. 중국이 질적 차원에서 기술혁신을 이뤄내려는 전략인 '중국제조 2025 中國製造 2025' 역시 이러한 결과물 중 하나이다. 해당 전략의 전 영역은 모두 첨단무기로 활용할 수 있는 기술을 포괄하고 있는데, 그중에서도 AI는 드론 같은 무인기를 비롯해 지능화 정보체계, 로봇 시스템 등 군사 분야에 적용할 수 있는 핵심 기술이다. 한편, 중국의 기술 발전은 미국의 위기감을 고조시키고 있는데, 2018년 미국 상무부가 중국 기업과 연구소 등에 대해 수출을 통제한 사실에서도 이를 알 수 있다. 통제 대상은 '중국항천과학기술그룹中國航天科技集團, CASC 연구소, 허베이통신시스템河北遠東通信系統工程有限公司, HBFEC, 중국전자과기그룹CETC 연구소, 중싱통신中興通訊, ZTE 등 군사 무기와 장비를 제조하는 군민융합 관련 기업으로, 이 기업들로부터 필요한 부품을 구매하여 군수산업으로 전용하지 못하도록 한 것이다. 중국의 첨단기술과 관련한 정책은 2000년대 초반부터 현재까지 정부의 적극적인 투자, 외국자본 유치, 해외 기업 M&A, 세제 혜택 등 다양한 형태로 이루어지고 있다. 특히, 5G, AI, 빅데이터, 양자컴퓨터, 바이오, 나노, 양자, 항공우주 영역에 집중적으로 투자하여 첨단기술 영역에서의 역량을 강화하고 인재를 육성하기 위해 정부, 기업, 대학, 연구소 등 가능한 모든 인적·물적 역량을 총동원하며 속도전을 진행하고 있다. 중국은 대미 취약성의 근본 원인이 기술력에 있다는 것을 인식하고, 혁신적 기술력 확보를 위한 원천기술 개발과 기초과학 분야의 인재 양성에 힘을 쏟고 있다. 대표적인 정책이 바로 '0부터 1까지'라고 불리는 기초연구업무방안이다(그림 3-3).

해당 방안은 군민융합을 선도할 전진기지로 활용할 수 있는 플랫폼을 만드는 지원 프로젝트로, 대학과 연구 기관에서 국가의 전략목표와 관련한 핵심 기술을 연구한다. 또한, 정부 기구 간 공동연구 및 개방형 프로젝트 수행을 통해 기업과 국가기관의 협력 확대를 도모한다. 이는 중국 과학 기술력을 향상하고 군민융합의 속도를 가속하는 중요한 지침이다. 또한, 국방과 군의 발전을 한 단계 더 업그레이드하여 군사기술과 무기체계의 패러다임을 전환하려는 정책 혁신의 구체적인 수단이다. 결국, 군민융합은 국가가 통제하고 주도할 수 있는 유리한 여건을 활용하여 기술혁신에 집중하고, 인재 정책과 결합하여 중국이 추구하는 '과기강국'이라는 목표를 이루려는 실천적 방법론이다.

그림 3-3 '0부터 1까지' 기초연구업무방안(從0到1基礎硏究工作方案)

원천적 혁신 창출 환경 최적화	국가과학기술 계획의 원천 혁신 촉진 강화	기초연구 인재 육성 강화
• 과학기술 수준 및 학문적 기여도를 바탕으로 한 혁신 인재 평가 제도 구축 • 국가중점실험실에 대한 새로운 평가 제도 수립 • 중대 기초연구 프로젝트 추진 메커니즘 개혁 • 글로벌 과학연구 협력 및 교류 장려	• 국가자연과학기금의 혁신 지원 강화(각 학문 분야의 균형 발전 장려, 수학 및 물리학 등 중점 기초학문 지원 강화, 학문 간 융합 촉진 등) • 양자 과학, 뇌과학, 나노과학, 줄기세포, 합성생물학, 지구 변화 및 대응, 거대과학 연구 장비 등 중점 영역의 기초연구 지원 • AI, 3D 프린팅 및 레이저 제조, 중점 기초 재료, 첨단 전자 소재, 클라우드 컴퓨팅 및 빅데이터, 광대역 통신 등 핵심 기술 지원	• 기초연구 분야의 청년 인재 육성 • 청년 과학자 육성 장기 프로젝트 실시 • 국가자연과학기금을 활용하여 '청년과학기금 프로젝트', '우수 청년과학기금사업' 등의 프로그램에 대한 지원 확대

자료: 저자 작성.

3) 군사협력을 통한 기술 획득

중국은 기본적으로 선진국의 발전 추세에 따라 군사혁신 정책 전략을 세우고 그 내용과 방향성을 설정한다. 그중 미국의 군사기술과 체제 혁신에 자극을 받고 대응하며 군의 시스템, 구조, 정책적 문제 해결에 초점을 맞추고 신흥 역량을 강화하는 데 중점을 둔다. 부족한 기술 역량은 과거부터 현재까지 주로 러시아와의 협력에 의존해 왔다. 구소련은 중화인민공화국 성립 초기부터 군사와 관련한 무기, 교육, 건설, 시스템, 운영까지 거의 전 분야에 걸친 원조공여국이자 군사협력국이었다. 물론, 이념적 갈등과 영토분쟁으로 인해 관계의 파탄이 있었고, 이로 인한 무리한 자력갱생 노선 수립으로 대약진 운동의 처절한 실패도 경험했다. 하지만 소련의 해체, 영토 문제의 해결로 상호 신뢰 관계를 회복하고, 이후 국제 정세 변화에 따라 러시아와의 관계 설정에 유연성을

그림 3-4 중국의 기술 협력과 혁신 과정

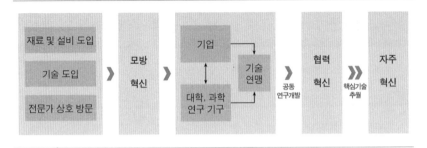

자료: 肖海濱(2010: 31~33)을 참고하여 저자가 재구성함.

발휘해 오고 있다. 최근 미국과의 대립 구도 속에 중국의 군사 현대화를 위한 과학기술과 군사 분야에서 적극적인 협력을 추동하고 있는 중이다. 중국의 기술 획득 패턴을 살펴보면 다음의 과정이 정형화되어 있다. 초기에는 시설과 기술을 도입하고 전문가 교류를 통해 기초적인 기술을 습득하고 인력을 교육한다. 이후 모방을 통한 기술 축적 및 혁신을 추동한 다음, 기업, 대학, 국가 연구기관인 이른바 산-학-연이 참여하는 군민융합의 기술연맹을 이룬다. 그리고 집중적인 연구개발을 거쳐 최종적으로 독자적인 기술을 획득하고 기존 기술을 추월하는 방식이다(그림 3-4).

러시아는 이런 형태에 최적화한 협력 대상이다. 일례로 중국이 천안문 사태로 인해 미국과 서방으로부터 무기 수입을 못 하게 되자 1992년 11월 24일, 중국과 러시아는 군사기술 협정을 맺었다. 이어 12월 18일에는 정부 간 양해각서를 체결하고, 1993년 11월 11일에는 군사협력 협정을 이뤄내면서 군사 방면에서의 협력을 본격화했다(김규철, 2020: 184). 1996년 전략적 동반자 관계를 선언한 이후에는 선양瀋陽 중국 공장에서 러시아의 허가를 받은 SU-27K 200대를 15년간 생산하기도 했다. 이는 단순한 무기 수출의 차원을 넘어 군사기술 분야에서의 협력을 긴밀하게 진행했다는 사실을 보여준다(신범식, 2007: 75). 현재 중국은 경제력과 의지는 있지만, 원천기술이 부족하고, 러시아는 기술력은 있지만 서방의 제재로 인해 경제적 곤란을 겪고 있다는 점에서 상호 원원할 수 있는 협력의 기회 요인이 된다. 사실 중국의 군사력 강화는 오히려 러시아에 위협 요인으로 작용할 수도 있기에 전략무기 분야에서 러시아가 중국에 기술을 전수하는 것은 쉬운 결정이 아니다. 또한, 중국이 무기 개발 허가를 받지 않고 러시아 무기를 무단으로 복제하는 행위가 일어나는 점 등은 양국 간 과학기술 협력 범위를 확장하는 데 적지 않은 영향을 준다. 물론, 러시아는 항공모함이나 전투기 등 군사적 핵심 기술의 이전을 절대 고려하지 않을 것이다. 하지만, 미국의 압박과 전략적 위협이 지속하는 한 중국과 러시아가 협력을 계속할 가능성이 커진다.

이 같은 상황에서 시진핑과 푸틴의 관계는 양국이 군사과학 기술 협력을 추동하는 데 가장 큰 원동력을 제공하고 있다. 미중 무역 전쟁으로 관계가 악화하여 갈등이 극에 달하던 2019년 6월, 시진핑은 러시아를 국빈 방문하고 2020년부터 2021년까지 2년간을 '중국-러시아 과학기술 혁신의 해'로 지정했다. 같은해 10월에는 중국이 미사일 예보체계를 구축하는 데 러시아가 기술 지원을 할 것이라고 푸틴이 밝힌 바 있으며, 5G 네트워크 구축, 비핵 잠수함 설계 등 다양한 분야에서 협력을 추진하고 있다. 양국은 미국을 위시한 서방국가의 제재를 받아 이에 함께 대항하면서 관계가 밀접해졌고, 물질적 이해관계에 기초한 것이 아닌 이념적 정체성에 기초해 사실상 동맹관계를 만들어가고 있다는 평가를 받는다.[11] 미국 변수는 중러 양국의 관계 긴밀성을 더욱 공고하게 하여 과학기술 영역에서의 협력과 연계한 군사협력을 더욱 두드러지게 만들었다. 중국은 이를 기회로 삼아 러시아로부터 각종 군사 무기를 들여와 무기체계를 개편하고 자체적으로 무기를 개발할 수 있는 능력을 키워왔다. 실제로 중국이 해양대국화를 이루기 위해 가장 역점을 두고 있는 '반접근/지역거부Anti-Access/Area Denial:

---

11 https://www.foreignaffairs.com/articles/east-asia/2014-10-29/asia-asians (검색일: 2021.10.20)

A2/AD' 전략을 확충하는 데에는 러시아 항공모함 및 소브레멘니급 구축함 sovremenny-class destroyer 등 전략무기 기술의 도입이 큰 영향을 주었다는 점에 서 러시아의 결정적인 기여를 부정할 수 없다(김재관, 2021: 266). 이뿐만 아니라 양국은 연합훈련을 통해 위협인식, 지휘통제 절차, 병력 및 무기 등 부대 운영 기술은 물론 필요에 따라 군사기밀도 공유하고 있다. 이는 대규모 전쟁 경험이 없는 중국군이 원거리 전력 투사, 작전 및 전투 요령 숙달, 실전 상황에서의 각 종 전략 무기 사용과 화력 운용 등을 배우고 숙달할 기회로 활용할 수 있다는 것을 의미한다(김규철, 2020: 189). 그러나 이제 중국은 전혀 새로운 형태의 전쟁 상황에서 미국을 추월하는 '커브 추월 전략灣道超車'이 아닌 미국의 제재와 억제 로부터 '차선을 바꾸는 전략換道超車'으로의 전환이 필요한 시점이다. 즉, 미국 을 따라잡기 위한 것이 아닌 압도할 수 있는 새로운 영역을 개척하고 선점하는 것이다. 이런 차원에서 볼 때, 중러 양국의 협력이 가능한 분야는 러시아가 추 진하는 로봇 군대와 우주개발 분야이다. 특히, 우주개발 분야는 첨단기술력과 대규모 자금이 투입되는 사업인 만큼 양국의 자원과 기술 결합이 더욱 절실한 분야 중 하나이다. 러시아는 이미 2015년에 항공우주군을 창설했고, 중국 역시 전략지원군을 통해 우주 관련 전략을 시행하고 있다. 실제로 양국은 소행성 탐 사와 달 연구 기지 공동 건설을 비롯해 달 탐사 프로젝트를 통합하기도 했다. 이 역시 미국이 주도하는 유인 달 탐사 프로그램인 '아르테미스'와의 연관이 있 음을 추론할 수 있다. 따라서 양국은 향후 우주무기 개발 분야에서의 과학기술 협력을 적극적으로 진행할 가능성이 크다.

4. 중국 기술혁신의 군사적 응용과 무기화 전략

중국의 군사혁신에 대한 인식은 기본적으로 군사 정보화 혁명에 기초하고 있다. 전쟁 형태가 기계화 전쟁에서 정보화 전쟁으로 바뀌고 정보화 무기 장비 구현이 군 작전 능력의 관건이 될 것으로 판단한 것이다. 더 나아가 중국 군사 전문가들은 AI 기술이 와해성 기술disruptive technology이므로 전쟁 양상이 정보화 전쟁에서 지능화 전쟁으로 전환될 것이라고 진단하는데, 2019년 발표한 중국『국방백서』에서도 AI, 양자정보, 클라우드컴퓨팅, 사물인터넷의 발전으로 지능화 전쟁이 윤곽을 드러내고 있다는 점을 지적했다(이상국, 2020: 83). 그 이유는 미래 전쟁에 운용할 무기체계가 대부분 AI 기술에 기초한 것이기 때문이다. 중국은 AI가 군사혁신과 전쟁 발전의 중요한 동력이자 중국 과학기술 강군 전략을 추진하는 데 있어 중대한 이론적·현실적 문제임을 인식하고(李明海, 2019: 35~38), 기술 발전에 사활을 걸고 있다. AI 적용의 대표적인 분야는 정보·감시·정찰Intelligence, Surveillance And Reconnaissance: ISR, 군수logistics, 사이버 작전cyberspace operations, 정보 작전information operations, 지휘통제command and control, 반자율/자율 차량semiautonomous and autonomous vehicles, 자율살상무기 lethal autonomous weapon systems 등이다.[12] AI를 발전시키려는 중국 정부의 실천 의지는 2014년 중국과학원 제7차 전국 대표대회에서 시진핑이 AI 산업 전반의 혁신과 도약의 필요성을 강조하면서부터 나타나기 시작했다. 이때부터 중국의 AI 관련 연구와 정책은 기하급수적으로 늘어나기 시작했는데, **그림 3-5**를 보면, 중국의 AI 관련 연구논문의 수는 2014년을 기점으로 빠르게 증가한 것을 알 수 있다. 이후 2015년 '중국제조 2025', 인터넷 플러스 등 AI를 제조업과 경제 발전의 중심축으로 삼아 국가전략산업으로 지정하는 등 거침없는 행보를 보였다.

2017년 7월, 국무원은 '차세대 AI 발전 규획新一代人工智能發展規劃'이라는 AI 중장기 발전 국가전략을 발표, AI 기술을 국가안보와 경제·사회 발전을 위한 방법으로 채택했다.[13] 연이어 10월에 열린 19차 당 대회에서도 '사물인터넷, 빅

---

12 https://www.kida.re.kr/frt/board/frtBoardJatsxmlPop.do?idx=4542 (검색일: 2022.2.21)

그림 3-5 중국 AI 관련 연구논문 발표 수 변화 추세

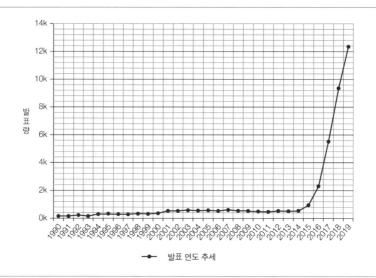

자료: 중국 학술논문 검색서비스인 CNKI에서 AI를 키워드로 검색한 결과임.

데이터, AI 등을 실물경제와 융합해 국가의 새로운 성장 동력으로 삼아야 한다'
며 국가발전개혁위원회가 국가급 딥러닝deep learning 연구소, 중국인공지능산
업발전연맹Artificial Intelligence Industry Alliance: AIIA을 설립하는 등 관련 기구 설
립에 총력을 기울였다. 또한, AI 국가전략을 산업과 연계하기 위해 개혁·개방
당시 시행했던 특구 지정 방식을 적용, '국가 차세대 AI 발전창신시험구國家新一
代人工智能創新發展試驗區'를 2023년까지 20개의 특구로 지정하여 개발할 것을 천
명하고, 2021년 3월까지 총 17개의 특구를 지정했다.[14] 더 나아가 2020년 8월,
「국가 차세대 AI 표준체계 구축 지침國家新一代人工智能標準體系建設指南」을 발표하
고 AI 분야에서 국제표준을 수립하기 위한 목표를 설정했다. 이는 AI 국제표준

13   http://www.gov.cn/zhengce/content/2017-07/20/content_5211996.htm (검색일: 2021.10.2)
14   http://www.gov.cn/xinwen/2019-09/06/content_5427767.htm (검색일: 2021.10.2)

을 선점하여 미중 기술경쟁에서 우위를 차지하고 원천기술 개발과 특허 등을 선점하려는 의도를 보여준다.

주지하다시피, AI의 핵심은 컴퓨터 연산 능력과 데이터의 축적, 그리고 데이터에 기초한 질적 정보의 추출이다. 2021년 상반기 기준으로 중국의 인터넷 사용자 수는 10.11억 명이며, 인터넷 보급률은 71.6%이다. 모바일 이용자 수는 10.7억 명, 모바일 인터넷 사용률은 99.6%로 데이터를 축적하는 데 최적화된 조건을 가지고 있다. 더군다나 중국은 기본권 침해나 인권 등 기술 윤리 논쟁으로부터 자유로워서 중국 정부가 원하는 대로 자료를 확보하여 분석할 수 있다. AI는 하드웨어, 시각 인식, 자연언어처리, 음성 인식, 알고리즘 등의 발전과 연동되어 있어서, 중국 내 각 기업이 막대한 데이터를 축적·분석·응용하면 중국의 AI 기술력은 점점 더 빠르게 발전할 수밖에 없다. 2021년 2월, 미국 정보기술혁신재단Information Technology & Innovation Foundation: ITIF이 발표한 미국과 중국, EU 간 AI 역량 비교 결과를 보면, 중국이 데이터 분야에서 세계 1위를 차지했으며, 미국 스탠퍼드대학교가 발표한 보고서 「2021 AI 인덱스2021 AI Index Report」의 결과에서도 중국의 2020년도 AI 학술지 논문 점유율은 18%를 차지해 미국 12.3%, EU 8.6%보다 높았다.[15] 미국 AI 국가안보위원회National Secruity Commission on Artificial Intelligence가 중국이 향후 10년 이내에 세계 AI 초강대국으로서 미국을 능가할 수 있다는 경고를 한 것도, 펜타곤의 전前 최고 소프트웨어 책임자Chief Software Officer: CSO가 "중국의 인공지능과 머신러닝, 사이버 능력의 발전은 글로벌 지배를 향해 나아가고 있다"라고 위기감을 공공연히 드러낸 것[16] 역시 중국의 기술혁신이 빠른 속도로 진행하고 있다는 사실을 방증한다. 이러한 미국을 의식한 듯, 중국은 UN 회의에서 AI의 군사적 응용과

---

15   http://jmagazine.joins.com/monthly/view/334335#self (검색일: 2021.10.4)

16   https://biz.chosun.com/international/international_general/2021/10/12/DZDELM6PINDMDB
     J7NTPHIF4UM4/ (검색일: 2021.10.18)

무기화하는 위험성을 규제해야 하고, 군사 활용과 패권 추구의 도구가 되면 안 된다는 입장문을 발표하기도 했다.[17]

이러한 중국의 이중적 행태는 AI에 기반을 둔 군사 지능화 무기체계와 비대칭 전력asymmetric force 강화에 매진하고 있다는 점에서도 잘 드러난다. 군사 지능화는 다음과 같이 크게 네 가지 분야에 중점을 두고 있다. 첫째, 무인 작전 플랫폼 운용에 의한 작전 이념의 혁신 및 지원 기술체계의 확립, 둘째, 지능화 조건에서의 실질적인 전투력 생성, 셋째, 지능화 전쟁의 규율 및 승리 메커니즘 수립, 넷째, 지능화 전쟁 수행을 위한 무기 장비체계와 군 구조 편성 등이다. 비대칭 전력 무기 개발은 주로 무인 드론, 무인 잠수정, 로봇 등을 이용해 활동 공간과 조건에 구애받지 않고 자율적으로 임무를 수행하며, 정보를 수집·분석·확인·응용하는 데 집중하고 있다(鄭昌興·嚴明, 2019: 20~24; 劉嵩·王學智, 2018: 11~12). 일례로, 중국 과기부는 '135 국가중점 연구개발 프로젝트'를 통해 2016년부터 '중국과학원 선양 자동화 연구소', '하얼빈 공정 대학', '중국과학원 시안 광학 정밀기계 연구소' 등 중국 내 10여 개 연구 기관과 협력하여 심해 자율 무인 조정 잠수정인 '하이더우海斗 1호', 원격 무인 조정 잠수정 '하이룽海龍 2호', 무인 잠수정 '첸룽潛龍 1호', 수중 글라이더인 '하이이海翼'를 개발, 운용하고 있다. 또한, 수중 장비체계를 통합한 로봇형 무인 잠수정 'CR-02'를 비롯하여 로봇 보트 잠수함으로 사용할 수 있는 대형 로봇 군함 '자리 USVJARI USV'를 시험했다.[18] 기존 잠수함이나 잠수정은 해상의 배와 달리 배기의 문제로 동력에 제한이 있고, 수압 문제와 공기의 밀폐성이 확보되어야 하기 때문에 크기에 영양을 줄 수밖에 없다. 따라서 탑승 공간이 불필요하고 특히, 수중 기뢰 탐지·제거, 수색, 어뢰 유인 등 군사적 차원에서 무인 잠수기기의 개발은 미래 해군 전

---

17 https://www.chinanews.com.cn/gn/2021/12-13/9628885.shtml (검색일: 2022. 2. 18)

18 http://www.codingworldnews.com/news/articleView.html?idxno=1892 (검색일: 2021. 10. 23)

력에 아주 중요한 역할을 할 수 있다(미쓰무라 나오키, 2019: 231).

이 외에도 민간업체인 윈저우雲洲 테크라는 회사에서 해상 소방과 측량, 환경오염물 수거용으로 개발한 무인정에 군사 무기를 탑재하거나, 무인 조종 잠수정을 운용해 심해 상황에 관한 정보를 탐색·저장·분석하는 등 해군의 해상 작전에 활용하고 있다. 중국 정부는 해당 기기의 운용이 심해 자원 조사, 해저 지질구조 파악, 해양환경 조사에 있다는 표면적인 이유를 내세우고 있지만, 실제로는 대만과 남중국해 등 미중 양국 사이에서 발생하는 해양 갈등 문제를 비대칭 전력을 이용해 해결하고, 중국의 해양 권익 수호와 해양 강국이라는 목표를 이루려는 전략으로 보는 것이 타당하다.[19]

드론 역시 중국이 핵심 전력화하는 데 중점을 두고 있는 분야이다. 특히, 군 기술 이전을 통해 민용 드론 시장의 표준을 수립하려고 한다. 이를 위해 2000년대 초반부터 민간기업에 대규모 자금 투자를 하고, 비행 규제 완화와 같은 정책을 시행하는 등 군용 기술 스핀오프의 제도적 기반을 구축하여 실질적인 효과를 보고 있다(백서인·손은정·김지은, 2019: 34). 중국 정부는 전략적으로 무인기 기술을 사업화하여 규모를 확대하고 있는데, '중국항천과기그룹', '중국항공공업그룹中國航空工業集團, AVIC', '청두항공기연구소成都航空機研究所' 등이 중심이 되어 감시, 정찰, 지상 공습 기능을 갖춘 차이홍 4彩虹, CH 4'이나 이룽翼龍 같은 다목적 군사 드론을 개발, 수출하고 있다. 또한, 무인 무기를 활용하여 대규모로 작전을 수행할 수 있는 군집 로봇swarm robotics 체계를 수립하는 것을 목표로 삼고, 육·해·공을 망라하고 지역을 넘나드는 통합작전을 수행할 능력을 강화해 나가는 데 주력하고 있다. 최근에는 AI를 활용해 드론에 공중 근접전투 훈련을 시키는 기술도 개발했다는 보도가 나오기도 했다.[20]

---

19 http://cpc.people.com.cn/n/2013/0801/c64094-22402107.html (검색일: 2021.10.25)
20 https://www.ytn.co.kr/_ln/0104_202201311351427935 (검색일: 2022.2.25)

무인화는 인명 손실을 줄이고 정밀한 공격을 수행할 수 있다는 강점이 있다. 이는 정보전·전자전 실현을 위한 AI 기반의 무인기와 로봇 등 군사 무기체계의 활용과 네트워크 기반의 작전 전략이 향후 지속해서 발전할 수밖에 없다는 것을 의미한다. 그러나 전자 장비를 통한 전쟁 수행에는 시스템을 마비시키는 공격이 필수적이라는 전제가 뒤따른다. 전자 시스템의 보안과 운용의 안정성, 즉, 정보 수집·분석, 감시, 정찰, 추적, 운용 등 제반 군사작전을 수행하는 전자기기가 일순간에 무력화되는 것을 어떻게 방어할 것인지가 관건이라는 뜻이다. 중국은 이를 해결하기 위해 양자역학을 이용한 암호, 통신, AI 기술을 자체 정보통신 네트워크와 정찰 위성시스템 구축에 응용하고, 사이버·우주 공간을 포괄하는 전력을 증강하는 데 방점을 찍고 있다. 특히, 우주 공간에서 위성시스템을 공격하거나 방호하는 것은 전자전 수행의 기본 조건인 만큼 향후 위성 파괴용 로봇 팔, 레이저 무기나 전자방해책Electronic Counter Measure: ECM인 재밍jamming 기술(김진영·김은철·이종명, 2009: 32)의 활용 등 위성에 의해 전략자산이 노출되어 무력화되는 것을 막기 위한 기술과 전략을 수립하는 방향성을 가질 것으로 보인다.

5. 결론

2021년 7월 1일, 중국은 공산당 창당 100주년 기념행사에서 자국의 군사력을 전 세계에 과시했다. 이는 그동안 중국이 5개년 경제개발 규획에 기초해 이룩한 경제력, 국가 중장기 과학기술 발전 규획에 기반을 두고 달성한 기술력, 체제의 특수성을 혼용해 구현한 군민융합의 결과물로 볼 수 있다. 하지만 앞으로 중국군이 군사 지능화를 실현하고 미래 전쟁을 수행할 역량을 얼마만큼 갖출지는 아직 미지수이다. 첨단 장비를 운용할 인력을 수급해야 하는 문제부터 미국의 군사력과 기술력을 능가할 수 있는 전략과 시스템의 구현 등 여러 방면에서 극복해야 할 현실을 마주하고 있기 때문이다. 미국이 위기감을 느끼며 다양한 형태로 군사력 증강과 기술력 강화의 필요성을 강조하고 있지만, 국제전략문제연구소International Institution for Strategic Studies: IISS, 글로벌 파이어파워 Global Fire Power: GFP, 스톡홀름 국제평화연구소Stockholm International Peace Research Institute: SIPRI 등에서 객관적 데이터에 근거한 전력 분석은 미국이 중국을 압도하고 있다는 사실을 보여준다. 중국은 국가가 동원할 수 있는 거의 모든 자원을 투입하여 과학기술의 변화를 이끌고 있다. 그러나 중국이 군 개혁과 시스템 정비를 성공적으로 시행한다고 해서 미국이 실전을 통해 축적한 이론적·경험적 데이터를 능가할 수 있는 것은 아니다. 현재 중국은 전장에서 종합적인 작전을 수행할 수 있는 능력이 미국보다 현저히 뒤떨어져 있다. 이를 인식하고 지속적인 대규모 합동 군사훈련을 시행하고 있지만, 실전만큼 더 좋은 훈련은 없다. 아무리 시뮬레이션 프로그램에서 승리한다 하더라도 전쟁은 지면 새로 시작하는 사이버 공간의 게임이 아니다. 또한, 군사혁신을 이루고 그에 걸맞은 작전을 수립하는 데에는 일정 기간 전략 공백과 혼란이 수반된다. 따라서 개혁 과정에서 발생할 군 내부 조직의 불만과 불안정성을 어떻게 극복하고 조직을 안정시킬 것인가도 중요한 문제이다. 군사개혁이 원활하게 이루어져 시스템을 정상적으로 운용하기까지 시행착오가 있을 수밖에 없으며, 그 시간만큼 미국과의 격차는 또 벌어질 것이다. 하지만, 중요한 것은 중국의 기술력이 구현해 내는 군사 무기와 전략을 미국이 위협으로 간주한다는 점이다. 설령 그것이 미국 내부의 정치적·군사적 목적에 기인한 과장된 것이라 할지라도 중국이 미래 전쟁의 핵심이 될 기술인 AI, 빅데이터, 양자컴퓨터 등을 토대로 군사와 민간 분야를 망라하며 정보화, 지능화, 군사 강국화를 동시다발적으로 연계하여 추진하고 있다는 사실은 부정할 수 없다. 미래 전쟁은 지상, 해상, 공중, 우주, 사이버를 포괄하는 형태가 될 가능성이 크다는 것이 이미 합의된 중론이다. 중국이 이 모든 영역을 압도할 수 있는 전력을 미국보다 먼저 갖출 수도 있다. 하지만 과거 냉전 시기 미국보다 앞서 인공위성을 쏘아 올린 소련은 이미 역사 속으로 사라졌다. 군사혁신과 기술 발전의 성패는 속도가 아닌 방향성, 안정성, 지속성에 있다. 중국의 전략은 때에 따라 하드파워 차원에서 보여주기식 몸집 불리기의 한계를 드러내기도 한다. 그래도 중국은 경제력·기술력·군사력에 기초해 미래 전쟁의 새로운 패러다임 전환을 선점하기 위해 끊임없는 노력을 기울일 것이며, 이것이 지속적인 '중국위협론'을 불러일으키는 가장 큰 이유가 될 것이다.

구자선. 2016. 「중국 국방·군 개혁 현황 및 전망: 조직 구조를 중심으로」. ≪주요국제문제분석≫ 2016-53.

기세찬. 2019. 「중국의 군사 개혁과 군사현대화에 관한 연구」. ≪중소연구≫, 제43권 3호, 7~46쪽.

김강녕. 2017. 「미래 전쟁양상의 변화와 한국의 대응」. ≪한국과 국제사회≫, 제1권 1호, 115~152쪽.

김규철. 2020. 「러·중 군사협력, 동맹인가 일시적 협력인가」. ≪중소연구≫, 제44권 1호, 169~213쪽.

김상규. 2021. 「중국의 과학기술 발전 동인에 관한 연구: 지도자 인식과 인재정책을 중심으로」. ≪중소연구≫, 제45권 1호, 253~285쪽.

김재관. 2021. 「시진핑-푸틴 집권기 중러관계의 신추세에 관한 연구」. ≪중소연구≫, 제44권 4호, 233~284쪽.

김진영·김은철·이종명. 2009. 「군 통신에서의 재밍(Jamming)기술」. ≪정보와 통신≫, 제26권 3호, 32~40쪽.

미쓰무라 나오키(Mitsumura Naoki). 2019. 『미래의 핵심 기술: 신경망, 데이터 마이닝, 블록체인, 로보틱스, 양자 컴퓨터』. 정보문화사.

박남태·박승조. 2021. 「중국군 전략지원부대의 사이버전 능력이 한국에 주는 안보적 함의」. ≪국방정책연구≫, 제131권, 139~163쪽.

박병광. 2019. 「중국인민해방군 현대화에 관한 연구」. ≪INSS 연구보고서≫2019-10.

백서인·손은정·김지은. 2019. 「중국 과학기술·신산업 혁신 역량 분석: ① 중국의 드론 굴기와 한국의 대응 전략」. ≪STEPI Insight≫, 제235호.

신범식. 2007. 「러시아-중국 안보, 군사협력의 변화와 전망」. ≪중소연구≫, 제30권 4호, 63~90쪽.

유종태. 2018. 「일본의 연구개발 동향」. ≪KISTEP 기술동향브리프≫, 8호.

이상국. 2020. 「중국군의 '지능화전쟁' 논의와 대비 연구」. ≪국방연구≫, 제63권 2호, 81~106쪽.

전재성. 2021. 「미중경쟁 2050: 군사 안보」. ≪EAI 스페셜리포트≫.

劉 嵩·王學智. 2018. 「新時代軍事智能化發展的幾點思考」. ≪國防科技≫, 第3期, pp.11~12.

李明海. 2019. 「智能化戰爭制勝機理」. ≪前線≫, 第2期, pp.35~38.

楊貴華. 2019. 「人民解放軍40年改革發展及其歷史經驗」. ≪軍事歷史≫, 第1期.

鄭昌興·嚴明. 2019. 「關於軍事智能化研究的幾點思考」. ≪軍民兩用技術與產品≫, 第432期, pp.20~24.

肖海濱. 2010. 「基於技術創新的中俄科技合作戰略研究」, pp.31~33.

Department of Defense(DOD). 2021. "Report on Military and Security Developments Involving the People's Republic of China." pp.145~148.

http://cpc.people.com.cn/n/2013/0801/c64094-22402107.html (검색일: 2021.10.25)

http://jmagazine.joins.com/monthly/view/334335#self (검색일: 2021.10.4)

http://kostec.re.kr/wp-content/uploads/2019/01/ART201408051652327220.pdf (검색일: 2021.10.6)

http://military.cnr.cn/zgjq/gcdt/20160201/t20160201_521302313.html (검색일: 2021.10.7)

http://theory.people.com.cn/GB/40557/350432/350798/index.html# (검색일: 2021.10.7)

http://www.china.com.cn/military/txt/2007-10/20/content_9090784.htm (검색일: 2021.9.28)

http://www.codingworldnews.com/news/articleView.html?idxno=1892 (검색일: 2021.10.23)

http://www.gov.cn/ldhd/2013-08/30/content_2477794.htm (검색일: 2021.9.28)

http://www.gov.cn/xinwen/2019-09/06/content_5427767.htm (검색일: 2021.10.2)

http://www.gov.cn/zhengce/content/2017-07/20/content_5211996.htm (검색일: 2021.10.2)

http://www.xinhuanet.com/politics/2019-07/24/c_1124792450.htm (검색일: 2021.9.28)

https://biz.chosun.com/international/international_general/2021/10/12/DZDELM6PINDMDBJ7N TPHIF4UM4/ (검색일: 2021.10.18)

https://media.defense.gov/2021/Nov/03/2002885874/-1/-1/0/2021-CMPR-FINAL.PDF (검색일: 2022. 2.18)

https://news.qq.com/cross/20151216/O7516TE0.html (검색일: 2021.10.20)

https://scienceon.kisti.re.kr/commons/util/originalView.do?cn=JAKO199956605665853&oCn=JA KO199956605665853&dbt=JAKO&journal=NJOU00291033 (검색일: 2021.10.7)

https://www.chinanews.com.cn/gn/2021/12-13/9628885.shtml (검색일: 2022.2.18)

https://www.foreignaffairs.com/articles/east-asia/2014-10-29/asia-asians (검색일: 2021.10.20)

https://www.kida.re.kr/frt/board/frtBoardJatsxmlPop.do?idx=4542 (검색일: 2022.2.21)

https://www.uscc.gov/sites/default/files/June%207%20Hearing_Panel%201_Elsa%20Kania_Chine se%20Military%20Innovation%20in%20Artificial%20Intelligence_0.pdf (검색일: 2022.2.14)

https://www.ytn.co.kr/_ln/0104_202201311351427935 (검색일: 2022.2.25)

The Washington Post. 2021.10.28. https://www.washingtonpost.com/opinions/2021/10/28/its-not-sputnik-moment-we-should-not-feed-cold-war-paranoia/ (검색일: 2021.10.11)

4 러시아의 군사혁신과 미래전 전략*

우평균 | 한국학중앙연구원

1. 서론

2022년 2월 24일 러시아는 '특수군사작전'이라는 명목으로 우크라이나에 대해 전격적인 침공을 감행했다. 전쟁의 경과는 러시아가 의도한 목적 달성이 어렵게 되었다는 정황과 함께 러시아군의 전력이 예상했던 것보다 훨씬 약하다는 의외의 사실을 확인시켜 주었다. 반면에 2014년 2월 러시아가 크림반도를 점령하고 곧바로 합병 조치를 완수하는 과정에서 보여준 신속함과 용의주도한 작전 성공은 서구의 군사전문가들에게 깊은 인상을 심어주었다. 러시아는 분명히 과거와는 다른 군사전략을 새로운 방식으로 전개함으로써 서구의 전략가들에게 러시아의 군사력 운용에 대한 경각심을 일깨워 주었다. 전장의 규모와

---

*　이 글은 《국방연구》 제64권 4호(2021)에 발표한 저자의 논문 「러시아의 현대전 대응 전략과 실천 과제: 군사사상, 전략과 군사력 건설」의 내용을 수정·보완한 것임을 밝힌다.

전쟁의 성격이 다르기는 하지만, 러시아가 같은 군사력을 운용하여 같은 나라를 상대로 벌인 2014년과 2022년의 군사개입은 어떻게 상이한 결과를 낳았는가? 아직 우크라이나 전쟁이 진행 중임을 감안하여 깊이 있는 분석을 하기에는 이르지만, 군사 전술적인 측면에서 규정한다면 우크라이나 사태 초기부터 운영해 온 러시아군의 편제 단위인 '대대전술단BTG'이 지역분쟁 등 소규모 지역에서 자체적으로 완결할 수 있는 작전에는 적합하지만, 원거리를 진격하여 시가전 위주로 키이우를 비롯한 우크라이나의 주요 거점을 장악하고 평정작전을 실시하는 데는 무리였다는 평가를 내릴 수 있다. 그 외 전쟁의 성패를 규정하는 요인은 무기와 전투력, 전략과 전술 등 군사적인 측면 외에도 전비를 감당할 수 있는 경제력, 국민의 지지, 국제사회의 지원 등 다양한 측면에서 복합적으로 조명 가능하다.

이 글에서는 우크라이나 전쟁 발발 이전까지를 대상으로 러시아의 군사혁신 노력과 군사전략을 살펴보려 한다. 러시아의 우크라이나 침공 이후 군사력의 많은 구성 요소들을 검토할 필요성이 생겼다. 우크라이나 전쟁은 사실상 전면전total war이고, 우크라이나 전쟁 이전의 러시아 군사개입은 국지적인 지역분쟁의 성격을 띠고 있다. 러시아가 전면전을 수행하기에는 많은 문제점을 지니고 있지만, 하이브리드전hybrid warfare 방식으로 회색지대gray zone 갈등을 유발했던 2014년 우크라이나 사태와 시리아 내전 개입은 성공적이었다. 2010년대 러시아의 잇따른 군사적인 성과에 대한 국제사회의 관심이 증가하면서 서구에서는 러시아 군사력의 실체와 성공적인 군사작전을 분석하는 데 많은 노력을 기울여 왔다. 그 결과, 다수의 전문가들이 러시아가 독자적인 군사전략을 운용해 왔으며, 서구는 이에 대한 대비가 없었기 때문에 러시아의 군사력과 군사전략에 대한 면밀한 검토와 대비가 필요하다는 의견에 동의했다. 전문가들은 러시아에서의 독자적인 전쟁 방식으로 등장한 '하이브리드 전쟁'이 완전히 새로운 것은 아니지만 러시아가 과거의 하이브리드전 방식보다 다양한 수단을 개발·활용하고 있다고 강조했다. 이에 대해 러시아의 군사전문가들과 블라디미르 푸틴 대통령 등 정치지도자들은 러시아가 하이브리드전을 수행한 적이 없으며, 이는 러시아로부터의 위협인식을 과장하기 위해 서구에서 만들어 러시아를 비판하는 용어로 쓰이고 있다고 반박했다. 특히 군 지도자들은 하이브리드전은 러시아가 아니라 미국이 1990년대 이후 줄곧 사용해 온 새로운 방식의 대외 개입 유형이며, 러시아가 이에 대응책을 모색해야 한다고 보고 있다.

서구와 러시아 간에 러시아의 군사력과 군사전략을 놓고 벌인 이 같은 다툼은 러시아의 군사력과 군사전략을 평가하고, 러시아의 미래전 관념을 파악하는 데 있어 다음과 같은 문제를 제기한다. 즉, '러시아는 미국의 영향을 받아 군사혁신Revolution in Military Affairs: RMA을 강조하고 군사혁신을 이루기 위해 노력했는가?', '러시아의 군사전략은 잠재적 적인 미국과 나토NATO의 위협에 주로 대비하기 위한 것인가, 아니면 전쟁의 성격에 대한 본질적인 접근에서 비롯된 것인가?', '러시아의 미래전 대비에서 강조점은 무엇이며, 여기서 러시아가 갖고 있는 독자적인 성격은 무엇인가?'

군사혁신과 미래전 연구에서 러시아는 중요한 위치를 점하고 있다. 러시아는 세계 2위의 군사 대국으로 군사적으로 미국 및 서방 세계와 맞설 수 있는 유일한, 잠재적 적대세력이다. 1990년대 지역의 군사 강국에서 유라시아의 최대 군사 강국으로 부상한 러시아의 군사개혁은 러시아의 주변 국가들에게 상당한 영향을 미칠 뿐 아니라, 원거리 지역 및 국가들에게도 지대한 역할을 수행하는 강국으로 부각되고 있다. 이 글은 이 같은 인식을 토대로 상기한 질문에 대한 대답을 위주로 구성하면서, 러시아의 군사전략과 미래전 전략과의 상관성을 제시하고 실천적 과제를 살펴보는 데 목적을 두고 있다. 이를 위해 제2절에서 러시아의 군사혁신과 군사사상에 대해서 서술하고, 제3절에서는 미래전 대비 전략을 제시할 것이다. 제4절에서는 군사력 건설의 실천적 과제를 살펴볼 것이다. 제5절에서는 결론을 내리고자 한다.

2. 러시아의 군사혁신과 군사사상

1) 러시아 군사혁신의 성격

(1) 러시아 군사혁신의 역사성

러시아는 21세기형의 새롭고 창조적인 전쟁 모델을 주도하는 국가로 부상하고 있다. 이는 앞서 언급했듯, 러시아가 2014년 우크라이나 사태와 시리아 내전 개입 등 이론과 실전을 결합한 러시아형 전쟁 모형 Russia's brand of warfare을 창출하고 있다고 인식하고 있기 때문이다. 그 결과, 서구에서는 러시아가 군사력 외에 비군사적 수단을 효과적으로 조합하는 데 관심을 갖게 되었다. 사실 러시아의 군사전문가들은 오래전부터 미래전에 대한 논의를 지속해 왔다. 반면에 서구에서는 오랫동안 러시아의 군사사상military thought에 관심을 두지 않거나 오해하는 경향이 있었다. 냉전 시기에는 정보의 부족, 용어의 차이, 문화적 지식의 결여로 인해 접근이 어려웠고, 소련 해체 이후에는 러시아군에 대한 관심과 제3차 세계대전의 위협이 감소한 데 따른 결과였다. 그러나 2010년대에 들어와서 러시아가 국제 안보의 중심 세력이 되면서 서구의 관심이 되살아나기 시작했다. 러시아는 군사혁신을 위한 충분한 잠재력과 추진 의지는 물론, 이를 뒷받침할 수 있는 경제력도 갖추게 되면서, 미국의 군사혁신에 대응할 수 있는 사실상 유일한 국가로 평가되고 있다.

러시아는 군사적 전통에서 혁신적 개념으로 이론화를 추구하려는 노력을 이어왔다. 소련 시대부터 지속되어 온 이 같은 전통은 과거의 시각에서 벗어나 변화하는 전쟁의 성격을 직시하고 대응책을 마련하여 전장에서, 특히 전쟁의 초기에 기선을 제압하고자 하는 의도에서 비롯되었다. 러시아에서 군사혁신에 대한 논의는 냉전 시대에 미국이 군사혁신을 본격적으로 논하기 이전부터 러시아 내에서 자체적으로 진행되었다. RMA는 1970년대에 러시아에서 처음 '군사기술혁명Military Technological Revolution: MTR'으로 불렸다. 이 개념은 1977~1984년에 소련군 총참모장을 역임한 니콜라이 오가르코프Nikolai Ogarkov 장군을 중심으로 전개되었다.

1970년대 소련 이론가들은 자율형 정찰-타격 복합체reconnaissance & strike complex, 장거리 고정밀 종말 유도 전투 체계, 신형 자동 전자제어 체계 등이 군사기술혁명을 불러올 것으로 내다보았다. 정찰-타격 복합체의 구축은 신속한 표적의 발견과 동시에 장거리 정밀타격을 가능하게 하여 핵무기에 견줄 수 있는 위력이 있다는 것이 요지였다. 이러한 혁신의 공통된 특징은 군의 전투 잠재력을 극적으로 높여준다는 점이다. 또한 소련 군사이론가들은 새로운 전투 방식을 가장 먼저 받아들이는 군대가 결정적 우위를 차지하게 될 것이라고 주장했다(Ogarkov, 1984; 크레피네비치, 2019: 295). 과거에 소련은 정찰reconnaissance과 화력fire을 전술적 차원에서 결합한 전투체계를 운용했으나, 1970년대부터 '정찰-타격 복합체'를 지향하는 군사기술혁명을 주창하기 시작했다.[1]

이 같은 논리의 연장에서 1980년대 초 소련 군부에서는 가장 선진화된 국가들을 중심으로 군사혁신이 추진될 것이라는 주장이 제기되었다. 21세기에 정밀전자micro-electronics, 센서sensor, 정밀유도precision-guidance, 자동제어체계automated control systems, 지향성 에너지directed energy 기술을 활용한 전쟁 수행 방식에서의 혁신을 주장한 것은 미국보다 소련이 먼저였다는 점에서 주목할 만하다. 1980년대 소련 군부 내 주류 의견은 미래전은 군사기술의 발전에 초점을 맞추어야 한다는 점에서 일치했으며, 지속적으로 소련 군사기술과 군사력 구조에 혁명적 변화가 있어야 한다는 점을 강조했다.

러시아는 탈냉전 이후 보리스 옐친 집권 초기, 1992년부터 군사혁신을 시도

---

1 러시아는 새로운 기술개발을 통해 제어체계를 개선하고, 정확도가 높은 장거리 정밀타격무기(long range precision weapon)를 결합하면 핵무기 못지않은 파괴력을 지니게 될 것이라고 보았다. 이는 나토와의 대결에서 우위를 차지하고자 한 러시아 군 전략가의 구상에서 비롯되었다(Frank, Jr. and Hidebrandt, 1996: 239~258).

그림 4-1 군사혁신(Revolution in Military Affairs: RMA)의 구조

자료: 저자 작성.

하기 시작했다. 1991년 걸프전을 경험하고 미국에서 RMA 타입의 사고가 표출 되기 시작한 이후,[2] 서구의 군대가 현대화되고 있고, 러시아가 뒤처지고 있다 는 우려가 나오기 시작했다. 미국은 1990년대 초부터 기술 중심의 소련의 군 사기술혁명 개념에 주목하면서 여기에 무기체계의 변화에 따른 작전운용 개념 과 군사 조직의 변화까지 포괄하는 범위로 개념을 확장했다. 미 국방부 분석평 가국Office of Net Assessment의 앤드루 마셜Andrew Marshall 국장과 전략예산평가 연구소Center for Strategic and Budgetary Assessment의 앤드루 크레피네비치Andrew Krepinevich 박사는 새로운 기술을 응용하여 새로운 군사체계를 만들게 되면, 이와 관련된 작전운용 개념과 조직 편성도 혁신적으로 발전시켜 상호 결합시 킴으로써, 소련이 강조한 순수한 기술적 측면을 넘어 개념과 교리적인 측면도 강조하면서 소련의 '군사기술혁명'이라는 개념 대신 '군사혁신'이라는 용어를

2 1990년대 중반 이후부터 군사기술혁명은 기술적 요소를 강조하는 개념으로, 군사혁신은 기술적 요 소와 함께 전장운영 개념과 조직 편성도 중시하는 광범위한 개념으로 구분되기 시작했다. 군사혁신 은 군사기술혁명보다 정보기술을 더욱 폭넓고 차원 높게 활용함으로써, 무기체계의 능력을 향상시 키는 차원을 넘어 전쟁 방식의 새로운 변혁을 추구한다(Krepinevich, 1994: 30~42).

사용했다(크레피네비치, 2019; 박정이, 2019: 15~17).

러시아에서는 2000년 푸틴 집권 이후 새롭게 군사혁신을 하기 시작했다. 2000년대 러시아의 국방개혁은 서구와의 군사적 능력의 격차를 메우고 신뢰할 만한 억제 능력을 확보하는 데서 비롯되었다. 동시에 러시아는 전면적인 파괴를 추구하기보다는 적의 진영을 해체하고, 혼란스럽게 하고, 싸우려는 적의 의지를 공격하면서 고도의 이동성, 빠른 속도, 정밀유도 능력 원칙에 기초한 전쟁의 새로운 기준으로 전환하려는 노력을 해왔다(Sushentsov, 2015: 112~113). 2014년 우크라이나 사태와 특히 '하이브리드전' 혹은 '정보전' 기술은 이러한 전환에 완벽한 사례를 제공했다고 평가받기에 이르렀다.

RMA에 대한 러시아의 접근 방식은 러시아가 치른 전쟁의 역사적 경험과 밀접하게 결부되어 있다. 1940년대 독소전쟁 당시의 게릴라전, 아프가니스탄과 체치냐에서의 게릴라 전술에 맞선 대응, 2000년대 조지아, 우크라이나와 키르기스스탄에서의 색깔 혁명의 목도 등이 이에 해당된다.

(2) 러시아 군사혁신의 특성

가) 군사혁신의 포괄성 및 장기적 관점

러시아의 안보 개념은 전략적·군사적 차원에서만 고려되기보다는 군사 분야를 초월하여 국가와 사회 및 개인의 활동 영역까지 포괄하는 복합적 효과를 추구한다는 특성이 있다. 특히 대외 환경이 가하는 압력에 맞서면서 국내 경제의 안정을 추구하고, 이에 더해 국방력을 건설해야 하는 현실이 지속되고 있는 상황을 고려할 수밖에 없다.

1990년대 중반 이후 미국을 중심으로 논의되기 시작한 서구에서의 군사혁신 개념은 구소련의 전략가들이 최초로 제기하여 이론적으로 발전시켰다. 구소련의 군사과학자들은 군사과학기술의 정책적 비중을 거시적인 측면에서 분석하고, 장기적인 관점에서 미래 군사 연구개발에 대한 비전을 발전시켜 왔다

(심경욱, 2000: 73~216).

러시아 군사이론에서 RMA의 기원과 영향력을 검토할 때, 핵 이슈에서 어떻게 정보시스템과 군사기술이 재래식 전쟁을 혁명적으로 변화시킬 것인가에 대한 고찰로 이어지고 있음을 볼 수 있다. 군사혁신이라는 용어는 미국에서 사용했지만, 미국보다 먼저 이를 개념적으로 수용하여 군사전략 및 미래전에 부합하는 모델로 만들려 했다는 점에서 러시아에서 군사혁신의 수용과 발전 과정은 포괄적이며, 장기적이다. 이 같은 관점에서 '군사혁신'은 변화하는 전쟁의 성격 규명과 미래전 대비라는 일련의 관점에 있어 하나의 요소 즉, '부분'일 뿐이며, 군사혁신 역시 변화하는 전쟁의 성격에 따라 변화가 가능한 가변적인 성격을 띠고 있다.

나) 과정으로서의 군사혁신

러시아에서 군사혁신은 목표가 아닌 과정으로 이해 가능하다. 국방정책의 제1목표는 군사력 건설이며, 군사혁신은 군사력 건설을 위한 하나의 목표이자 수단이다. 군사력 현대화 역시 군사력 발전의 도구이다. 즉, '군사력 건설 > 군사력 현대화 > 군사혁신'으로 정리할 수 있다. 최종 목표인 군사력 건설은 전쟁의 성격과 미래전의 양상에 따라 조건 지어지는 목표이다. 즉, 조건이 변하면 목표도 수정되는 구조하에 놓여 있다. 또한 군사혁신만으로 군사력 현대화를 추구할 수 있는 것은 아니다. 군사혁신은 군사력 현대화를 이룰 수 있는 강력한 요소이지만, 군사혁신 외에 다른 유효한 수단을 함께 결합할 때 현대화된 군사력을 갖출 수 있게 된다. 가장 대표적인 것이 재래식 무기와 사단급 이상의 많은 병력을 동원하는 전통적인 동원 방식의 유용성에 대한 논의이다. 미국, 나토 등 러시아의 전통적인 잠재적 적과의 대결이나 전략적 거점을 장악하기 위한 초기 기동 과정에서, 특히 전쟁 발발 초기에 재래식 무기로 무장한 대규모 병력 동원은 불수불가결한 측면이 있다는 데 동의하는 경향이 있다. 2014년 2월 크림반도 점령 과정에서 15만 명에 가까운 러시아 지상군이 우크라이나 국경에 집결했던 사례는 이와 같은 대규모 무력시위가 실제 효과가 있다는 점을 입증해 주었다.

러시아의 군사기술과 군사사상, 양자를 토대로 하는 군사전략은 상당히 창의적이며 가변적이라는 의미에서 군사혁신은 하나의 과정으로 인식 가능하다. 즉, 군사전략의 틀이 어느 정도 정해졌다고 해도 실제 전장 환경에서 창의성을 발휘하는 것은 본질적으로 중요하다. 이런 측면에서 군사기술과 사상은 계속 진화해 나가는 것이며, 고정불변한 실체로 파악할 수 없다. 러시아 군사 부문의 혁신은 소련 붕괴 후 잇달아 나타났던 갈등과 불안정에 의해 촉발된 측면이 있으며, 보다 최근에 중동에서의 변화와 색깔 혁명, 크림 합병 등 서구와 대립을 야기한 사건들에 의해서도 영향을 받았다. 러시아에서 군사변환은 계속 진행 중이며, 중국의 군사혁신에도 영향을 미쳤다.[3]

2) 러시아 군사사상의 특성

(1) 군사사상의 유형

소련이 붕괴했지만 러시아에서 혁신적인 군사사상은 사라지지 않았고, 어떻게 전쟁이 변화하며, 현 상황에서 어떻게 싸워야 하고, 미래에 어떻게 발전시켜 나갈지에 대한 사고로 변환되었다. 토르 부크볼Tor Bukkvoll은 현대 러시아 군사사상의 경향성을 '전통주의자traditionalists', '혁신주의자revolutionalists', '현대화주의자modernists' 등 크게 세 가지 유형으로 분류했다(Bukkvoll, 2011: 681~708).

---

3 중국의 장교와 전략가들에게 러시아의 '차세대 전쟁'에 대한 사고가 영향을 미쳤으며, 그들은 우크라이나와 시리아에서의 러시아의 성공에 관심을 기울이면서, 러시아가 전투에서 이길 수 있었던 주요한 요소로 러시아의 정보전 능력을 꼽았다. 또한 중국이 전구(military theatres)를 러시아처럼 지역적으로 나누어 다섯 개로 편성하고, 통합군 체제로 개편하는 등의 조치를 한 것은 지상, 사이버와 전자기 같은 새로운 영역을 포함하는 전 영역에서 통괄할 수 있는 명령체제를 갖추고자 한 것이다(Singh, 2021).

전통주의자는 유명한 전략가 마흐무트 가레예프Makhmut Gareev가 대표적이며, '냉전 보수주의Cold War conservatism'로 불리는 그룹과 가장 가까운 입장으로, 군사기술보다는 대군 동원과 전통적인 전투의 중요성을 강조한다. 이들에게는 미국·나토와 중국 등 다른 강대국들과의 국가 간 전쟁의 잠재적 위협이 러시아의 주요한 안보적 관심사였으며, 현재도 마찬가지라고 보고 있다. 이들에 따르면 작은 전쟁과 국지전 수행을 위해 필요한 군사기술은 중요하지만 부차적인데, 이것은 국가의 군사력 구조와 군대의 자세 속에 반영되어야 한다.

혁신주의자 그룹에서 가장 대표적인 인물인 블라디미르 슬립첸코Vladimir Slipchenko는 군사-기술혁명에 대한 소련의 사고와 미래 전쟁에 대한 기술의 변환적transformational 효과 관념의 계승자이다. 혁신주의자 그룹은 기술의 진보가 대규모 상비군은 물론, 육군·해군·공군 등 전통적인 구분에 변화를 야기할 것이라고 본다. 이들에 따르면, 미래 전쟁은 '비접촉contactless'이 될 것이며, 고정 정밀무기stand-off precision weapons와 싸우게 될 것이다. 미래 전쟁에서는 더 이상 특정한 위협에 대응하여 군사력을 추산할 필요가 없게 될 것이며, 기술적으로 우위에 있는 편이 어떠한 적에 대해서도 우세해질 것이다. 슬립첸코의 비접촉의, 이른바 '6세대 전쟁sixth-generation warfare' 이론은 서구에서 RMA의 중심 아이디어인 '네트워크 중심전network-centric warfare으로 명명한 사고와 유사하다. 슬립첸코의 '6세대 전쟁' 이론은 지상, 해상, 공중 및 우주에서 다양한 발사 무기 플랫폼을 갖추고 있는 장거리 정밀유도무기를 다루고 있다. 이 유형의 전쟁에서 신기술은 절대적이며, 특히 전자·정보와 통신기술이 중요하다. 이는 '비접촉전쟁'으로 불리며, 1973년 아랍-이스라엘 전쟁, 1982년 포클랜드Falklands 전쟁, 1991년 제2차 걸프전쟁 등 현대 미사일 전쟁의 개념적 기초라고 할 수 있다. 6세대 전쟁은 ① 적의 군대를 (자신의 영토 안에서) 패배시키고, ② 적의 경제 행위와 잠재적 능력을 파괴하며, ③ 적의 정치체제를 전복하거나 변화시키려는 목적을 갖고 있다(Слипченко, 2004).

슬립첸코와 다른 혁신주의자들에게 군사 문제에서 전환점이 된 사건은

1991년 걸프전쟁에서 미국과 연합군의 승리였다. '6세대 전쟁'에 대한 러시아의 시도는 1990년대 초반까지 거슬러 올라가는데, 이 역시 서구의 방위 설비에서 주목할 만한 진전이 이루어지고 있다는 인식에서 비롯되었다. 그것의 중심적인 사고는 1993년 공표한 군사 독트린에 이미 반영되었지만, 당시 상황에서는 러시아 군의 재래식 군사력 발전을 달성하기 어려운 계획으로 여기는 경향이 팽배했다(FitzGerald, 1994: 457:476).

현대화주의자는 알렉세이 아르바토프Aleksei Arbatov와 비탈리 시루코프Vitalii Shlykov 같은 인물들이 해당하며, 다른 집단에 비해 사람마다 의견 차가 있다. 이들은 병력과 기술의 적정한 수준을 개략적으로 고려하고 있지는 않지만, 안보 요구와 더불어 현재 조국의 인구학적이고 재정적인 가능성과 연관된 문제들에 집중하면서 중간 지대의 견해를 표명하고 있다. 그들이 볼 때, 북부 캅카스North Caucasus와 중앙아시아처럼 러시아의 주변부에서 문제가 되고 있는 지역들이 러시아가 가장 즉각적으로 대응해야 할 안보적 관심사이다. 이 지역 현안은 대대적인 병력을 동원한다 해도 충분하지 않기 때문에, 우선적으로 신속한 대응이 필요하다. 이들에 따르면 군사기술의 진보는 만능 통치약은 아니지만 재래식 전쟁 능력을 유지하기 위해 중요하게 고려되어야 한다. 나토 및 서구, 그리고 중국 같은 다른 행위자들로부터의 잠재적 위협에 대한 현대화주의자들의 견해는 그들이 생각하는 중요성의 차이에 따라 상이하다(Bukkvoll, 2011: 697~701).

러시아 군사사상에 있어 전쟁의 변화하는 성격과 군사력의 유용성에 대한 다양한 견해들이 존재한다는 사실은 러시아에서 전혀 새로운 사실이 아니다. 냉전이 끝나면서 러시아는 다른 나라들과 마찬가지로 과거의 위협환경이 사라진 상황에서 군사력을 재편해야 하는 딜레마에 봉착했다. 새로운 국제 환경이 단기 및 장기적으로 어떤 모습으로 전개될지, 또 그러한 변화한 환경에서 어떤 종류의 군사력과 독트린이 필요한지가 불확실했다. 병력의 장점 대 기술에 대한 사고에 있어서의 모호함과 더불어 어떤 종류의 갈등이 미래를 지배할지에 대해 다양한 견해들이 난립했다는 점은 러시아뿐만 아니라 서구에서 나타난 유사한 논쟁들을 통해 알 수 있다. 문제는 현재와 미래에 계속 변화하는 안보 환경에 부합하면서 군을 최상으로 만들어나갈 수 있는가에 대한 것이었다. 단정적으로 결론을 내리기가 어렵기 때문에 이 질문은 현재까지 진행되고 있는 근본적인 과제이기도 하다.

(2) 하이브리드 전쟁 논쟁

하이브리드 전쟁Гибридная война은 "전통적인 전쟁 방식으로 성취하기 어려운 정치적 목적을 달성하는 데 목적을 두고 있는 강력한 적에 맞서서 전통적이고 비전통적인 방식을 혼합하는 방식의 전쟁"[4]을 의미한다. 하이브리드 전쟁에서는 전쟁을 일으킨 당사자를 식별하기 어렵다. 러시아의 크림 합병 이후 서구에서 러시아의 새로운 전쟁 방식을 하이브리드전으로 규정하면서 많은 분석이 이루어졌지만, 실제로 하이브리드전은 새로운 것이 아니며, 러시아가 독창적으로 실험한 것도 아니다.

크림 합병 이후 서구의 많은 분석가들이 '하이브리드 전쟁' 접근법을 특정한 군사사상가의 작품으로 인식하고 러시아의 하이브리드 전쟁의 기원을 추적하려고 노력했다(Woo, 2015: 383~400). 특히 현재 잘 알려진 발레리 게라시모프 Valerii Gerasimov 총참모장Chief of General Staff이 2013년 저술한 짧은 기고문에 많은 관찰자들이 주목했다(Герасимов, 2013: 1~3). 기고문에는 우크라이나나 하이브리드 전쟁에 대한 언급이 전혀 없었음에도, 이것은 '게라시모프 독트린 Gerasimov doctrine'으로 알려지게 되었고, 게라시모프 자신은 '하이브리드 어프로치'의 간판으로 인정받게 되었다(Snegovaya, 2015: 3~28). 이후에 많은 전문가들이 러시아의 전략적 사고에 주목하여 견해를 밝혔지만, 게라시모프의 글을

---

4   "Cyber-attacks: what is hybrid warfare and why is it such a threat?", 2021.7.21, https://theconversa
    tion.com/cyber-attacks-what-is-hybrid-warfare-and-why-is-it-such-a-threat-164091 (검색일: 2021.9.5)

러시아의 '하이브리드 전쟁' 사고의 기원으로 동일시하는 것은 임의적이며 러시아 군사사상의 광범위한 발전 속에서 그것이 어떻게 부합하는가에 대해 고려하지 않은 결과이다. 이 같은 맥락에서 게라시모프의 아이디어는 많은 사람들이 강조한 것처럼 '새로운' 것이 아니다(Renz, 2018: 168). 게라시모프는 전쟁의 새로운 방식을 표현했다기보다는, 서구와 미국이 전쟁에 대해 취하는 접근 방식의 진화하는 양상evolving trends에 대한 자신의 견해를 밝힌 것이었다. 특히, 1991년부터 2004년 사이에 미국이 이라크, 유고슬라비아, 아이티, 아프가니스탄에서 주도한 행위가 '전통적인' 접근 방식이 아니었다고 보았다. 미국은 목표를 정하고, 대량살상무기Weapons of Mass Destruction: WMD 추적, 학살 방지 같은 군사 공격을 위한 사전 명분을 준비한 연후에 군사 공격을 실시했다. 또한 미국과 동맹국들은 선전 캠페인, NGO, 민주주의를 주창하는 집단에 자금을 지원하기 위해 주로 NGO 등 국제기관을 이용했으며, 군사개입에 앞서 다른 은밀한 행동을 취했다. 게라시모프는 그 기원을 1991년 걸프전으로 거슬러 올라가 추적했다. 다시 말해 서구는 목표로 삼은 국가와 이미 전쟁을 벌이고 있었지만, 그 방식이 매우 은밀해서 선동하거나 시민사회에 불안을 야기하는 방법으로 진행했다. 그러한 행동의 목적은 타깃이 된 정부로 하여금 억압적 행동을 이끌어내 제재, 비행 금지 구역no-fly zones처럼 미국이 이끄는 반응을 정당화하도록 하는 데 있었다(Bartles, 2016: 30~38). 게라시모프의 이 같은 언급은 러시아가 하이브리드 방식의 전쟁을 추구하고 있다는 것이 아니라 서구에서 정권 교체regime change를 위한 수단으로 사용하고 있다는 의미였다(McDermott, 2016: 97~105). 결국 게라시모프의 글은 독트린적인 충격과 중요성을 갖는 강력한 문서라기보다는 러시아 내에서 변화를 위한 자각이 필요하다는 요청이었다고 볼 수 있다(Kofman, 2018.6.14). 즉, 서구의 하이브리드 전쟁 방식에 맞서서 러시아의 군사전문가들에게 신선한 발상을 요구하는 글로 보는 것이 타당하다. 다만 자신의 글을 통해 러시아식으로 하이브리드 자원을 개발해야 한다는 함축성을 제시한 측면도 있다.

게라시모프는 만일 전쟁이 군사적 수단과 비군사적 수단을 모두 동원하여 진행되고 있다면, 러시아도 군대를 무장하는 행동뿐 아니라 비군사적 능력도 구축해야 한다고 강조했다. 이와 더불어 미래의 군사작전에 대한 자신의 견해를 개괄하면서, 게라시모프는 "대규모 전쟁의 규모 축소, 네트워크화된 명령과 통제 시스템의 사용 증가, 로봇과 고도의 정밀 무기" 사용에 대해 전망했다(Bartles, 2016: 36). 이런 점에서 게라시모프의 글은 미래 전쟁과 6세대 전쟁에 대한 '혁신적' 사고를 분명하게 제시했다. 게라시모프는 미래전에서 경제와 외교 등 비군사적 수단과 군사적 수단 간의 비율이 4 : 1 정도로 진행될 것이라고 예견했다. 특히 '아랍의 봄'에서 비롯된 전쟁의 규칙 변화가 향후 전개될 것이라고 보았다. 현대전은 비군사적 수단의 역할이 증가하여 정치적 목표 및 전략 목표 달성을 중시하게 되었고, 효과 면에서도 무기 사용을 능가한다고 평가하였다. 현대전에서 분쟁의 주요 단계가 예기치 못한, 분명하지 않은 기원covert origin, 확산, 갈등 발발, 위기, 분쟁 해결, 평화 회복의 순서로 진행될 것이라고 보았다(Герасимов, 2013: 1~3). 전쟁의 변화하는 성격에 대한 그의 시각은 시간이 지나면서 점차 일반화되었다. 그는 비군사적 수단의 중요성을 강조하면서, 한편으로 적에 대한 우선적인 파괴 목표는 국가의 지휘 및 통제command and control: C2와 경제 능력이라고 덧붙였다. 이를 위해 아 측 무기와 병력이 통합된 집단화를 구축하는 것이 필요하다고 보았다.

이를 통해 하이브리드전에 대해 러시아 내의 의견을 대표하는 게라시모프 참모장이 표현했듯이, 러시아는 자신들이 하이브리드전을 직접 지목하여 중요성을 강조하지 않고, 비대칭전, 전쟁의 변화하는 성격, 미래 전쟁 등에 대한 견해를 개진하면서 하이브리드전이라는 말은 서구에서 만들어낸 상상적인 용어임을 지적해 왔다. 서구가 현대전에서 사용하고 있는 전쟁 방식이 하이브리드적임을 강조한 것이다. 그는 하이브리드전이라는 용어를 하나의 확립된 것으로 간주하기에는 아직 개념이 미성숙하다고 보고 있다. 푸틴 대통령 역시 게라시모프 장군의 의견에 동조하면서 서구에서 있지도 않은 가공적인 러시아로부

그림 4-2 국가 간 갈등에서 비군사적 수단의 역할

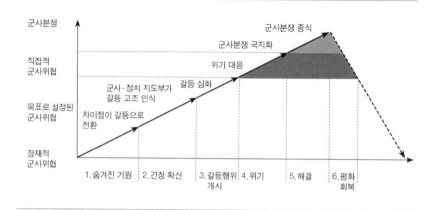

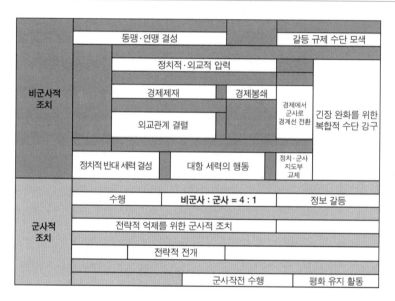

자료: Герасимов(2013); 송승종(2017: 17).

터의 위협을 강조하기 위해 하이브리드전이라는 용어를 사용하고 있으며, 그들 자신이 붙인 이름일 뿐이라고 인터뷰를 통해 밝힌 바 있다(Калашник, 2021).

(3) 러시아 군사사상 사례: '와해' 개념

러시아의 군사 백과사전에는 서구에서 사용하는 '반접근/지역거부Anti-Access/ Area-Denial: A2/AD'에 해당하는 단어는 없지만, 러시아의 영토에 접근을 거부한 다는 의미로 사용하는 용어가 '와해disorganization, дезорганизация'이다. 와해는 GPS 교란 수행 환경에서 진행되는 무선전자전Radio-Electronic Warfare: REB을 통 제하는 적의 C2 능력을 파괴하는 데 적용되는 용어이다. 와해는 정보 환경의 요소들을 교란하기 위해 설계되었다. C2 와해C2D라는 말은 적의 명령과 통제 를 와해하는 데 사용하며, A2/AD 균형standoff에서 우위를 확보하기 위해 러시 아 군대가 사용하는 방식으로 이해할 수 있다. 2018년 핀란드와 노르웨이에서 행한 러시아 항공기의 GPS 교란 행동은 적을 와해시키려는 노력을 잘 보여주 었다(Fouche and Adomaitis, 2018).

러시아에서 조용하게 진행된 와해 개념 관련 논의에 대해 서구에서는 거의 관심을 기울이지 않았다. 러시아에서는 2017년 중반에 와해 공작을 위한 소그 룹이 창설되어야 한다는 주장이 제기되었고, 2017년 말에 'C2 와해 플랜'이 무 선 전자전 계획의 일부가 되었다. 소그룹의 역할에 대해서는 알려지지 않았지 만 이 시점에 이루어진 계획이 의미하는 바는 명백했다. 러시아의 권위 있는 군사 학술지 ≪군사사상Military thought≫에 2017년 동안 게재된 논문 중 4편이 '와해'에 대해 다루었다(Донсков et al., 2017: 19~25).

러시아의 와해 개념은 REB, 사이버전 등 비물리적인 수단 혹은 물리적인 파 괴 방법을 통해 적의 C2망을 파괴·교란하려는 목적을 갖고 있다. 러시아는 이 개념을 적어도 1990년대 초반부터 논의해 왔다. 적의 C2를 와해하는 것은 병 참 지원, 화력 지원 수단 사용 혹은 야전군에 대한 통제 등 적이 수립한 계획의 모든 측면을 조정하거나 통합하는 능력을 파괴하는 것이다. 와해 성공은 정책 결정에서 러시아가 우위를 점할 수 있게 하고 전장에서의 승리 기회를 보장해 준다. 러시아 군사전문가들은 '와해' 개념이 전략적으로 중요한 개념이며, 미래 에는 C2에서 우위를 확보하는 것이 작전에 투입된 군대의 주요한 임무가 될 것이라는 데 동의하고 있다. 그러나 와해 이론은 아직 불완전하며 세부적으로 와해 자산, 와해의 유형 및 방법에 대한 연구가 더 필요하다는 지적도 있다(Клюшин et al., 2017: 65~69).

C2 와해의 목표는 자동화된 통제 시스템과 정보 유도 체계이다. 와해의 세 가지 방법은 고립isolation, 격리division, 단절severance이다. 고립은 전투명령을 받아 이를 수행하는 (전술) 작전 그룹들 간의 상호작용을 왜곡시킨다distorts. 격리는 동작 중인 군대와 사령부 간의 상호작용을 왜곡시킴으로써 적의 공격력과 잠재적인 화력 사용을 제한한다. 단절은 기능적으로 동질적인 군 집단들 내부에서의 상호작용을 왜곡함으로써 적의 화력과 공격력을 축소시킨다(Клюшин et al., 2017: 68~69).

REB는 적의 통신과 정보를 거부하고 그것들을 와해시키는 주요한 방법이 되었다. 무기의 발전은 REB를 위한 새로운 작전 임무를 유도했으며, 적의 군대와 무기를 공격할 수 있게 만들었으며 대기권에서의 공격을 격퇴할 수 있게 했다(Каминский, 2017: 18~25). REB와 관련한 와해 개념은 언제나 C2 이슈만을 다루는 것을 넘어, 새로운 임무를 수행하는 적의 무인항공기와 로봇에 어떻게 맞서서 와해 방법을 적용할 것인지의 문제도 제기했다. 이 임무 수행에는 육군과 공군 REB와 무인기, 로봇 통제를 와해시킬 수 있는 특별한 소프트웨어를 포함한 자산이 포함된다(Golubev, et. al., 2017: 126~132).

러시아에서는 특정한 A2/AD 개념이 나타난 바 없지만, 그와 유사한 임무를 수행하는 다양한 능력에 대한 연구가 진행되었다. 와해 개념이 아마도 핵심적일 것이다. 이 개념은 적어도 1990년대 이후 30여 년 동안 러시아 군사사상의 일부가 되어왔다. 적의 의도와 계획을 무력화시키는 것이 이 개념이 의도하는 목적이며, 러시아가 보유한 여러 유형의 무기들은 물론이고 정보작전에서 해저케이블에 이르기까지 명령과 통제 이슈에서 여러 모로 적용할 수 있다. 러시아 국경 인근에서 GPS 교란이 실제로 발생하고 있다는 사실은 러시아에서 GPS 신호 교란이 분명하게 실험되고 있다는 근거이다. 이 개념은 현대전은 물론 미래 관심이 될 만한 중요한 이슈를 다루고 있기에 논의가 필요하며, 구체적인 방법론과 관련하여 러시아에서 연구가 심화될 것으로 보인다.

3. 미래전 대비 전략

1) 전쟁 개념의 확장

전쟁에 대한 러시아의 이해는 소련 붕괴 후 더욱 확장되어 왔다. 1990년대에는 전쟁을 규정하는 요소로써 무력을 중시하는 구소련 말기의 사고가 지속되었다. 1990년대 말과 2000년대 중반에는 비군사적 수단의 중요성이 증대하면서 전쟁에 대한 이해가 확장되어야 한다는 일각의 주장들이 나타나기 시작했지만, 이 같은 주장이 주류를 형성하지는 못했고, 당시 전쟁에 대한 권위 있는 시각은 전쟁을 군사적 갈등에 초점을 맞추고 있었다. 하지만 이후에 주류 군사이론으로 수용되는 주요한 많은 관념들이 이때 처음 등장했다. 즉, 전쟁과 평화 간의 불분명한 경계 확대, 비군사적 수단의 활용 증대, 정보의 무기화, 비군사적 수단이 군사적 수단보다 더 효율적이고 전략적 목적을 달성하는 데 더 부합한다는 시각이 등장한 것이다.

하이브리드 전쟁에 관한 견해에서 밝혀졌듯이, 현대전과 미래전의 성격을 제시하기 위해 러시아 전략가들과 군사전문가들은 논의를 지속해 왔다. 2013년 러시아 총참모부의 장교 S.G. 체키노프S.G. Chekonov와 S.A. 보그다노프S.A. Bogdanov 두 사람이 작성한 논문, 「차세대 전쟁의 성격과 내용」에 관해 크림 작전의 사전 준비가 아닌가에 대한 논란이 일었다. 그들은 21세기의 전쟁을 '하이테크 전쟁의 시대'로 규정하면서 사고를 개진했는데, 이들의 견해가 결코 혁신의 부류에 포함된다고 볼 수는 없다. 대신 그들은 슬립첸코의 6세대 전쟁에 관한 저술을 가장 중요한 문서로 간주해야 한다는 데 주목했다. 두 저자는 현대전에서 제재, 정치적 압력과 정보전 선전 등 비군사적 수단의 중요성이 증대하고 있다는 데에 초점을 맞추었다. 그들은 이 수단들이 물리적인 군사력의 잠재성을 초월한다고 보았다. 이들의 견해는 게라시모프가 제시한 비군사적 수단의 중요성과 비대칭적 행동의 필요성에 공감하는 것이었다. 그러나 그들은 재래식 능력이 본질적이라고 보지 않는다는 견해에 찬성하지 않았다. 또한 그들은 적군과 교전할 필요 없이 가까운 거리에서 군사력을 과시하는 것을 중시했다. 러시아가 크림 작전 동안 작전지역 인근 일대에서 중무장한 병력 15만 명이 훈련하도록 한 것은 크림 반도를 지배하기 위한 러시아의 잠재력을 확고히 하고 우크라이나 혹은 나토의 개입이나 반응을 억제하기 위한 목적에서였다.[5]

현대전의 성격을 논함에 있어서도 게라시모프를 비롯한 러시아의 많은 군사전문가들은 전쟁과 평화의 경계가 모호해졌거나 아예 없어지고 있다는 데 공감한다. 그 예로 시리아에서 미국과 나토가 하이브리드 방식의 전쟁을 구사하여 군사 및 비군사 자산의 전통적이고 비전통적인 행위들을 동시에 사용한 바 있다고 평가한다. 에너지, 뱅킹, 경제, 정보 및 여타 영역 같은 국가의 중추 기능의 붕괴를 촉발시킬 수 있는, 예기치 못한 기술적 능력으로 비군사적 방식과 수단을 이용함으로써 잠재적인 가용 공격수단을 다양화했다. 그러나 앞서 체키노프와 보그다노프가 지적했듯이, 비군사적 수단을 통한 전쟁의 성격 변화가 전쟁의 본질적인 성격, 즉 전쟁의 '무력 대결armed struggle'을 변화시키는 것은 아니라는 점에도 게라시모프를 비롯한 많은 군사지도자들이 동의하고 있다(Герасимов, 2017: 7~21). 다만, 전쟁의 일반적인 성격이 무력 대결이지만, 현대전에서 특히 전쟁의 초기 국면에서 승기를 잡는 방법이 과거처럼 무력 충돌을 통해서일 필요가 없다는 점을 강조하는 것이다. 정보information와 같은 소

---

5 차세대 전쟁의 주요한 특징은 적의 부대와 주민들의 사기를 사전에 꺾어놓고 저항 의지를 무너뜨리는 심리전과 정보전이 주요하게 작용한다는 데에 있다(Chekinov and Bogdanov, 2013: 12~23).

프트한 비전통적인 수단과 비군사적 수단을 강도 높게 전개하는 등 양자를 조합하여 기선을 제압함으로써, 적군을 직접적으로 파괴하는 대신에 국가의 기능과 역할을 통제 불능 상태로 만드는 것이 목표가 되어야 한다는 것이다. 그런 연후에 군사적 수단을 동원하는 전쟁이 두 번째 국면으로 전개된다(Гареев и другие Турко, 2017: 4). 결국 러시아가 구상하는 차세대 전쟁의 핵심은 서구에서는 하이브리드 전쟁으로 부르고 있지만, 러시아가 보다 심층적으로 현대전의 성격을 구명하는 과정에서 제기한 것으로 '다영역 강압cross-domain coercion'을 행사하는 데 있다. 즉, 핵무기, 재래식 무기, 정보전 등 여러 개의 영역에서 동시에 작전을 수행하는 것이며, 강력한 핵을 보유하고, 정보전을 통해 적의 인식을 조작하고, 정책 결정 과정을 통제하고, 적이 군사력을 행사할 수 있는 범위를 최소화시킴으로써 전략적 행위에 영향을 미치는 데 목적을 둔다. 이를 통해 러시아는 과거에 사용하던 '핵 억제nuclear deterrence' 개념에 '비핵(재래식 전력, non-nuclear)' 및 '정보적 억제informational deterrence'라는 두 가지 범주를 추가하여, 이 세 가지를 통합된unified 전략으로 융합하여 구사하는 전략을 추구하려고 한다(Adamsky, 2015: 31~39).

A. 카르타폴로프A. Kartapolov는 고전적 전쟁과 더불어 간접적 행위indirect actions가 새로운 전쟁의 유형이 되었다고 주장했다(Картапоаов, 2015: 26~36). 가레예프의 견해에 동의하는 많은 이론가들이 비군사적 수단이 본질적으로 파괴력을 지녔기 때문에 효과적이라고 여기게 되었다. 가레예프는 전통적으로 전쟁을 무력 충돌이라고 규정해 온 지식의 전반적인 체계를 재구축해야 한다고 주장했다(Гареев, 2012).

이 같은 주장은 군사력의 사용을 주된 전쟁의 수단으로 삼고 있는 서구의 관념과 달리 군사력은 물론 비군사적 수단을 포함함으로써 전쟁과 평화의 경계가 불분명한 상태로 전쟁을 이해하는 러시아 내 합의된 견해를 대변하고 있다. 여기에는 비군사적 전쟁, 혼란 조성controlled chaos, 비재래식 전쟁, 정보전, 하이브리드 전쟁, 전복전subversion-war, 심리전이 포함된다.

결국 서구에서 하이브리드전 방식 및 정보전, 정보 심리전 등 비군사적 방식을 사용하는 새로운 전쟁 방식을 분석하고, 이 같은 서구로부터 위협에 대한 대응에 초점을 맞추는 경향이 2010년대에 러시아 내에서 나타났다는 점을 반영하고 있다. 2017년 이후에는 논의가 다소 줄었지만, 러시아가 구소련 지역 등 전략적 우선 가치를 두고 있는 지역에서의 지역적 지배와 안정성 유지를 정책 목표로 삼고 있는 한 러시아의 군사전략 목표는 변하지 않을 것이므로, 러시아 내 다수가 공감하는 현대 전쟁의 성격 변화와 미래전 대비 관념은 당분간 지속될 가능성이 높다.

러시아의 군사이론가들은 1990년대부터 전쟁과 미래전에 대해 다양한 사고를 개진해 왔다. 이러한 사고들은 다양한 측면에서 군사정책에 영향을 미쳤다. 근래 서구에서 초점을 맞추고 있는 러시아의 하이브리드 전쟁에 대한 시각은 이러한 발전의 한 가지 단면만 보고 판단한 결과라고 할 수 있다. 비군사적 수단에 대한 강조가 증대하고 있다는 점이 러시아의 전략적 시도에서 중대한 변화이긴 하지만, 이러한 변화가 전반적인 맥락하에서 수행되고 있지는 않다. 러시아는 군 현대화의 방향성도 꾸준히 추구하고 있다. 다만 간접적이고 비대칭적인 방식에 맞서 다소 비전통적인 방법으로 실험을 하고 있다는 견해도 있다 (Johnson, 2015: 2). 그러나 러시아는 재래식 군사력을 최후의 중요성을 갖고 있는 수단으로 간주하고 있다(Bartles, 2016: 36).

러시아의 군사사상은 과거 작전으로부터 교훈을 얻어 발전하고 있으며, 변화하는 안보환경에 맞춰 조정이 이루어지고 있다. 이런 점에서 하이브리드 전쟁은 현대 러시아의 군사적 사상의 요체를 적절하게 반영하는 사고는 아니라고 할 수 있다. 러시아는 시리아, 우크라이나, 북극에서 매 순간 겪는 새로운 경험과 교훈을 토대로 새로운 형식과 방법을 발전시키려 하고 있다. 러시아의 군사이론과 군사사상은 계속해서 진화하고 있으며, 시간이 지나면서 변화가 가능한 것으로 인식해야 한다.

소련과 러시아의 군사이론가들은 창의적 사고로 명성이 높았으며, 그들은 오랜 기간 수없는 혁신적 개념을 발전시켜 왔다. 전략의 알렉산드르 스베친 Aleksandr Svechin, 작전의 게오르기 이세르손Georgii Isserson, 작전 기동 그룹의 마흐무트 가레예프Makhmut Gareev 등이 대표적이다. 이 중 가레예프는 기술진 보가 재래식 무기의 파괴력을 확대하고, 완전히 새로운 무기체계를 등장시킴 으로써 전쟁 양상을 근본적으로 변화시켰다고 주장했다. 그는 미래 전쟁에서 미사일과 포병 무기의 사거리 증가로 적 영토의 종심이 돌파될 것이라고 예견 했다(Gareev, 1998: 35~43). 그의 구상은 '비접촉' 개념을 제시한 슬립첸코에 의 해 더욱 발전되었다(Mattson, 2012: 37). 근래에 인공지능artificial intelligence, 양 자컴퓨팅quantum computing 등 하이테크 기술의 발전에 힘입어 러시아 지도자 들은 전쟁의 변화 양상에 대한 자신들의 견해를 지속적으로 업데이트하고 있 다. 이제 그들은 신기술의 도입에 따라 4~6개월 단위로 미래 전쟁의 모습에 대 해 예측을 내놓고 있다. 동시에 과거 사고의 기본 개념들이 오늘날에도 여전히 적절하다는 점도 보여주고 있다.

2) 현대 재래식 전쟁의 유형 예측

러시아의 이론가들은 핵을 제외한 첨단무기를 사용하는 전쟁은 다음과 같 이 미래에 몇 가지 주요한 요소를 갖게 될 것이라고 보고 있다.

(1) 네트워크 중심전(Network-Centric Warfare: NCW)

네트워크 중심전이란 모든 군사력의 구성 요소들을 네트워킹하여 군사력 운용의 효율성을 극대화한다는 개념으로 1990년대 미국에서 시작되었다(우평 균, 2017: 214~215). 네트워크 중심전은 모든 부대와 무기체계를 네트워크로 연 결하여 신속하고 정확한 정보 유통과 상황인식을 보장하고, 임무에 가장 적합 한 전투력을 필요한 시간과 장소에 집중적으로 운용한다. 러시아의 군사전문 가들과 장교들은 이러한 유형의 전쟁은 현대 무력 갈등에서 가장 새로운 현상이며, 향후 지속될 가능성이 높다고 여긴다. 즉, 하이테크와 정보 및 커뮤니케이션 기술의 발전에 힘입어 파괴력을 한 단계 고양시킬 것이라고 예측한다. 덧붙여, 최근의 군사행동에 대한 분석을 통해 전쟁에서 실제 네트워크 중심전을 현실화할 수 있는 실제적인 측면을 이해하는 데 관심을 두고 있다. 러시아 군사사상에서 네트워크 중심전의 기원은 1991년 걸프전쟁에서 미군이 네트워크 중심전의 수단과 방법을 사용하여 이라크의 전략 목표·군사 목표의 약 8%를 공격했다고 평가했을 때부터였다. 또한 1999년 유고슬라비아에서 전략적 가치가 높은 대상의 35%에 대해 미군과 나토군의 유사한 공격이 이루어졌을 때, 2001년 아프가니스탄에서 50%, 2003년 이라크에서 68%에 대해 효율성을 입증하면서 네트워크 중심전에 대한 신뢰가 증대했다.

러시아군 내에서는 2000년대 초반부터 주로 미국의 NCW 개념과 이론을 도입하여 연구하면서 이를 러시아의 미래전 대비와 점차 연계하기 시작했다. 군 내부의 연구와 더불어 국가 차원에서 NCW의 도입을 위한 계획을 수립했다. 2015년 니콜라이 마르코프Nikolai Markov 총참모장은 C2를 네트워크 중심 원칙으로 전환할 것이라고 선언했으며, 실전에서 NCW를 실험하려는 노력을 수행했다. 시리아에서는 목표물로부터 1500km 떨어진 해군기지에서 발사한 캘리버Kaliber와 오닉스Oniks 순항미사일을 사용하여, 해군, 공군과 지상군 합동작전을 시리아와 3000km 이상 떨어진 러시아에서 직접 주관하여 실시했다(Молчанов, 2015). 시리아에서의 경험을 토대로 정찰-타격 복합체의 활용을 발전시키려는 논의가 이어졌다. O. V. 티하니체프O. V. Tikhanchev는 무인공중발사체unmanned aerial vehicles의 사용에 초점을 맞추었다(Тиханычев, 2016: 16~28). 시리아에서의 네트워크 중심 실험은 제한적이었지만, 수년 전만 해도 러시아군에서 불가능했던 일이 이루어졌다는 점에서 주목할 만하다(Mcdermott, 2020). NCW는 아직 전면적 운용에 있어 시스템적인 장벽이 있으며, 기술과 인력의 측면에서 결여된 것이 많은 상태이다. 그럼에도 불구하고 NCW를 향한 도전은 지속될 것으로 여겨진다.

(2) 정보전

사이버네틱과 심리적 효과를 취하는 방식을 통해 군대가 수행하는 강력한 수단으로 정보전을 강조하고 있다. 심리적 효과를 거론하면서 러시아인들은 '인간'이 현대 군대 체제 내에서 가장 취약한 고리라는 점을 강조한다. 그렇기 때문에 적극적인 정보-심리 캠페인은 일반 병사의 의식뿐 아니라 장교, 적의 군대 엘리트까지도 목표로 삼을 수 있으며, 병사들 간에 공황panic을 야기하고, 장교들을 서로 불신하게 만들어 전략 군사 수준에서 불명확성과 혼선의 상황을 야기한다. 정보전에 대한 기술적인 잠재력과 함께, 사이버 공간의 군사화도 점차 특별하게 언급되고 있다. 사이버네틱 효과는 적의 정부 기관, 공공 부문과 은행 시스템 혹은 다른 비군사 기관에 대한 공격에서 강조되고 있으며, 적의 군사 요소와 비군사 요소 간의 커뮤니케이션을 단절 혹은 마비시키려고 노력하고, 비군사 기관의 관심을 군대에 대한 지지로부터 벗어나게끔 만드는 작용을 한다. 전통적 갈등 유형에서 정보의 우월성이 점차 중요해지고 있다는 점을 부인할 수 없지만, 아직 러시아에서는 현대전의 주요 포인트는 무기와 그것이 제공하는 잠재성이라고 믿고 있다. 이는 무력의 효과를 확대시키고 큰 위험 부담을 회피하는 데 있어 정보전의 역할을 다소 보조적인 역할로 보는 이유이기도 하다(Дульнев, 2015: 44~48).

(3) 전자전

과학과 기술의 발전이 군사 부문에서 정보와 전자-전기 장비의 광범위한 사용에 영향을 미치고 있다는 데 주안점을 두는 사고라 할 수 있다. 정보, 커뮤니케이션, 고도로 효율적인 명령과 무기체계의 발전은 현대의 군사적 갈등에서 손쉽게 군사적·정치적 목적을 달성하게끔 해준다. 이러한 이유로 인해 전자전은 적의 군사명령과 통제 네트워크 및 그것의 기능과 작동체계를 새로운 군사적 목표물로 만든다. 동시에 적의 영토 내 민간 무선 자산을 공격한다는 생각도 마찬가지이다. 미국은 타국의 무선통신망을 무력화할 목적으로 유고슬라비아(1999)와 이라크(2003)에서 정보통신망에 대한 공격을 감행하여, 이런 종류의 경험을 보유한 최초의 국가이다. 그러나 아직 공군 작전을 통해 전자전을 수행하는 방식은 본격화되지 않았다. 반면에 지상군 구조로 전자전 단위를 통합하고, 아 측 지상군이 전술적 행동을 취하기 전에 적의 정보, 군대와 무기 통제체계를 무력화시키거나 해체하는 작업은 현실화되고 있다. 이 같은 방식의 작업은 지상군과 함께 통합된 군사작전 혹은 통합 합동작전을 수행할 수 있는 전자전 태스크포스에 의해 가능하다. 미래에는 적의 자산에 대한 전자기-포격 radioelectric-fire 공격이 전자전 부대, 미사일군, 포병, 보병과 전술 비행단의 통합된 공격을 통해 가능해질 것이다.

러시아 내에서는 전투 단위의 새로운 편성 가능성은 러시아 군과 미래 스마트 무기의 전개가 통제 능력의 완벽한 우월성을 이끌어낼 것이며, 현대전에서 결정적 요소가 될 것이라는 견해가 다수를 점하고 있다(Киселев, 2017: 45).

4. 군사력 건설의 실천적 과제

1) 러시아의 전략과제와 국방과학기술

2018년 5월 7일, 푸틴 대통령은 '2024년까지의 러시아연방 발전의 국가목표와 전략적 과제에 관한 대통령령О национальных целях и стратегических задачах развития РоссийскойФедерации на период 2024 года'을 발표했다. 이를 통해 9개의 국가 발전 과제와 12개 전략과제를 제시했다. 9대 과제는 다음과 같다.

- 자연적이고 지속적인 인구의 성장세 보장
- 평균 기대수명을 78세로, 2030년까지는 80세로 증대
- 실질소득의 지속적 성장과 인플레이션을 상회하는 임금 인상

- 빈곤층을 절반으로 축소
- 연간 최소 500만 가구의 주거 여건 개선
- 기술개발 가속화 및 기술 혁신기업 수 50% 증가
- 사회·경제 영역에서 디지털 기술 도입 가속화
- 세계 5대 경제 강국으로 도약, 인플레이션율 4% 이하의 거시경제 안정성 유지 및 고도 경제 성장률 달성(세계 성장률 상회)
- 첨단기술과 고급 인력을 기반으로 고도로 발전하는 제조업과 농업 등 고생산성 수출지향 경제의 기초 부문 조성[6]

　9대 국정 과제 달성을 위한 13개의 우선 사업 중 '디지털 경제'가 한 축을 담당한다. 전략과제 중 4차 산업혁명과 연관된 과제가 디지털 경제로써, 인터넷 접속 확대, 디지털 기술을 활용한 교육 및 생산 확대를 목표로 하고 있다. 또한 국가프로젝트 '디지털 경제' 분야 외에도 전략과제의 여타 부문이 4차 산업혁명 관련 혁신기술 및 디지털 기술과 관련되어 있다. 여기에는 ▲ 글로벌 경쟁력을 가진 데이터 전송·처리·저장 인프라 마련, ▲ 디지털 경제 구축을 위한 고급 인력 양성, ▲ 데이터 전송·처리·저장 등 정보 보안 시스템 구축, ▲ 보건, 교육, 산업, 농업, 건설 등 경제·사회 우선 영역에 디지털 기술 도입 등이 주요 사업으로 포함되어 있다. 국가 건강 통합정보시스템, 온라인 학교 수업, 학교 인터넷 구축, 지능형 교통통제시스템, 기업 자동화, 과학 분야 통합 디지털 플랫폼 구축, 문화 분야 디지털 접속 확대, 디지털 수출 플랫폼, 글로벌 해상 통

6　"Национальная программа принята в соответствии с Указом Президента Российской Федерации от 7 мая 2018 года № 204 «О национальных целях и стратегических задачах развития Российской Федерации на период до 2024 года» и утверждена 24 декабря 2018 года на заседании президиума Совета при Президенте России по стратегическому развитию и национальным проектам." https://digital.ac.gov.ru/about/ (검색일: 2021.10.5)

신시스템 구축 등이 대표적이다.[7]

2019년 2월, 분야별 구체 계획이 제시된 '국가 프로젝트 2024'가 발표되었다.[8] 2019년 말, 푸틴은 예정된 목표의 대다수가 이미 달성되었다고 밝혔지만, 2020년에 도래한 팬데믹 상황으로 인해 어려워진 경제 상황과 재원 부족 현상으로 국가프로젝트 이행에 필요한 자금 중 일부를 축소했다. 2020년 7월 21일 푸틴 대통령은 '2030년까지의 국가 개발 목표에 관한 법령(국가발전목표 2030)'에 서명했다. 이에 따르면, ① 2030년까지 개발 목표 확장, ② 3개월 이내에 새로운 목표에 따라 국가프로젝트를 조정, ③ 코비드-19와 관련한 위기 상황에 대한 대응과 국가 계획을 동기화한다는 내용을 담고 있다(Старостина, 2020).

국가발전목표 2030의 과제는 기존안보다 체계적이고, 다양하며, 구체적으로 제시되었으나, 정책적 지향점은 기존과 유사한 것으로 평가된다. 다만, 인구 증가, 인재 양성, 자기실현 등 국민 개개인의 삶과 관련된 과제가 이전보다 강조되었다. 국가발전목표 2024에서 제시되었던 '세계 5대 경제 강국으로 도약' 과제는 삭제되었으며, '국민 평균 기대수명 연장' 과제는 2030년까지 80세 달성에서 78세 달성으로 조정되었다.

---

7 "National Program ≪Digital economy of Russian Federation≫ Key results and key actions 2019-2024." http://www.chairedelimmateriel.universite-paris-saclay.fr/wp-content/uploads/2019/06/8_NasibulinReport_english_version-short1.pdf (검색일: 2021.9.10)

8 Президента России(2021), "Заседание Совета по стратегическому развитию и национальным проектам." http://kremlin.ru/events/president/news/66217 (검색일: 2021.9.10); Президента Российской федераци. "Президент подписал Указ «О национальных целях и стратегических задачах развития Российской Федерации на период до 2024 года»." http://economy-chr.ru/wp-content/uploads/2015/09/0001201805070038.pdf (검색일: 2021. 9.10)

2) 4차 산업혁명과 군사과학기술

제4차 산업혁명은 국방기술과 밀접한 연관성이 있으며, 궁극적으로 전쟁의 성격과 미래전의 양상을 뒤바꾸어 놓을 수 있는 파괴력을 지니고 있다. 미래전 양상은 '빅 3'로 일컬어지는 AI, IoT, 5G 기술이 중요 변수로 작용할 것으로 전망된다. 특히 인공지능 기반의 무기체계가 미래 전장을 주도하며 첨단기술과 인공지능이 결합한 유·무인 협업체계는 저비용·고효율의 게임체인저가 될 것으로 예상된다. 예를 들어 F-35 전투기는 대략 1억 달러의 고가이지만 드론 기반의 유·무인체계는 불과 수백만 달러의 단가로 효과를 낼 수 있다(정유현·김성남·박혜숙, 2020: 57).

대표적인 군사과학기술로 사이버·전자전, 극초음속무기, 6세대 전투기, 인공지능 기반 자율무기체계 등을 들 수 있다. 구소련 시절부터 통합적 연합병종 체계A unified, integrated combined-arms systems의 중요성을 지속적으로 강조해 왔듯이, 러시아의 작전이나 전략 사상은 항상 통합을 추구했다. 현대에 들어와서는 우주시스템space system을 만들어 운용할 수 있게 되었으며, 적에 대응하는 대응우주시스템counter space system을 갖추고자 한다. 더불어 모든 전자 및 전자 장비를 무력화시킬 수 있는 '비핵 전자기 펄스 발생 장치Non nuclear electro magnetic pulse generator'를 개발하려는 노력을 지속하고 있다.

러시아는 전자전 분야에서 탁월한 능력을 갖추고 있다. 러시아는 사이버 공간을 최신의 전략공간으로 간주하고 있다. 즉, 컴퓨터상의 가상공간이라는 틀을 벗어나 보다 광범위한 '정보 공간information sphere'으로 간주하여 '정보전 information warfare'을 수행하는 영역으로 인식하고 있다. 러시아는 미래 전쟁에 대비한 다양한 전자전 장비를 개발·운용하고 있으며, 다수의 전자전 차량으로 구성된 육군 복합전자전 체계 운용, 전자전 기술 기반 대드론 부대 창설 등을 통해 역량을 강화하고 있다.

극초음속무기 개발은 러시아가 가장 앞서 있는 분야이며, 중국과 미국이 그

뒤를 이어 총력을 다해 매진하고 있다. 러시아가 추진 중인 극초음속무기 프로그램은 아방가르드Avangard와 3M22 지르콘Zircon이 있다. 아방가르드는 중거리 탄도미사일의 일종으로 최대 속도가 마하 20 이상(시속 2만 4480km)이고, 사거리는 6000km가 넘는 것으로 알려져 있으며, 2019년 12월에 실전 배치되었다. 러시아는 아방가르드 미사일이 고도 8000km~50,000km 대기권에서 극초음속으로 비행하여 요격할 수 없으며, 동시에 99km의 낮은 고도까지만 날아오른 후 궤도를 수정하며 활강할 수 있어서 어떤 방어 시스템도 뚫을 수 있다고 주장하고 있다. 러시아는 지상과 해상 목표물 모두를 타격 가능한 함정 발사 극초음속 순항미사일 '지르콘'의 전력화에도 성공했다. 지르콘은 세계 최초로 함정에서 발사할 수 있고, 최대 마하 9의 속도로 사거리 1000km의 목표물을 타격할 수 있는 것으로 알려져 있으며, 2020년 2월과 10월에 두 차례 시험 발사에 성공했다.

러시아의 6세대 전투기 프로그램은 MiG-41을 주축으로 하여 2035년을 목표로 개발을 추진하고 있다. MiG-41은 서브미사일을 여러 발 발사할 수 있는 '다기능 장거리 요격미사일 시스템'을 탑재하여 극초음속 미사일 요격 전투기로 운용이 예상된다. 여기에 미사일을 요격할 수 있는 레이저 무기도 탑재될 예정이며, 무인기 사양 개발도 검토 중이다.

인공지능은 미래 전쟁의 승부를 좌우할 게임체인저로 인식되고 있으며, 이 분야에서 승기를 잡기 위해 미국과 러시아, 중국 등 군사강대국들은 치열한 경쟁을 벌이고 있다. 2021년 4월, 러시아 국방부는 AI 개발을 위해 국방부 내에 특별 부서를 창설하겠다고 공언했다.[9] 2020년, 러시아는 군사용 인공지능 로봇 유닛을 위한 프레임 워크 개발 시험을 완료했고, 2025년까지 로봇 무기와 병사로 이루어진 로봇 부대를 창설할 것을 선언했다. 러시아는 여러 종류의 무인지

---

9 "Минобороны создаст управление по искусственному интеллекту." *РИА НОИВОСТИ*, 2021.4.26, https://ria.ru/20210426/minoborony-1730064599.html (검색일: 2021.10.8)

상차량을 개발하여, 시리아에서 실전 투입해 장비 테스트를 했으며, 대표적인 것으로 우란Uran-9이 있다. 또한 러시아는 제6회 국제군사기술포럼Army-2020에서 스텔스 무인 전투기Grom 모형을 공개했다. 그롬은 단독 혹은 유인 전투기인 수호이-35 전투기나 수호이-57 스텔스 전투기의 호위기로 정보 수집과 정찰, 타격과 전자전을 수행할 수 있는 무인 스텔스 전투기이다.

러시아에서 군사용 AI에 대한 중요성은 이미 광범위하게 인정되어 왔고, 미래전에서 자율형 무기의 확산이 대세라는 데 많은 전문가들이 수긍하고 있다(Burenok, Durnev and Kryukov, 2018). AI는 확실히 인간 조종자에 가해지는 본질적이고, 물리적이며 심리적인 압박을 경감시켜 주겠지만, 완전히 자율적인 체계로 작동될 때 일어날 수 있는 윤리적 문제에 대해서 일각에서는 제기하고 있다(Галкин, Поляндра и другие Степанов, 2021: 113~124). 하지만 대체로 완전 자율화의 추세는 불가피하다는 생각이 지배적이다. 러시아 군사아카데미의 블라디미르 자루드니츠키Vladimir Zarudnitsky 장군은 AI의 발전은 인간의 능력 범위를 초월할 것이라고 주장했다(Зарудницкий, 2021: 34~44). 이에 유리 보리소프Yuri Borisov 부총리는 인간이 AI 기술을 발전시키기 때문에 인간 없이 단순히 작동하지 않을 것이라고 주장했다(Борисов, 2018). 푸틴 대통령 역시 AI 기반 무기가 미래 전투를 결정할 가능성이 높을지라도 AI가 결코 인간을 대체하지는 못할 것이라고 언급함으로써 보리소프의 견해에 무게를 실어주었다(Putin, 2020). 이로 미루어보건대, 러시아에서 AI의 역할에 대해 공식적으로 열띤 논의가 진행 중임을 알 수 있다. 반면에 앞서 언급했듯이, 국방부에서는 인간과 독립되어 자동적으로 작동하는 AI 기반의 로봇 시스템에 대한 계획을 수립하여 진행하려고 한다. 그러나 인간의 통제가 어떤 지점에서 종결되고 AI가 독자적으로 움직이는지에 대해서는 아직 군사적 견해를 밝히지 못하고 있으며, 러시아에서 이와 관련한 논쟁은 이제 막 시작되었다고 볼 수 있다.

3) 군사혁신 거버넌스의 추진체계

(1) 러시아 국방부의 국가방위명령통제센터

러시아 국방부의 국가방위명령통제센터National Command and Control Center for State Defense는 방위 관련 러시아 정부 부처와 기관을 총괄하여 광범위한 조정 기능을 수행하기 위해 2014년 12월 국방부 내에 설립되었다. 과거 총참모부의 중앙지휘소를 개선하여 24시간 운용하는 전략핵전력통제센터, 전투통제센터, 평시작전통제센터로 구성하여 전시는 물론 평시에 각급 군부대 및 방산업체와 안보 관련 기관의 활동 상황 유지 및 통제를 담당하도록 했다. 이 기관들에서 슈퍼컴퓨터 시스템이 담당하는 정보처리 능력이 미국보다 앞서 있다(우평균, 2017: 223~225).

러시아는 대체로 군사 영역에 있어서 국가기관들 간 정책 이행상의 명확한 임무 분장이 부족했으나, 점차 이를 극복해 왔다. 푸틴 정부 초기에는 러시아 연방 차원의 통합된 군사 조직이 구축되지 못했고, 기술적인 병참 지원 체계상의 통합도 이루어지지 못했다. 비록 초기에는 러시아 내 군사력 증강을 위해 실질적으로 뒷받침해 주는 추진력이 없었지만, 푸틴이 장기 집권하면서 군사력 건설을 일관되게 추진한 결과가 2010년대에 접어들면서 성공적으로 나타나기 시작했다.

(2) 군사력 활용 및 발전을 위한 협의체제 가동

러시아에서 군사력 건설을 위한 최고위 기관은 국가안보회의(대통령 주관), 군사력발전회의, 안보 콘퍼런스, 방위산업위원회 등이 해당되며, 최상위 정책 결정 기관인 국가안보회의를 통해 국방과 안보의 대내외 정책 방향 조율 및 각 부문들 간의 통합성을 추구한다.

이와 같은 정책결정체계 내에서 안보전략이 통합된다. 이와 더불어 주기적으로 공표되는 국가정책 문서 '국가안보전략', '군사 독트린', '대외정책개념' 등을 통해 안보전략의 핵심 방향을 제시한다. 군사전략은 국가안보전략을 실현하기 위한 군사 부문의 전략이다.

(3) 총참모부, 러시아군 내 전략·전술 연구 및 개발 총괄

총참모부의 지시를 받아 군사과학원이 연구를 수행한다. 군사과학원은 매년 초 회의를 개최하여 군사교리의 연구 방향을 논의하며, 실무 부대의 요구사항을 취합하여 교리의 발전 방향을 제시한다. 총참모부의 수장인 총참모장 Chief of General Staff을 맡은 이들은 푸틴 대통령 집권 이후 아나톨리 크바신 Anatoly Kvashin, 1997~2004, 유리 바루예프스키Yuri Baluyevsky, 2004~2008, 니콜라이 마카로프Nikolai Makarov, 2008~2012, 발레리 게라시모프2012~ 총 네 명으로, 같은 기간 총 세 명(세르게이 이바노프, 아나톨리 세르듀코프, 세르게이 쇼이구)의 국방장관이 재직했던 사실과 어긋나지 않고 있다. 즉, 강력한 1인 통치자인 푸틴 대통령의 의지가 국방장관을 통해 전달되며 국방장관은 총참모장과 조화를 이루어 대통령의 뜻이 군 내에서 관철되도록 통제하는 역할을 한다. 추가적으로 국방장관은 군 이외 다른 부처에 국방부의 의사를 전달하는 지휘관의 역할을 수행한다. 물론 국방부의 의사는 대통령의 의중에서 비롯된다. 이 점에서 총참모장은 국방장관과 팀을 이루어 군을 통제하는 데 결정적 역할을 수행하며, 군사혁신을 비롯한 군의 변환 과정에서도 마찬가지이다. 푸틴은 군산복합체와 재무장 추진에 있어 안정된 관계를 강조했으며, 이를 위해 게라시모프를 임명했다. 게라시모프는 군의 합동성 강화와 재난 시 민과 군의 협동, 전쟁 대비에 힘을 기울였다. 그의 지도하에 총참모부는 다양한 연방과 지역의 민간 기관들을 조정하고, 방위 기관과 안보 기관의 합동을 책임지는 기관이 되었다. 푸틴 체제하에서 군 지도부는 크렘린에 점차 종속적으로 되었고, 과거에 비해 실용적이고, 군사력 건설에 있어서도 더욱 혁신적이다. 크렘린의 결정에 대해 비판해도 담당자가 제재를 받지 않을 정도로 변했다. 그러나 군의 정치적 종속은 군을 효과적으로 모니터링하고 평가하는 데 주요한 도전이 되고 있다. 오늘날 군은 러시아에서 가장 신뢰받는 집단이 되었고 외교정책의 기능적인 수단이기도 하다. 그러나 제도화의 측면에서는 아직 요원하다(Shamiev, 2021).

(4) 방위산업

러시아의 방위산업체는 푸틴 집권 이후 정부의 지원을 많이 받았지만, 차츰 지원이 줄어드는 추세에 있다. 정부로부터의 물리적인 지원의 축소뿐 아니라, 군 현대화의 일환으로서 방위산업체가 생산하는 무기 및 장비의 민수용 전환과 수출 요구도 강하게 받게 되었다. 2017년 산업계와 군 간의 의견을 조정하기 위해 창설된 '군산위원회military industrial commission'는 군산복합체에서 생산하는 물품의 30%를 2025년까지, 50%를 2030년까지 군수 및 민수 이중용도로 생산한다는 목표를 설정했다. 이는 그동안 러시아의 방위산업체들이 국내 수요에 안주하면서 스스로 혁신 노력을 기울이지 않았다는 자성에서 비롯된 것으로, 계획은 야심 찼지만 구체적인 실행 계획을 설정하지 못했다. 특히 심각한 분야로 인식된 것은 선박 제조 부문이다. 소련 해체 이후 독립한 우크라이나에 남아 있는 선박 제조 시설을 상실한 것이 결정적이었다.

약 1300~1500개에 달하는 방산업체들은 스스로 살아남기 위해 체질 개선을 해왔다기보다는 국가에 의존하여 존속해 온 것이 사실이다. 그 결과, 전체 업체의 75%를 국가가 직접 통제하거나 국가가 지배적인 지분 구조를 통해 운영했다. 이러한 업체들 중 30%가 적자 구조에 놓여 있다(Grady, 2017.6.20).

이 같은 상황은 군산복합체 내에 필요한 '군사과학military science'의 결여를 초래하고 있다. 이로 인해 군수-민수 이중 목적을 충족시키기 위해서 무엇이 필요한지 군대에서 제시하는 아이디어의 유입을 막았고, 그 결과 연구개발에 배정되는 자금이 줄어들고, 이에 대한 개선 요구도 이루어지지 못하고 있다. 동시에 방위산업체 내 낮은 임금 때문에 두뇌 유출brain drain이 발생하여 민간에 파급효과spin-off를 생성하는 데 어려움이 지속되고 있다(Grady, 2017.6.20).

러시아의 방위산업을 어렵게 만드는 데에는 우크라이나의 상실이 크게 작용하고 있다. 우크라이나는 러시아에 대륙간탄도미사일, 헬리콥터, 엔진 등에 필요한 주요 부품을 공급해 왔다. 우크라이나는 소련 붕괴 이전 소련 방위산업의 15%를 담당했었다. 이에 더해 러시아의 크림 점령과 우크라이나 사태 이후 나토와 유럽연합은 러시아에 서구 기술의 판매를 금지시켰다. 이 같은 상황은 대러 경제제재와 코비드-19 지속이 결합되면서 한층 심각해졌다. 2021년 3월 러시아독립무역노조 위원장 미하일 시마코프Mikhail Shmakov는 정부가 제시한 조달 의무를 충족하지 못한 국내 방위산업 부문들을 국유화할 것을 제안했다. 이에 푸틴은 국방부와의 협의를 통해 논의할 수 있을 것이라고 언급했다.[10]

상기한 것처럼 러시아의 방위산업체들에 대한 지적이 지속되어 왔지만, 국가 통제 위주의 방위산업체 운영과 경제적 비효율성 지속 현상은 계속되고 있다. 일부 관료와 민간 군사 전문 기관에서는 체질 개선을 비롯한 혁신 노력을 요구하고 있지만, 군과 관료층 대부분의 국가 지도자들은 방위산업체의 구조 개혁과 경영 혁신에 동의하고 있지 않다. 오히려 방산업체를 국유화하는 데 동의하는 경향이 뚜렷하다. 우크라이나 사태 이후 대러 제재의 확산에 대한 대응책으로 러시아 정부가 내세운 '수입대체' 산업화 전략도 국내 방위산업의 취약성을 노정시켰다. 러시아 당국에서는 러시아 무기의 경쟁력이 세계시장에서도 통하고 있다고 오랫동안 강조해 왔으나, 제재가 지속되고 있는 상황에서 자국 산업 위주의 발전 전략은 러시아 방위산업이 외국 기술에 더욱 종속적으로 만들었다는 평가가 나오게 만들었다.[11]

---

10 "Путин оценил возможность национализации предприятий для сохранения занятости." *Известия*, 2021.3.31, https://iz.ru/1144858/2021-03-31/putin-otcenil-vozmozhnost-natcionalizatcii-predpriiatii-dlia-sokhraneniia-zaniatosti (검색일: 2021.10.7)

11 2020년 여름 국가안보위원회(Russian Security Council) 니콜라이 파트루셰프(Nikolai Patrushev) 위원장(Secretary)은 러시아 방위산업이 외국 기술에 아직 종속적이라는 데 동의했다. "Патрушев рассказал, кому может быть выгодна авария на ТЭЦ в Норильске." *РИА НОИВОСТИ*, 2020.6.9, https://ria.ru/20200609/1572683484.html (검색일: 2021.10.8)

(5) 군사 연구개발: Era 테크노폴리스

러시아가 방위 부문에서의 혁신을 자극하기 위한 방법은 전통적으로 구사해 온, 중앙 집권적으로 국가가 주도하는 탑다운top-down 방식으로 이루어졌지만, 최근 들어 일부 수정이 이루어졌다. 러시아는 미국의 군사-민간 부문 협력 혁신 모델과 겨루기 위해 민간 합동의 협력 플랫폼을 구축하고자 했다. 군사와 민간 및 상업 발전 간의 연계 효과를 창출하기 위한 목적에서 아이디어, 발명, 전문 지식, 경험 등의 교환을 확대하는 데 역점을 두었다. 과학기술단지를 거대 군사 대학의 캠퍼스와 연계하는 중국식 군민융합 모델에서도 일부 영감을 얻었다(Dear, 2019: 36~60).

혁신적인 협동센터를 건립하기 위한 노력 중 주요한 것이 2012년에 창설한 '고등연구재단Advanced Research Foundation: ARF, Фонд Перспективных Иследовский'과 2018년 흑해 연안에 위치한 도시 아나파Anapa에 설립한 Era 테크노폴리스(테크놀로지 캠퍼스)로, 전자는 민간과 군사 이중용도 기술을 개발하는 데 목적을 두었고, 후자는 러시아 군을 위한 기술에 초점을 맞추었다(Ministry of Defence of the Russian Federation, 2021a). ARF는 과거 소련 시대에 기원을 두는 프로젝트로부터 점차 4차 산업혁명을 포함하는 분야로 확대해 나갔다. 특히 AI에 우선적인 강조점을 두면서, 무인기, 자율체제와 자동화된 결정 구조, 초전도체, 폴리메탈 제품의 중독적 기술addictive technology, 심해자율잠수함 등에 초점을 맞추고 있다(Фонд перспективных исследований Проекты, 2020).[12] 러시아 국방부에 따르면 ARF는 2020년에 40건의 혁신 프로젝트를 진행했으며, 그중 15건은 2019년에 시작되었다(Гончаров, 2020). 러시아는 자동으로 움직이면서 드론과 상호작용할 수 있는 능력을 갖춘 무인차량(예: 우다르Udar 무인 탱크)을 개발하고 있다(Ростех, 2021.2.11).

---

[12] "ФПИ не состязается с американским DARPA, заявил замгендиректора." 2020.2.5, https://ria.ru/20200205/1564265957.html (검색일: 2021.7.30)

Era의 아이디어 뱅크에는 러시아의 주요 방산업체들을 포함하여 100개 이상의 기업이 참여하고 있다. 참여자는 계속 확대되어 유럽의 헤벨Hevel 그룹, 슈퍼컴 업체인 나이아가라Niagara와 러시아의 사이버안보회사인 로스텔레콤-솔라르Rostelecom-Solar, 가전회사인 미크란Mikan 등도 포함하게 될 것이라고 언급하고 있다(Ministry of Defence of the Russian Federation, 2021a). Era 테크노폴리스와 대학과 연구소를 결합하려는 시도도 계속되고 있다. 연구소 중에 러시아에서 가장 큰 융합 실험실을 보유한 쿠르차토프 연구소Kurchatov Institute가 포함되어 있는데, 이 연구소는 핵물리 시설을 주관하고 있으며, 차세대 핵발전, IT, 나노 기술, 바이오 기술, 인지 기술과 다른 첨단기술 개발에 주력하고 있다. 쿠르차토프 연구소의 미하일 코발추크Mikhail Kovalchuk가 Era에서 연구 총괄 책임을 맡고 있으며, 정부 군사 기관의 간부들이 과학 연구에서 지도자 역할을 담당하고 있다(Гончаров, 2020). Era는 현 부총리이며 전 국방부 차관인 유리 보리소프가 주도하는 위원회가 이끌고 있다. 위원회는 국방부, 중앙정부와 지방정부의 대표들, 국영 기업체의 장으로 구성되어 있다(Ministry of Defence of the Russian Federation, 2021b).

Era에서의 연구개발은 러시아 국방부의 고등기술(혁신연구) 연구와 기술지원국인 첨단기술자원개발연구총국(Directorate General for Research, Development and Technological Support for Advanced Technologies, 러시아어로 'GUNID')이 조정한다.

4) 주요 개발 무기와 장비

기술의 새로운 적용은 군사기술에서 새로운 발전을 이끌어왔다. 이것은 다양한 종류의 무기들이 현대적 추세에 맞추어 개발되었는가와 관련된다. 특히 드론과 무인비행기와 레이저 기술에서의 새로운 발전이 주목된다.

무기 개발의 트렌드가 수년간 변화해 왔고, 여기서 주목되는 내용은 다음과 같다. 첫째, 트렌드가 어떻게 변화하는지 알아야 한다. 2016년, 푸틴 대통령은 정찰reconnaissance 시스템, 열압력 무기thermobaric munitions, 레이저는 중요한 요소로써 비용 지출을 아껴서는 안 된다고 강조했다. 그는 또한 정보 지원, 통신시스템, 전자기 무기electromagnatic weapons, 새로운 물리적 원칙에 기반한 무기들과 정밀유도무기를 특별히 중요한 분야의 무기로 꼽았다. 푸틴의 바람 중 많은 것들이 이미 이루어졌거나 진행 중인 상태이다.

2018년, 발레리 게라시모프 총참모장의 시각은 전쟁의 변화하는 성격에 대한 트렌드를 거론하면서 더욱 일반화되었다. 그는 로봇 산업robotic complexes, 정보 영역, 그리고 정밀무기가 미래 전쟁의 주요한 특성이라는 데 주목했다. 그러나 그는 우선적인 파괴 목표는 국가의 C2와 경제적 부문이라고 덧붙였다. 이때 다양한 전략적 부문들 간에 갈등의 가능성이 있으며, 군은 군대와 병력의 통합된 그룹핑을 만들어낼 필요성을 미리 결정한다. 그래서 푸틴이 특정한 무기를 강조한 반면에, 게라시모프는 어떻게 그러한 무기들을 구사할 수 있는지를 더욱 강조하는 데 주력했다. 게라시모프는 그러한 무기 사용에서의 창의성을 요구했으며, 군인과 과학자 간에 창의성을 적용하고, 즉 군사기술을 수행할 새로운 방식으로 간주했다.

주요 무기와 장비는 다음과 같다.

- 알라부가(Alabuga) 프로젝트는 전자파로 3.5km 반경(radius) 내에서 셧다운시킬 수 있는 극초단파 진동 무기의 실험 개발을 포함하고 있다.
- 아르마타(The Armata) 항공기 시리즈는 프체로닥티(Pterodakti)로 알려진 정찰 드론을 장착, 언덕 혹은 시야가 제한되는 지역 내에서의 상황을 드론이 모니터하여 전투기에 전달하며, 비행체 주변 50~100m를 순항할 수 있으며, 레이더와 열화상 수단을 갖추고 있다.
- '투명망토(invisibility cloak)' 작업이 전개되어 왔다. 망토는 전자 전쟁 시스템으로부터 군비와 하드웨어를 보호하는 아철산염(ferrite) 조직(fabric)의 연결구조이다.

반사물체로만 사용한다.

- 항공기, 헬리콥터, 미사일과 폭탄의 탄두, 탱크와 반탱크 미사일 시스템이 목표로 하는 대상의 광학적 특성을 무력화시키는 모바일 레이저를 발전시키고 있다. 몇 개의 레이저 전극이 포함되어 있어 여러 개의 목표물을 무력화시키거나 하나의 목표물에 집중하여 무력화시킬 수 있다.
- 러시아 고등연구재단은 액체 호흡(liquid breathing)을 연구 중이다. 바다와 심해에서 인간의 능력을 개선시키는 방법이다.
- 다연발 로켓 시스템 개발 과정(Smerch)에서 조종사 없는 비행기를 제작할 예정이다.
- 2018년 10월, 전자기 무기 제작을 발표했다. 수십 km 거리에서 작전이 가능한 전자기 총 개발 계획도 발표했다(Thomas, 2019: 3~4).

첨단무기를 생산한다는 장기 계획 외에 단기적인 성과로서 러시아의 방산업계는 2020년도에 다음과 같이 몇 가지 주목할 만한 성취를 이루어냈다.

- 수호이 Su-57 '제5세대' 제트 전투기 보유로 이러한 유형의 무기를 보유한 '엘리트 클럽' 국가들(미국과 아직 확실치는 않지만 중국 포함)에 러시아를 포함되도록 만들었다.
- 프로젝트 955A 보레이(Borei)-A와 K-549 크나즈 블라디미르(Knyaz Vladimir) 탄도 미사일 탑재 핵 잠수함 배치
- 3M22 지르콘(Zircon)/치르콘(Tsirkon) 초음속 스크램제트(scramjet) 추진과 대선박 초음속 순항 미사일 배치
- 프로젝트 23900 이반 로코프(Ivan Rogov) 및 미토로판 모스칼렌코(Mitrofan Moskalenko) 수륙양용 공격 선박 개발
- 중위도·고항속 오리온(Orion), 러시아의 특급 무인공격기(UCAV) 개발, 가장 중요한 개발로 여겨진다(Sukhankin, 2021).

이 같은 단기적 성과에도 불구하고, 러시아의 방위산업 자체가 내재하고 있는 구조적 문제들로 인해 러시아 정부와 군 수뇌부가 구상하는 미래전 전략에 대비하는 군사력을 건설하기 위해서는 다소 난관이 있을 것으로 예상된다.

5. 결론

이 글을 통해 러시아의 군사혁신 노력이 잠재적 적국인 미국과 나토의 가상 공격에 대비하여 이루어진 측면보다 전쟁의 변화하는 성격 파악 및 러시아 군의 운용능력 개선 등 보다 포괄적인 노력에 의해 진행되었다는 점을 지적했다. 이 같은 특성은 구소련 시대는 물론 소련 붕괴 직후 군의 개혁이 쉽지 않았던 시기를 포함하여 2000년대 이후까지 일관되게 나타난다. 더욱이 2010년대 이후에는 현대전의 특성을 미래전과 결부하여 이론과 실천 양 측면에서 혁신을 시도하고 있다.

러시아에서 군사혁신과 미래전 대비는 국가와 군이 일체화된 어젠다로 부상하여 이론과 실천, 양 측면에서 꾸준히 진행되어 왔다. 이를 통해 소련 시대와 차이점도 있지만, 연속성도 강력하게 존재한다는 점을 발견할 수 있다. 이를 테면, 민관 관계는 방산 기업과 군사과학 연구자 집단에 국한되지만, 소비에트 시대보다 더욱 밀접한 연계를 이루고 있다. 이 같은 일체성은 리더십에 강한 추진력을 부여하지만, 방위산업체의 자생력 제고에는 한계로 작용하는 측면이 있음을 지적했다.

그러나 러시아에서 군사혁신과 미래전 대비 전략을 실천하기에 유리한 환경도 존재한다. 그것은 첫째, 군사전문가들의 현대전과 미래전에 대한 끊임없는 연구와 러시아 환경에 적합한 전략을 만들어내려는 노력을 들 수 있다. 냉전기와 탈냉전기, 변화하는 환경과 국내적 어려움에도 불구하고 러시아에서는 현대전의 특성에 대한 규명이 지속되었으며, 전쟁의 초기 단계에서 상대를 제압하여 군사력 손실을 최소화할 수 있는 방안을 찾기 위해 검토해 왔다. 그 결과 비대칭전의 확대, 비군사적 수단을 통한 접근과 적의 C2 능력 파괴 등 여러 가지 방안이 제시되었으며, 오늘날 무인기와 전투 로봇의 확대에 따른 대응책 모색으로 이어지고 있다.

둘째, 군에 대한 사회적 지지가 높으며, 이 같은 경향은 향후에도 지속될 가능성이 크다. 구소련 말기부터 1990년대에 러시아 군은 사회적으로 회피되는 대상으로 전락했으며, 그에 따라 군에 대한 인식이 나빠졌다. 군 내에서는 상관의 만성적인 괴롭힘으로 인해 병사의 사기가 떨어졌으며, 체치냐 전쟁 이후에는 전쟁 투입에 대한 공포와 군 내 인권 문제 제기 등으로 군 입대를 기피하는 추세가 한동안 이어졌다. 그러나 푸틴 집권 이후 체치냐 전쟁이 종식되면서 계약군인제를 도입하고 사병의 징병 연한을 1년으로 축소하고, 군의 복지 혜택을 대폭 증대하면서 군에 대한 사회적 인식이 바뀌기 시작했다. 결정적으로 크림 합병과 2014년 이후 우크라이나 사태, 시리아 내전 개입 등에서 올린 군의 전과로 러시아가 명실상부하게 실력으로 강대국 반열에 다시 올랐다는 것을 입증했다고 국민들이 믿기 시작했다. 그 결과, 군은 러시아 사회 내에서 가장 신뢰받는 집단으로 인정받기에 이르렀다.

전통적으로 러시아 마인드에서 강한 군대에 대한 사고는 지도자는 물론 일반 국민들에게도 깃들어 있다. 러시아의 정치철학자 피터 스트루베Peter Struve는 군대를 러시아 국가성statehood의 살아 있는 구현체로 파악한 바 있다.

러시아 국방부와 군 전략가들은 군사혁신의 요체인 첨단기술을 적용한 군의 무기체계와 운영방식의 개혁에 동의하고 있다. 또한 현대전은 비군사적 접근이 확대되고, 비대칭 전력의 확보가 관건이라는 데도 찬동한다. 그러나 전쟁은 근본적으로 무력 대결이라는 점을 강조하고 있다. 첨단기술을 발전시켜 현대전과 미래전에 대비하려는 러시아의 접근 방식은 당연한 추세이며, 진전을 이뤄온 것은 의심할 바 없는 사실이다. 그러나 이 방식은 앞으로도 많은 시간이 걸리는 작업이며, 효과적으로 되기 위해서는 실험이 더욱 필요하며, 교리와 훈련상의 수정도 불가피할 것이다. 러시아가 군사혁신과 미래전을 논하는 과정에서 러시아만의 독특한 특성과 장점을 제시했으며, 향후에도 이를 더욱 발전시켜 나갈 것이라는 전망 역시 가능하다. 반면 러시아의 군사혁신 과정에는 약점 역시 존재한다. 그것은 첫째, 국가 주도 방식의 비효율성이 한계에 달하는 시점이 다가올 수 있다는 점이다. 국가의 지원에 과도하게 의존해 온 방위산업체의 존립이 계속 거론되고 있다는 점이 이를 입증하고 있다. 첨단기술과 인공지능 개발 등 민간의 창의성을 수반해야 하는 군사과학기술 연구개발도 용이하지 않은 상황이다.

둘째, 국내 정치의 불확실성도 러시아 체제의 근본적인 한계를 드러내고 있다. 즉, 2000년 이후 푸틴 대통령의 전폭적인 지지하에 군개혁과 군사혁신을 실천해 왔지만, 장기적으로 푸틴 이후를 전망하기가 쉽지 않다. 2032년까지 종신 집권에 가까운 정치 일정을 개헌을 통해 확립해 놓았지만, 한 사람의 지도자에 의존한 국방력 건설은 장기적으로 불안정하다.

셋째, 러시아 경제의 추세 역시 군사 부문에 크게 작용할 것이다. 석유, 가스 등 천연자원 위주의 수출구조를 갖고 있는 러시아에 국제 유가 인상 같은 호재는 군사력 건설에 유리하게 작용하겠지만, 유가는 시간의 흐름 속에서 변동하기 때문에 근본적으로 불안정한 요인이다. 결국, 러시아 군의 무기를 현대화하고 군을 현대화하기 위해서는 많은 시간과 자금이 필요하다. 러시아에서 이를 확보하기 위한 노력은 국제 유가의 변동이나 국제관계의 변화로 인한 적과 동지 관계의 변화 등 러시아의 자력으로만 되지 않는 측면도 있다. 또한 국내 구조개혁이 뒤따르는 부문에 대한 자구 노력 역시 필요하다. 국내외적으로 수반되는 변화의 흐름에 러시아가 적응을 잘하고 현대화 노력에 진척을 보인다면, 러시아의 군 현대화 역시 순조롭게 진행되겠지만, 시간의 흐름 속에서 도태된다면 역행 역시 불가피하다.

박정이. 2019. 『국가안보 패러다임의 변화: 변화와 혁신의 시대』. 백암.

송승종. 2017. 「러시아 하이브리드 전쟁의 이론과 실제」. ≪한국군사학논집≫, 제73권 1호, 63~94쪽.

심경욱. 2000. 「주변국의 군사혁신 비전과 전략, 그리고 잠재력 판단」. ≪KRIS 총서≫, 73~126쪽.

우평균. 2017. 「러시아의 미래전 대비 전략: 네트워크 중심전과 시사점」. ≪중소연구≫, 제41권 3호, 213~249쪽.

정유현·김성남·박혜숙. 2020. 「제4차 산업혁명 기반의 국방과학기술 개발 동향」. ≪전자통신동향 분석≫, 제35권 6호, 56~67쪽.

크레피네비치, 앤드루·배리 와츠(Andrew Krepinevich and Barry Watts). 2019. 『제국의 전략가: 앤드루 마셜, 8명의 대통령과 13명의 국방장관에게 안보전략을 조언한 펜타곤의 현인』. 이동훈 옮김. 살림.

Adamsky, Dmitri. 2015. "Cross-Domain Coersion: The Current Russian Art of Strategy." *Proliferation Papers*, No.54.

Bartels, Charles K. 2016. "Getting Gerasimov right." *Military Review*, Vol.96, No.1, pp.30~38.

Bukkvoll, Tor. 2011. "Iron cannot fight: The Role of Technology in Current Russian Military Theory." *Journal of Strategic Studies*, Vol.34, No.5, pp.681~706.

Burenok, V. M., R. A. Durnev and K. U. Kryukov. 2018. "Intelligent Armament: The Future of Artificial Intelligence in military Affairs." *Weapons and Economics*, Vol.1, No.43, http://www.viek.ru/43/4-13.pdf (검색일: 2021.10.8)

Chekinov, Sergey and Sergey Bogdanov. 2013. "The Nature and Content of a New-Generation War." *Military Thought*, Vol.4, pp.12~23.

"Cyber-attacks: what is hybrid warfare and why is it such a threat?" https://theconversation.com/cyber-attacks-what-is-hybrid-warfare-and-why-is-it-such-a-threat-164091 (검색일: 2021.9.5)

Dear, Keith. 2019. "Will Russia Rule the World Through AI?: Assessing Putin's Rhetoric Against Russia's Reality." *The RUSI Journal*, Vol.164, No.5-6, pp.36~60.

Era Technopolis. 2021.10.15. "Научные Роты: Элита российской армии." https://www.era-tehnopolis.ru/education (검색일: 2021.7.30)

FitzGerald, Mary C. 1994. "The Russian Military's Strategy for "Sixth generation warfare"." *Orbis*, Vol.38, No.3, pp.457~476.

Fouche, Gwladys and Nerijius Adomaitis. 2018. "Joining Finland, Norway says Russia may have jammed GPS signal in Arctic." Reuters, https://www.reuters.com/article/us-nordic-russia-defence-idUSKCN1N (검색일: 2021.9.25)

Frank, Jr. Raymond E. and Gregory G. Hidebrandt. 1996. "Competitive Aspects of the Contemporary Military Technical Revolution: Potential military rivals to the US." *Defense Analysis*, Vol.12, No.2, pp.239~258.

Gareev, Makhmut. 1998. *If War Comes Tomorrow? The Contours of Future Armed Conflict*.

Translated by Yakov Vladimirovich Fomenko. Abingdon: Routeldge.

Grady, John. 2017.6.20. "Expert: Russian Military Industrial Complex Struggling to Develop New Technology." *USNI News*, https://news.usni.org/2017/06/20/26350 (검색일: 2021.10.7)

Golubev, S.V, S.V. Plotnikov, V.K. Kiryanov. 2017. "Training EW Specialists to Counter Foreign Armies' Unmanned Aerial Vehicles and Robotics." *Military Thought*, No.3.

Johnson, Dave. 2015. "Russia's approach to conflict: implications for NATO's deterrrnce and defence." NATO Defense College, *Research Paper, No.111, p.2.*

Kofman, Michael. 2018.6.14. "Raiding and International Brigandry: Russia's Strategy for Great Power Competition." *War on the Rocks*. https://warontherocks.com/2018/06/raiding-and-international-brigandry-russians-strategy-for-great-power-conpetition (검색일: 2021.9.20)

Krepinevich, Andrew F. 1994. "Cavalry to Computer: The Pattern of Military Revolutions." *The National Interest, No.37, pp.30~42.*

Mattson, Peter. 2012. "Russian Operational Art in the Fifth Period: Nordic and Artic Applications." ISMS Conference October 23-24, 2012 at the Royal Military College of Canada in Kingston, Ontario(2012.5).

McDermott, Roger N. 2016. "Does Russia have a Gerasimov Doctrine?" *Parameters, Vol.46, No.1,* pp.97~105.

_____. 2020. "Tracing Russia's Path to Network-Centric Military Capability." The Jamestown Foundation. https://jamestown.org/program/tracing-russias-path-to-network-centric-military-capability (검색일: 2021.10.5)

Ministry of Defence of the Russian Federation. 2021a. "В состав технополиса «ЭРА» интегриров аны три научные роты." https://function.mil.ru/news_page/organizations/more.htm?id=12339557@egNews (검색일: 2021.7.30)

_____. 2021b. "Научные роты." https://recrut.mil.ru/for_recruits/research_company/companies.htm (검색일: 2021.7.30)

National Program ≪Digital economy of Russian Federation≫ Key results and key actions 2019-2024." http://www.chairedelimmateriel.universite-paris-saclay.fr/wp-content/uploads/2019/06/8_NasibulinReport_english_version-short1.pdf (검색일: 2021.9.10)

Ogarkov, N. V. 1984. "The Defense of Socialism: Experience of History and the Present Day." *Red Star*, Translated by FBIS, Daily Report: Soviet Union 3, No.091, annex No.054, May 9, 1984, R19.

Putin, Vladimir(Russian President). 2020. "Artificial Intelligence is the main technology of the 21st Century." AI Journey 2020 Conference. Dec. 4, 2020. http://kremlin.ru/events/president news/64545 (검색일: 2021.10.8)

Renz, Bettina. 2018. *Russia's Military Revival.* Cambridge, UK: Polity Press.

Shamiev, Kiril. 2021. "Understanding Senior Leadership Dynamics within the Russian Military." *CSIS Report*, https://csis-website-prod.s3.amazonaws.com/s3fs-public/publication/210720_

Shamiev_Russian_Leadership_Dynamics_1.pdf?yrHH3hiU4R_FsYQg1Aebv4co8Q9Rr9hu (검색일: 2021.10.8)

Singh, Mandip. "Learning from Russia: How China used Russian models and experiences to modernize the PLA." https://merics.org/en/report/learning-russia-how-china-used-russian-models-and-experiences-modernize-pla (검색일: 2021.9.25)

Snegovaya, Maria. 2015. "Putin's information warfare in Ukraine: Soviet origins of Russia's hybrid warfare." *Russia Report*, No.1.

Sukhankin, Sergey. 2021. "Russia's Defense-Industrial Complex at a Crossroads: Aura Versus Reality." *Eurasian Daily Monitor*, Vol.18, No.71.

Sushentsov, Andrey. 2015. "The Russian Respinse to the RMA: Military Strategy towards Modern Security Threats." in Jeffrey Collins and Andrew Futter(eds.). *Reassessing the Revolution in Military Affairs: Transformation, Evolution and Lessons Learnt.* New York: Palgrave Macmillan.

ТАСС. 2021. "Робот "Удар" научится воевать на автопилоте и взаимодействовать с дронами." February 11, https://tass.ru/armiya-i-opk/10672669 (검색일: 2021.8.10)

Thomas, Timothy L. 2019. *Russian Military Thought: Concepts and Elements.* Mclean, VA: The MITRE Corporation.

Woo, Pyung Kyun. 2015. "The Russian Hybrid War in the Ukraine Crisis: Some Characteristics and Implications." *The Korean Journal of Defense Analysis,* Vol.27, No.3, pp.383~400.

Борисов, Юрий. 2018. "Развитие искусственного интеллекта необходимо для успешного ведения кибервойн." Ministry of Defense of the Russian Federation. https://function.mil.ru/news_page/person/more.htm?id=12166660@egNews (검색일: 2021.10.8)

Валерий Герасимов. 2017. "О ходе выполнения указов Президента Российской Федерации от 7 мая 2012 года № 603, 604 и развития Вооруженных Сил Российской Федерации." *Военная мысль*, No.10 (2017.12).

Галкин, Д. В., П. А. Поляндра и другие А. В. Степанов. 2021. "Состояние и перспективы использования искусственного интеллекта в военном деле." *Военная мысль*, No.1 (2021.1).

Гареев, М. А. и другие Н. И. Турко. 2017. "Война – Современное толкование теории и реалии практики." *Вестник академий военных наук*, Vol.58, No.1.

Гареев, Махмут. 2021. "Обеспечение безопасности страны – работа многоплановая." Опубликовано в выпуске, № 3 (420) (2012.1.25). https://vpk-news.ru/articles/8568 (검색일: 2021.10.5)

Герасимов, Валерий. 2013. "Ценность науки в предвидении." Военно – промышленный курьер. No.8.

Гончаров, А. 2020. "Особенности организации инновационной деятельности в Минобороны

России." *Национальная оборона*, March 23, https://2009-2020.oborona.ru/includes/periodics/
armedforces/2020/0323/103628949/detail.shtml (검색일: 2021.7.30)

Донсков, Ю. Е., А.Л. Морарески и другие В. В. Панасюк. 2017. "К вопросу о дезорганизации
управления войсками силами и оружием." *Военная мысль*.

Дульнев, П. А. и другие В. И. Орлянский. 2015. "Основные измения в харакере вооруенной
борьбы первой трети 21 века." Вестник Академии Военых Наук. №1.

Зарудницкий, В. Б. 2021. "Характер и содержание военных конфликтов в современных
условиях и обозримой перспективе." *Военная мысль*, No.1 (2021.1).

Калашник, Павел. 2021. "Путин у ворот. Как после 7 лет гибридной войны Украина оказалась
на пороге прямого вторжения России." https://hromadske.ua/ru/posts/putin-u-vorot-kak-
posle-7-let-gibridnoj-vojny-ukraina-okazalas-na-poroge-pryamogo-vtorzheniya-rossii (검색일:
2021.9.25)

Каминский, П. В. 2017. "Определение способов дезорганизации управления войсками и
оружием противника." *Военная мысль*. 8 ноябрь.

Картапоаов, А. В. 2015. "Уроки военных конфликтов, перспективы развития средств и
способов их ведения. Прямые и непрямые действия в современных международных
конфликтах." Вестник АВН. №2.

Киселев, В. А. 2017. "К каким воинам необходимо готовить вооруженные силы России."
Военная мысль. №3.

Клюшин, А. Н., Д. В. Холуенко и другие В. А. Анохин. 2017. "О положениях теории
дезорганизации управления войсками (силами)." *Военная мысль*.

"Минобороны создаст управление по искусственному интеллекту." 2021. *РИА НОИВОСТИ*.
https://ria.ru/20210426/minoborony-1730064599.html (검색일: 2021.10.8)

Молчанов, В. 2015. "Сетецентрическе войны и будущее поле боя." http://www.redstar.ru/
index.php/news-menu/vesti/item/25847 (검색일: 2021.10.5)

"Национальная программа принята в соответствии с Указом Президента Российской
Федерации от 7 мая 2018 года № 204 «О национальных целях и стратегических задачах
развития Российской Федерации на период до 2024 года» и утверждена 24 декабря 2018
года на заседании президиума Совета при Президенте России по стратегическому
развитию и национальным проектам." https://digital.ac.gov.ru/about/ (검색일: 2021.10.5)

"Патрушев рассказал, кому может быть выгодна авария на ТЭЦ в Норильске." 2020. *РИА
НОИВОСТИ*. https://ria.ru/20200609/1572683484.html (검색일: 2021.10.8)

Президента России. 2021. "Заседание Совета по стратегическому развитию и национальным
проектам." http://kremlin.ru/events/president/news/66217 (검색일: 2021.9.10)

Президента Российской федераци. "Президент подписал Указ «О национальных целях и
стратегических задачах развития Российской Федерации на период до 2024 года»." http://
economy-chr.ru/wp-content/uploads/2015/09/0001201805070038.pdf (검색일: 2021.9.10)

"Путин оценил возможность национализации предприятий для сохранения занятости." 2021.3.31. *Изветия*, https://iz.ru/1144858/2021-03-31/putin-otcenil-vozmozhnost-natcionalizatcii-predpriiatii-dlia-sokhraneniia-zaniatosti (검색일: 2021.10.7)

Ростех. 2021. "«Удар» на автопилоте." 2021.2.11. https://rostec.ru/news/udar-na- avtopilote

Слипченко, В. 2004. *Воинь Нового Поколеня − Дистанция и Безконтактные*. Москва: Ольма – Пресс.

Старостина, Юлия. 2020. "Путин подписал новый июльский указ о целях России до 2030 года. Главное." Экономика, 21 июл 2020. https://www.rbc.ru/economics (검색일: 2021.10.5)

Тиханычев, О. В. 2016. "О роли сстемпического огневого воздействия в современных операцияхб." *Военная мысль*, №11.

Фонд перспективных исследований Проекты. 2020. https://fpi.gov.ru/projects; RIA Novosti (2020)

"ФПИ не состязается с американским DARPA, заявил замгендиректора." 2020.2.5. https://ria.ru/20200205/1564265957.html (검색일: 2021.7.30)

5 일본의 미래전 전략과 군사혁신 모델*

이기태 | 통일연구원

1. 서론

일본 정부는 현재 일본을 둘러싼 안보환경이 매우 엄중한 상황이고 빠른 속도로 '불확실성'이 증가하고 있다고 판단한다. 그 이유는 동아시아뿐만 아니라 인도·태평양 지역까지 진출하려는 '중국'의 패권주의적 행동에 있다는 것이다.

그리고 중국을 비롯한 세계 각국의 군사기술 발전이 눈에 띄는 가운데, 미래의 전쟁 양상도 육·해·공뿐만 아니라 우주, 사이버, 전자파와 같은 새로운 영역을 혼합한 형태가 될 것이며, 이에 따라 각국은 전반적인 군사능력 향상을 위해 이러한 새로운 영역에서의 능력을 뒷받침하는 기술우위를 추구하고 있다.

---

* 이 글은 ≪일본학보≫ 제113권(2017)에 발표한 저자의 논문 「아베 정부의 군사연구와 아카데미즘」의 일부를 수정·보완한 것임을 밝힌다.

게다가 극초음속유도탄 등 게임체인저가 될 수 있는 최첨단기술을 활용한 무기 개발과 인공지능AI을 탑재한 자율형 무인무기시스템 연구에 막대한 연구 개발비를 투입하면서 실용 단계에 접어들고 있다. 또한 양자역학, 제5세대 이동통신시스템5G을 비롯한 ICT 분야에서의 기술혁신은 미래 전쟁 양상을 더욱 예측 곤란하게 만들고 있다.

이렇듯 국제 안보환경이 변화하고 있는 상황에서 일본은 국가 재정 상태가 호전되지 않는 가운데, 군사혁신 및 방위 기술에 대한 연구개발과 투자가 외국에 비해 낮은 수준에 머물러 있으며, 장비품의 고성능화·복잡화에 따라 외국제 장비품 수입이 증가하고 있지만 국내 기업으로부터의 조달 수량은 감소 추세에 있는 등 일본의 방위산업 및 기술 기반은 매우 엄중한 상황에 놓여 있다.

한편 일본은 전후 안보 문제를 논하는 데 있어서 국민적 '안보 알레르기'와 함께 기술개발과 관련해서 적극적이고 공개적인 논의 자체가 용이하지 않은 상황에 있었다. 하지만 1990년대 이후 일본의 보통국가화가 진행되는 가운데, 2012년 아베安倍晋三 정부 발족 이후 중국의 부상과 다양한 안보위협 요소의 등장 속에서 일본은 새로운 안보상황에 대응하기 위한 새로운 기술 안보 개발을 논의 및 추진하고 있다.

이 글의 구조는 다음과 같다. 제2절에서는 일본의 신흥기술 안보환경의 구조적 상황 및 일본의 구조적 위치를 알아본다. 특히 일본의 구조적 위치를 '복합지정학'의 관점에서 다양한 분석을 통해 설명하고자 한다. 제3절에서는 일본의 미래전 전략의 대외적 지향성을 설명한다. 일본은 2018년에 책정한 「방위계획대강防衛計画の大綱」을 통해 '다차원 통합방위력' 구축을 제시하면서 영역횡단(크로스 도메인, cross-domain)을 통해 자위대의 능력을 유기적으로 융합하고 통합적으로 전개하는 능력의 향상을 도모하고 있음을 설명한다. 그리고 일본의 미래 안보위협 인식이 '중국'에 중점을 두고 있으며 이러한 대응은 미일동맹 및 영국, 프랑스 등 유럽과의 안보기술협력으로 확대되고 있음을 밝힌다. 마지막으로 제4절에서는 일본의 군사혁신 거버넌스 모델 분석을 통해 일본의

군사혁신 주체는 여전히 정부 주도적인 성격이 강하지만, 아베 정부에서 책정한 방위기술전략에 따라 군사기술 관련 연구에서 기존에 대학을 중심으로 한 민간의 소극적 역할에서 벗어나 민간과 정부의 연계가 강화되면서 민-관-학의 네트워크 형성이 전개되고 있음을 설명한다.

2. 일본의 신흥기술 안보환경의 구조적 상황 및 위치

1) 신흥기술 안보환경의 구조적 상황

일본을 둘러싼 안보환경은 다양한 과제와 불안정 요인이 현저하게 등장하면서 더욱 엄중한 상황이 되고 있다. 일본은 북한이 핵/미사일 개발을 진전시키면서 일본에 대한 도발적 언동을 반복하고 있고, 중국 역시 동중국해와 남중국해를 비롯한 해공역 등에서 활동을 급속히 확대 및 활발히 진행하고 있으며, 러시아는 군 현대화를 계속 진행하면서 군의 활동 영역을 아시아·태평양 지역을 넘어서서 확대하려는 경향을 보인다고 인식한다.

2012년 아베 정부가 발족한 이후 2022년 현재까지 일본은 다양한 안보위협에 처해 있다. 동아시아 국제질서라는 측면에서 봤을 때 중국의 급격한 부상은 센카쿠 제도尖閣諸島 분쟁과 같은 해양영토를 둘러싼 위협을 증가시켰고, 북한의 연이은 핵실험과 미사일 발사 시험은 한반도 안보상황을 악화시켰다. 또한 테러와 같은 국제적 안보위협도 점차 심각한 위협 요인으로 등장하고 있다. 이러한 안보위협으로부터 일본을 지키기 위해서는 미일동맹을 통한 억지력 강화, 자위대의 자체 능력 향상, 외교적 노력 등이 필요하다.[1] 하지만 이러한 요

---

1   박영준은 아베 외교가 '국제협조주의' 외교 이념에 따라 미일 관계를 강화하면서도 안보불안 요인에
    대해 자신들의 방위력을 증강하거나 외교적 역량을 강화하여 대응하는 '전략적 자율성(strategic

소만으로는 각종 안보위협에 대응하기에 충분하지 않으며, 무엇보다 방위를 위해 우수한 과학기술을 적극 활용하는 것이 안보위협에 대처하는 중요한 방안이다.

일본은 미래전 전략에서 두 가지 측면에 중점을 두고 있다. 바로 첨단 전력 증강과 전자전 능력의 강화이다. 특히 방위성은 자위대의 전자전 능력이 러시아와 중국에 비해 열세하다고 평가했고, 향후 러시아, 중국과의 미래 분쟁에 대비하여 전자전 능력을 향상시키고 있다. 여기에는 2014년 우크라이나 사태에서 러시아가 지상용 전술 전자전 장비를 사용하여 나토의 군사행동을 방해하는 하이브리드 전쟁hybrid warfare을 수행한 것이 반면교사가 되었다.

즉 러시아와 중국이 전통적 전자전 개념만이 아닌 우주 도메인을 활용하는 전자전 스펙트럼을 장악하는 첨단 전자전을 준비하면서 일본은 러시아와 중국과의 미래 전쟁에서 전자전의 우세를 '게임체인저'로 간주하여 적극적인 개발에 나서고 있다.

2) 일본의 구조적 위치

일본이 처한 신흥기술 안보환경의 구조적 상황 및 위치를 이해하기 위해 '복합지정학'의 시각에서 분석하고자 한다. 기존 고전지정학뿐만 아니라 '비非지정학', '비판지정학', '탈脫지정학' 등을 포함한 '복합지정학'의 시각에서 일본의 구조적 상황 및 위치를 살펴본다.

먼저 '고전지정학 1.0'은 권력의 원천을 자원 분포와 접근성이라는 물질 및 지리 요소로 이해하고, 이러한 자원을 확보하려는 경쟁 차원에서 국가전략을 이해하는 시각이다. 이러한 시각에서 2010년 일본은 중국에 밀리면서 GDP

autonomy)'을 추구하고 있다고 분석한다(박영준, 2017: 5~8).

세계 2위에서 3위로 추락했고, 현재 그 격차는 점점 더 벌어지고 있다. 경성권력 측면에서 일본은 중국에 혼자서 대항할 수 없으며, 미일동맹을 중심축으로 하면서도 다양한 국가 및 지역을 포함하는 다층적 안보 네트워크 구축을 지향하고 있다고 분석할 수 있다.

다음으로 '고전지정학 2.0'은 국제정치 행위자의 권력 분포가 생성하는 '구조'에 주목한 신현실주의 국제정치이론 및 세계체제론을 비롯한 정치경제학적 접근, 국제정치이론 중 장주기이론 등의 시각을 나타낸다. 이러한 관점에서 볼 때, 과거 일본이 한·미·일 3각 안보협력체제를 통해 중국, 러시아, 북한에 대항하는 북방 세력 대 남방 세력 구도를 지향했다면, 최근에는 인도·태평양 구상을 통해 해양 세력과 해양의 가치, 법의 지배 등을 기반으로 한 안보 네트워크 구축을 지향한다. 하지만 이 구상에 한국이 제외될 수도 있다는 가능성을 미루어보아 한국의 지정학적 구조 및 위치도 파악할 수 있다.

비지정학 접근은 영토 개념을 넘어서 초국적 활동과 국제 협력, 제도화를 강조하는 자유주의자들의 담론, 즉 자유주의이론의 '상호 의존'과 글로벌 거버넌스 담론과도 일치한다. 이러한 관점에서 최근 일본은 다양한 영역에서 다자주의적 국제 협력 및 제도화(예: 해상보안기관)를 주도하려고 노력하고 있으며, 포괄적·점진적 환태평양경제동반자협정Comprehensive and Progressive Agreement for Trans-Pacific Partnership: CPTPP, 일본-유럽 FTA, 역내포괄적경제동반자협정Regional Comprehensive Economic Partnership: RCEP 등 이미 한국을 뛰어넘는 자유무역주의를 추구하고 있다. 또한 아베 정부는 2014년 발표한 '방위장비이전 3원칙'을 통해 무기 수출 및 미국, 유럽, 동남아 국가 등 다양한 국가들과의 무기 기술이전과 교류를 추진하고 있다.

비판지정학 접근은 일본을 둘러싼 지정학적 현실이 객관적으로 존재하는 것이라기보다는 담론 실천으로 재구성되는 권력 구사의 과정이라고 보는 일종의 구성주의 시각에서 비롯되었다. 이러한 접근은 아베 정부 이후 무기수출 3원칙의 폐지, 집단적 자위권 용인, 전수방위 원칙의 위기(적기지공격론 논의)가 나타

그림 5-1 복합지정학 논의의 구도

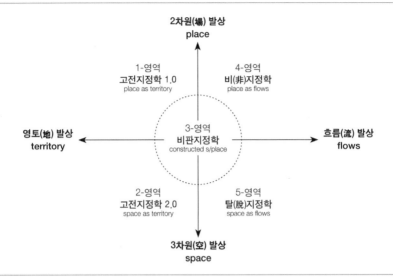

자료: 김상배(2015: 7)에서 재인용.

나면서, 일본이 기존에 평화헌법에 기초한 평화 국가에서 북한, 중국, 러시아 위협론을 바탕으로 한 무력 사용을 정당화하는 길로 나아가고 있음을 나타낸다.

마지막으로 탈지정학 접근은 비영토적 발상을 통해 '공간'을 포함한 3차원적 관점을 타나낸다. 특히 사이버 공간은 탈지리적 '흐름의 공간space as flows'의 대표적 사례이며, 향후 이러한 공간에 적용할 수 있는 '기술' 요소를 포함한 접근법이다. 일본이 「방위계획대강」에서 강조한 사이버, 우주, 전자파 영역이라는 다차원 영역 횡단 작전 개념의 도입을 통해 새로운 차원의 탈지정학 관점에서 해석할 수 있다.

이러한 다양한 지정학 관점을 종합적으로 살펴보았을 때, 복합지정학 관점에서 일본이 처한 구조적 상황을 5점 척도로 규정해 본다면, 고전지정학 1.0, 고전지정학 2.0, 비지정학, 비판지정학, 탈지정학 모두 4~5점 정도의 높은 평가를 내릴 수 있다. 이것은 일본 특유의 '전방위全方位 외교', '상황 대응형reactive'의 전통이 그대로 반영된 것으로 해석할 수 있다. 즉 고전지정학부터 새로운 지정학 관점까지 모든 영역에서 일본의 위치를 고려해 볼 수 있는데, 이는 새로운 신흥기술 안보환경에서 대응하고 적응하려는 논의가 현재 활발히 진행되고 있음을 나타내며, 이 글에서는 이러한 부분을 논의하고자 한다.

3. 일본의 미래전 전략의 대외적 지향성

1) 미래전 전략의 위상

일본 정부는 자국을 둘러싼 안보환경의 변화에 대응하기 위해 특히 우선해야 할 사항을 가능한 범위에서 조기에 강화한다는 목적을 설정했다. 이를 실현하기 위해 「방위계획대강」에서 '다차원 통합방위력' 구축을 제시했다(防衛省, 2018). 다차원통합방위력은 먼저 모든 영역에서 능력을 유기적으로 융합하고, 상승효과를 통해 전체의 능력을 증폭시키는 '영역 횡단' 작전에 따라, 개별 영역에서의 능력이 열세에 있는 경우에도 이를 극복한다는 것이다. 다음으로 평시부터 유사시까지 모든 단계에서 유연하고 전략적인 활동을 상시 계속적으로 실시한 후, 마지막으로 미일동맹 강화 및 안보협력을 추진하는 것이 가능한 방위력을 지칭한다.

일본은 특히 '영역 횡단 작전'에 필요한 능력을 강화할 것을 강조했다. 즉 우주, 사이버, 전자파라는 새로운 영역에서의 능력은 자위대 전체의 작전 수행능력을 매우 향상시킬 것이며, 또한 세계 각국이 주력하고 있는 분야이다. 자위대도 이러한 능력 및 일체화를 통해 첨단무기를 도입하여 항공기, 함정, 미사일 등에 의한 공격에 효과적으로 대응하고, 새로운 영역에서 통합적인 방위력 구축을 통해 대비하려고 한다.

먼저 우주 분야에서는 제1단계로 2020년 5월 18일, 항공자위대 내에 '우주작전대'를 새롭게 편성했다. 우주 영역을 전문으로 하는 방위대신 직할부대로서 약 20명의 대원으로 구성되었다. 우주작전대의 임무는 인공위성에 위협이 될 수 있는 우주쓰레기 및 타국 인공위성의 움직임 등을 감시하는 것이다. 우주작전대는 2023년까지 540명 규모로 증강하여 본격 운용을 개시할 예정이며, 우주상황감시Space Situational Awareness: SSA 시스템을 운용하면서 우주 공간의 안정적 이용 확보를 위한 활동을 실시한다. 또한 2026년까지 광학망원경을 탑재한 우주상황감시 위성을 발사할 계획이다.

원래 우주작전대 발족은 2022년 예정이었지만 미국이 2019년에 우주군을 창설하면서 우주에서의 우위를 확보하기 위해 2년 앞서 발족되었다. 그래서 '우주상황감시'에 필요한 장비가 충분하지 않은 실정이다. 이러한 가운데 중요해지는 것이 일본우주항공연구개발기구Japan Aerospace Exploration Agency: JAXA와의 협력이다. 구체적으로는 JAXA가 보유하고 있는 정지궤도감시용 광학망원경과 저궤도감시용 레이더를 통한 감시 임무를 함께 수행하는 것이다.

다음으로 사이버 분야에서는 2014년 3월 26일, 방위대신 직할 자위대지휘통신시스템부대에 있었던 보전감사대를 폐지하고 '사이버방위대'를 새롭게 편성했다. 사이버방위대의 당초 목적은 사이버테러로부터 자위대를 지키는 것이었다. 하지만 그러기엔 규모가 충분하지 않았고 이에 따라 2021년 사이버방위대를 폐지하고 '자위대사이버방위대'를 새롭게 만들기로 결정했다.

마지막으로 전자파 분야에서는 2021년 3월 29일, 구마모토현에 서부방면시스템통신군 예하의 제301전자전 중대가 편성되었다. 주요 임무는 타국 군의 함정과 항공기 등이 내보내는 전파를 탐지·수집하는 것이다. 평시에 전파 정보를 수집해서 제대로 분석하면 유사시 수집 정보를 바탕으로 적의 움직임을 예측하는 것이 가능하다. 게다가 적의 전파 이용을 무력화해서 전투를 유리하게 이끌 수도 있다. 향후 전자전 부대는 홋카이도현, 사이타마현, 나가사키현, 가고시마현, 오키나와현(2개 지역) 등 6개 지역에 편성될 계획이다. 이 부대들이 중대 규모인지는 아직 알 수 없지만, 확실한 점은 러시아에 대응하는 홋카이도 지역 부대를 제외하고 나머지 부대는 중국에 대응하여 규슈, 오키나와 지역의 방위를 강화하려는 배치 계획이다.

2) 미래 안보위협 인식

일본이 보통국가화 및 미일동맹 강화를 모색하는 것은 무엇보다 국제 안보환경이 급격히 변화하고 있다는 사실을 인식한 결과이다. 국제 안보환경의 변화와 이에 따른 안보위협의 변화는 다음과 같이 크게 두 가지 측면에서 생각할 수 있다.

첫째, 일본 주변 안보상황의 악화 및 외부 위협의 증가이다. 2000년대 이후 동아시아에서는 군사적·경제적 측면에서 중국이 급격하게 부상하고 있으며, 일본은 2010년 이후부터 중국과 센카쿠 제도 영유권을 둘러싼 분쟁이 격화되고 있다. 특히 아베 정부 내에서는 센카쿠 제도를 둘러싸고 '회색지대(gray zone, 해상보안청과 자위대 출동의 경계에 있는 상황) 사태' 발생을 경계하면서 이와 같은 새로운 위협에 대한 대응 방안을 집단적 자위권 허용 과정에서 활발히 논의했다.

둘째, 글로벌 차원의 새로운 위협에 따른 안보 과제가 등장하고 있다. 매년 증가하고 있는 사이버 공격의 고도화 및 복잡화, 우주개발 및 우주 공간 확보 필요성, 테러리즘 및 해적에 의한 피해 발생 등이 일본에 대한 새로운 안보위협으로 등장하고 있다.

하지만 2016년 이후 일본의 안보위협 인식은 북한을 중심으로 급격히 변화하기 시작했다. 물론 1990년대 후반 북한의 대포동 미사일이 일본 열도를 통과하는 사건이 발생한 이후 북한의 위협은 일본에게 커다란 현안으로 등장했다. 하지만 2000년대 중국의 부상 이후 동아시아 지역 차원에서 일본의 최대 위협은 중국이었고, 북한은 우선순위 면에서 그 다음이었다. 이와 같이 아베 정부는 북한의 핵·미사일 개발은 일본에 '새로운 단계의 위협인 동시에 동북아 및 국제사회의 평화와 안전을 현저하게 저해'하는 위협으로 평가했다(≪読売新聞≫, 2017.5.30).

즉 북한은 한반도의 완전한 비핵화 의사를 표명하고 핵 실험장 파괴를 공개하는 움직임을 보였지만, 일본은 여전히 북한의 핵·미사일 능력은 본질적으로 변하지 않았다고 판단한다. 북한은 또한 비대칭적 군사능력 중에서 사이버 영역에서 대규모 부대를 유지함과 동시에 군사기밀 정보 탈취, 타국의 중요 인프라에 대한 공격 능력 개발 및 대규모 특수부대를 보유하고 있다. 이러한 북한의 군사 동향은 일본의 안보에 중대하고 시급한 위협이라는 인식이다.

트럼프 행정부를 거치고, 바이든 행정부에 들어서면서 더욱 격화되고 있는 미중 전략 갈등 구도 속에서, 일본 입장에서 미래 최대의 안보위협은 중국으로 더욱 굳어지고 있는 상황이다. 일본은 중국을 기존 국제질서와 맞지 않는 독자적인 주장에 따라 힘을 배경으로 한 일방적 현상변경을 추구함과 동시에 동중국해를 비롯한 해공역에서 군사 활동을 확대 및 활발히 전개하고 있다고 본다. 특히 센카쿠 제도 주변 및 남중국해에서의 군사 활동 증가와 함께 태평양 진출을 시도하는 빈도와 규모가 증가하고 있다고 우려한다. 또한 중국의 국방정책과 군사력의 불투명성이 일본의 안보에 강한 우려를 낳고 있으며 향후 많은 관심을 갖고 지켜봐야 할 사항이라고 지적한다.

3) 기술 협력 및 공동 개발의 동맹 형성

현재 일본의 전략적 목표는 아시아·태평양과 인도양 방면을 연결하는 광대한 인도·태평양 지역에서도 기존의 국제질서, 즉 '자유롭고 개방된 규칙 기반의 국제질서liberal, open, rule-based order'를 유지하는 것이다. 이러한 목표를 달성하기 위해서 꼭 필요한 것은 역내 관계국과의 연대 강화이다. 특히 자유주의적 가치와 이념을 미일과 공유하고 있는 민주주의 국가인 인도, 호주, 인도네시아 등 인도양 방면 국가들과의 협력이 중요하다.

그중에서 미일 안보조약에 기반한 미일 안보체제는 일본 자국의 방위체제와 더불어 일본 안보의 중심축이다. 또한 미일 안보체제를 중심으로 하는 미일 동맹은 일본뿐 아니라 인도·태평양 지역을 비롯한 국제사회의 평화와 안정 및 번영에 커다란 역할을 한다. 국가 간 경쟁이 격화되는 가운데 보편적 가치와 전략적 이익을 공유하는 미국과의 관계 강화는 일본 안보에서 중요하며, 미국 역시 동맹국과의 협력을 매우 중요하게 생각하고 있다.

일본과 미국은 일본의 방위 목표를 달성하기 위해 '미일방위협력을 위한 지침(미일 가이드라인, Guidelines for U.S.A-Japan Defense Cooperation)'에 따라 안보협력을 진행하고 있다. 미일 공동의 활동에서 능력을 충분히 발휘하기 위해 장비, 기술, 시설, 정보 분야에서 협력을 강화·확대하고자 한다. 특히 미일 공동 활동을 위해 장비품의 공통화와 각종 네트워크 공유를 추진하고 있다. 또한 일본 주변에서 미군의 계속적인 활동을 지원하고, 일본 장비품의 높은 가동률 확보를 위해 미국산 장비품을 일본 내에서 정비할 수 있는 능력을 확보하고자 한다. 또한 일본의 능력을 효율적으로 강화하기 위해 방위력 강화의 우선 분야에 관한 공통의 이해를 촉진하면서 대외유상군사원조Foreign Military Sale: FMS 조달 합리화를 통한 미국의 고성능 장비품의 효율적인 획득, 미일 공동연구 및 개발 등을 추진한다(防衛省, 2018).

'민군겸용dual-use' 흐름과 아베 정부의 적극적인 방위정책 전개에 따라 최근 일본 내에서는 과거 금기시되었던 군사연구와 아카데미즘의 거리가 좁혀지고 있다. 즉 21세기에 들어서면서 일본 학계에서도 이케우치池内了, 이노세井野瀬 久美惠 등을 중심으로 미군의 우회 원조와 방위성의 기술 교류 사업이라는 형태로 '아카데미즘'과 '군사'의 거리가 좁혀지고 있음을 논하고 있다(池内, 2015; 井野瀬, 2017).

미군은 일본의 대학과 연구 기관에 연구 자금을 제공하고 있다. 미 국방부는 이전부터 외국 연구 기관에서 진행하는 기초연구에 투자해 왔다. 예를 들어

2011년 예산 구분 중, 기초연구에서 해군이 3%, 공군이 2.5%, 육군이 2%를 외국 연구 기관에 투자했다. 국방부는 군사 R&D 정책의 일환으로 첨단기술의 개발 리스트인 '과학 및 기술 개발 목록Developing Science and Technologies List: DSTL'을 상시적으로 갱신하고, 신규 기술 평가를 진행하고 있다. 그 주된 목적은 미래 미군의 능력을 비약적으로 향상시킬 수 있는 기술과 반대로 미군의 능력을 현저하게 저하시킬 가능성이 있는 과학적 연구를 특정하는 것이다. 미군의 글로벌 오피스가 이러한 활동의 중심적 역할을 담당하고 있으며, 여기에서 세계의 연구자 및 기관과의 네트워킹이 이루어지고 최신 과학기술 정보 수집 및 평가가 진행되고 있다.

미 국방부 자문기관인 '국방과학위원회Defense Science Board: DSB'는 2012년, 기초연구 추진의 제언서를 발표했다. 조성 활동의 지침으로 군이 기초연구를 추진하는 목적을 '성과를 군비 증강에 활용함으로써 군사적 우위를 유지할 것'이라고 명기했다. 특히 미국 이외의 지역에서 조성을 충실히 할 것을 요구했다.[2] 미국은 2001년 동시다발 테러 사건 발생 이후 연구 조성을 증가시켜 왔다. 여기에는 글로벌 차원에서 군사적 우위를 유지하고자 하는 미군의 전략에 맞는 군사 응용 기술의 개발과 확보에 목적이 있다.

이와 같은 목적 아래 미군은 일본의 대학과 공적 기관의 연구자에게 연구비를 제공하고 있다. 2007년부터 10년간 일본의 연구자들이 적어도 8억 8000만 엔 이상의 연구 자금을 미군으로부터 제공받았다. 구체적으로는 미 육군이 국제기술센터퍼시픽ITC-PAC을 통해 약 2350만 엔(3건), 미 해군이 해군연구사무소 도쿄오피스ONRG를 통해 약 3억 3500만 엔(44건), 미 공군이 아시아우주항공연구개발사무소AOARD를 통해 약 5억 1800만 엔(87건)을 일본의 대학 및 학술계에 기초연구 조성 자금으로 제공했다(《日本経済新聞》, 2017.2.10).

---

2 미국의 군사연구와 대학을 주제로 한 연구는 다음을 참조. Jewitt and Andrew(2012); Lowen and Rebecca(1997); Rohde and Joy(2013); Leslie(1993).

일본은 미래전 전략의 정책 지향성을 기본적으로 '국제 협력'의 메커니즘을 지향하는 '동맹 형성alliance formation'으로 상정하고 있다. 하지만 일본은 '규칙 기반 질서'에 미국이 지속적으로 관여할 것인지에 대한 불확실성을 우려하고 있다. 일본의 입장에서는 중국보다 이러한 미국의 불확실성이 더 큰 우려 사항이며, 이 때문에 미국의 향후 행동 변화에 많은 주의를 기울이고 있다. 1970년대 나카소네 야스히로 방위청 장관이 '자주방위론'을 주장했던 배경에는 미국의 아시아 지역으로부터의 철수라는 닉슨 독트린이 있었다. 따라서 일본은 '동맹 형성'을 주요 축으로 하면서도 미국의 인도·태평양 지역에 대한 관여 정도에 따라 '자주국방'으로 이동하려는 '충동'은 나타날 수 있다. 하지만 결국에는 1970년대와 마찬가지로 미국을 중심으로 한 '동맹 형성'으로 귀결될 것이다.

한편 일본은 동맹국인 미국 이외의 국가와 무기의 공동 개발을 추진하고 있다. 대표적인 국가는 영국과 프랑스이다. 먼저 영국과 일본의 공동 개발은 2011년 12월, 일본이 무기수출 3원칙을 완화함으로써 가능해졌다. 기존에 일본의 방위장비품 공동 개발은 미국과의 탄도미사일 방어 시스템으로 사실상 한정되어 있었다.

일본이 영국을 선택한 이유는 양국 모두 미국의 동맹국으로 안보 분야에서 관계가 깊고, 장비품 개발에서 첨단기술력을 갖추고 있기 때문이다. 공동 개발을 통해 안보협력을 강화함과 동시에 장비품의 성능 향상과 개발 비용의 억제를 도모할 수 있다. 무기의 국제 공동 개발은 여러 이점이 있다. 참가국의 동맹 및 우호 관계를 강화하고, 고가 장비품의 개발 리스크와 비용을 분담하여 경감할 수 있다. 첨단기술의 취득과 공유도 가능해진다.[3] 영국은 항공자위대 차기 전투기의 유력 후보였던 유로파이터의 공동 개발에 참가하는 등 방위기술의 선진국 중 하나이다. 일본과 영국은 항공자위대 F-2 후속기와 전투기에 탑재하

---

3 방위산업을 유지하는 관점에서 고성능화·고가격화가 진행되는 첨단기술 장비품은 가능한 한 수입에 의존하지 않고 공동 개발 및 생산을 전략적으로 추진할 필요가 있다.

는 차세대 미사일의 공동연구를 실시하고 있다. 일본과 프랑스는 2015년 3월 2+2회의에서 방위장비품의 공동연구를 진행하기 위한 협정을 체결했다. 양 정부는 '무인시스템을 포함한 여러 분야'의 연구를 진행하기로 합의했다. 구체적으로는 해상의 기뢰를 파괴하는 무인잠수기 등을 상정한 것이다. 이처럼 일본은 2014년 4월 방위장비이전 3원칙이 각의결정되면서 이를 계기로 일본과 다른 국가 간 장비품의 공동연구를 확대하고 있으며, 프랑스와의 연구는 미국, 영국, 호주에 이은 네 번째 사례이다(이기태, 2019: 257~259).

4. 일본의 군사혁신 거버넌스 모델

1) 군사혁신 주체: 정부

전후 일본 방위산업에서는 초기에 재계와 관료가, 1960~1970년대 이후에는 관료와 정치인이 중심이 되는 모습을 보였지만, 탈냉전 이후에는 미국과 일본 산업체의 영향력이 매우 중요하게 나타났다. 따라서 전후 일본의 방위산업에서 관료들 또는 그들의 정책이 절대적이었다는 주장은 몇 개 사례에서만 적용될 뿐이다(김진기, 2012: 411~412).

최근 일본 군사혁신의 주체는 과거 방위성 내 '양복조' 우위에서 현재는 '양복조'와 '제복조'가 대등한 입장에서 군사혁신을 추진하는 것으로 파악된다. 과거 일본은 문민우위(문관우위) 원칙에 따라 양복조를 제복조 상위에 두었지만, 2015년 방위성설치법 개정안을 내면서 이러한 원칙이 공식적으로 폐지되었다. 최근 자위대의 지위가 향상되고 자위대에 대한 국민들의 지지도 확대되고 있는 경향이 그 배경인 것으로 분석된다.

그러나 아직 현실에서는 문관우위가 여전하다. 방위성 개혁 과정에서 통합막료감부 수뇌부 및 방위성 산하 방위장비청 역시 문관이 고위직을 독점하고 있다. 거액의 장비 조달을 담당하다 보니 자연스럽게 퇴직 후에도 방산업체가 모셔가는 구조가 답습되고 있다. 한편 2000년대 이후 일본 정치에서 관저정치가 강화되면서 정치와 방위성 간의 관계에도 변화가 나타났다. 방위성과 자위대 개혁을 막는 근본적인 문제로 정치권력(관저정치, 방위족의원)에 대한 예속화를 지적하기도 한다. 양복조도 제복조도 모두 정치인이 통제한다는 것이다.

한편 현대사회에서는 텔레비전 회의용 카메라를 탑재한 '폭탄 처리용 로봇', 스마트폰을 응용한 단말을 사용한 정찰용 로봇 등 민간 기술을 방위장비품[4]에 활용하는 민간 기술(과학기술)과 군사기술의 '민군겸용' 흐름이 가속화되고 있다. 이처럼 군사기술과 민간 기술의 경계가 허물어지고 있는 경향은 세계적인 추세라고 할 수 있다. 일본도 이러한 추세를 거스를 수는 없으며 아베 정부는 군사기술과 민간 기술의 결합을 그동안 금기시되어 왔던 '방위'에 적용하면서, 더 나아가 방위산업 육성과 함께 무기 수출 증대를 모색하고 있다. 일본의 방위산업 역사를 봤을 때 중요한 것은 첨단기술이 산업용뿐만 아니라 군수용으로도 사용 가능한 범용 기술이라는 점에 있으며, 이런 첨단기술을 방위산업에 접목하면서 방위력 향상을 가져왔다. 이처럼 일본에서 군사와 민간 부문에 적용 가능한 민군겸용 기술이 반드시 최근에 나타난 현상은 아니다.

2016년 1월 22일, 아베 정부는 '제5기 과학기술기본계획'을 각의결정했다. '과학기술기본계획'에서는 처음으로 안전보장에 도움이 되는 연구 추진에 대해 언급했다(內閣府, 2016). 또한 고도화하는 방위 관련 기술개발 경쟁에서 뒤처지지 않도록 방위 분야의 '산-학-관 제휴' 강화에 착수했다. 일본 정부는 '국가안전보장전략'에서 일본의 산-학-관 제휴를 통한 과학기술 협력을 제5기 과

---

4 '방위장비품'은 자위대가 사용하는 장비품으로 호위함과 전투기와 같은 고도 기술이 필요한 무기부터 탄약, 자위대원의 의복에 이르기까지 다양하다. 무기 수출을 사실상 금지했던 '무기수출 3원칙'을 대신해서 2014년에 '방위장비이전 3원칙'이 각의결정되면서 방위성은 방위장비품의 국제 공동 개발도 추진한다는 방침이다.

학기술기본계획에 반영시키기 위해 국가안전보장회의National Security Council: NSC를 중심으로 문안을 조정했다(≪読売新聞≫, 2015.11.30). 또한 기본계획을 반영한 종합전략에서도 통신과 센서 등 기본 기술과 항공기, 로봇 등의 분야에서 '안전보장에 가치 있는 연구개발'을 효율적으로 추진한다는 내용이 포함되었다. 일본 정부의 과학정책 방침을 정하는 '종합과학기술·이노베이션 회의'[5]는 우주와 사이버 분야 등을 중심으로 민간 분야의 과학 연구를 군사기술 추진으로 연결하는 구체적인 방안을 검토하기 시작했다.

사실 일본의 과학 연구는 전후 군사와 선을 긋는 형태로 발전해 왔지만, 최근에는 군사 연구와의 거리가 좁혀지고 있는 분야가 생기면서 정부 정책으로 이러한 경향이 더욱 강해지고 있다. 자민당 국방부회는 2016년 5월의 제언에서 기술적 우위 확보에 노력하지 않으면 자위대 장비의 '급격한 진부陳腐화'를 초래해서 일본은 "치명적인 리스크에 직면하게 된다"라고 지적하면서 방위 관련 연구 예산을 100억 엔 규모로 확대할 것을 요구했다. 이에 따라 방위성은 2016년 9월 안보상 수준 높은 기술을 확보해서 자위대의 장비 개발 등을 목적으로 하는 '방위기술전략'을 처음으로 작성했다. '방위기술전략'에서는 최첨단 과학기술 동향과 일본 기술 분야의 강점과 약점을 포괄적으로 파악할 것을 내세웠다.

무엇보다 방위성이 대학과의 연구 협력을 가속화하려는 배경에는 방위장비품에 사용되는 기술이 고도화되고 있고, 방위성 스스로도 최첨단기술을 연구하지 않으면 뒤처진다는 위기감이 있었다. 즉 방위성이 내부에서 진행하는 기술개발에는 막대한 비용이 들고 개발을 담당할 인재도 필요하다. 이처럼 부족

---

5 '종합과학기술·이노베이션 회의'는 일본 과학기술정책의 '사령탑' 기능을 하면서 예산 배분 방침을 제시하고 5년마다 기본계획 등을 결정한다. 의장은 수상이 맡으며, 과학기술담당대신, 문부과학대신, 경제산업대신 등의 각료와 산업계 및 학술계 출신의 전문가 의원, 과학자 대표 기관인 일본학술회의 회장으로 구성된다(≪朝日新聞≫, 2017.2.3).

한 부분을 보충하기 위해 대학 등 '외부 자원'을 이용하는 전략을 생각해 낸 것이다.

2) 일본의 방위기술전략 책정

일본의 방위기술전략 책정의 배경에는 국가안전보장전략과 '방위계획대강', '중기방위력정비계획', '제5기 과학기술기본계획'이 있다. 그사이 2016년 5월에는 자민당 국방부회의 제언과 8월에 방위장비·기술정책에 관한 유식자회의 보고서 등이 제출되었다. 이러한 배경으로 방위성은 연구개발을 중심으로 한 기술정책을 적확하고 기민하게 수행해 나가기 위해 '방위기술전략' 책정이 필요했다.

방위성은 일본 방위력의 기반이 되는 기술력을 강화하기 위해 다음과 같은 두 가지 목표를 설정했다. 첫째, 기술적 우위의 확보이다. 다른 국가들에 대한 기술적 우위를 확보하는 것은 방위력 강화에 직접적으로 기여함과 동시에 판매력의 원천도 된다. 둘째, 우수한 방위장비품의 효과적이고 효율적인 창제이다. 방위력 정비상의 우선순위와의 정합성을 확보하면서 우수한 방위장비품을 효과적이고 효율적으로 창제하는 것이다.

이러한 방위기술전략의 목표를 달성하기 위해 다음과 같은 구체적인 세 가지 시책을 추진하면서 기술력을 한층 더 강화해 나가고자 한다. 첫째, 기술정보의 파악이다. 시책의 기초가 되는 기술정보를 민간 기술까지 포함해서 파악하는 등 게임체인저가 될 수 있는 선진기술 분야를 분명히 하는 '중장기 기술견적'을 책정한다. 둘째, 기술의 육성이다. 방위력 구축의 기반을 담당하는 연구개발 및 국내외의 관계 기관 등과의 기술 교류 등 중장기적인 연구개발을 추진하는 '연구개발 비전 책정', 기금 제도 등을 추진한다. 셋째, 기술의 보호이다. 기술이전을 적절하게 실시하기 위한 기술 관리 및 방위성이 보유한 지적재산의 활용을 추진한다는 것이다.

특히 '중장기 기술 견적'은 향후 20년을 상정해서 중점적으로 획득해야 하는 선진기술 분야를 제시했다. 게임체인저가 될 수 있는 기술들로서, 구체적으로는 '무인화', '스마트화·네트워크화', '고출력에너지기술', '현재 보유 중인 장비의 기능 및 성능 향상'을 제시했다. 그중에서도 미래 무인 장비에 관한 연구개발 비전을 제시하여 기술적 우위를 확보하고, 무인항공기를 중심으로 중장기적인 연구개발 로드맵을 제시하여 10년 후에는 원거리 운용 가능한 무인기 개발, 20년 후에는 전투형 무인기 개발을 목표로 한다.

3) 군사혁신 네트워크: 민-관-학 연계 강화

한국전쟁을 전후로 미국과 소련의 냉전이 격화되면서 양국의 핵무기 개발 등 군산복합체를 기반으로 한 과학기술이 거대화되기 시작했다. 하지만 일본은 군사 연구 방향으로 나아가지 않고 상업적인 과학기술에 전념해 왔다. 따라서 전전戰前의 시대로 돌아가고 싶지 않다는 민간과 학계, 그리고 정부의 의식이 작용했다는 점에서 전후 일본의 과학기술을 평가할 수 있다.

이러한 전후 일본의 과학기술에서 군사 연구에 대한 거부는 일본학술회의에서 발표한 두 차례 성명으로 확연하게 드러났다. 1950년 4월 28일, 일본학술회의는 제6차 총회에서 '전쟁을 목적으로 하는 과학 연구에는 절대 따르지 않는 결의 표명'이라는 성명을 발표했다. 성명 내용은 1949년 일본학술회의 설립 당시의 정신을 계승한 것으로, 학문은 세계평화와 인류의 복리를 위해 사용되어야 하며, 이에 정면으로 모순되는 군대와의 관련성을 일절 갖지 않겠다고 맹세한 것이다. 이와 같이 1950년 성명은 전전에 대한 '반성'과 '세계평화'에 대한 지향과 함께 당시 미소 냉전을 배경으로 한 일본 내외 정세에 대한 우려가 내포되어 있었다.

1967년 10월 20일, 일본학술회의는 제49차 총회에서 '군사 목적을 위한 과학 연구를 진행하지 않는 성명'을 발표했다. 1967년 성명은 일부 과학자들이 미군으로부터 자금을 제공받은 것이 원인이었다. 즉 1966년에 일본학술회의가 후원하고 일본물리학회가 개최한 반도체국제회의에 미 육군 극동연구개발국으로부터 상당액의 자금 원조가 있었다는 사실이 밝혀졌다. 최종 제공 총액은 25개 대학을 포함한 37개 단체에 총 107만 5000달러에 달했다. 사태를 심각하게 생각한 일본학술회의는 회장이 유감을 표명한 데 이어 총회에서의 성명 채택으로 이어졌다. 성명에는 다시 한번 '전쟁을 목적으로 하는 과학 연구는 절대로 수행하지 않는다'라는 결의가 표명되었다.

냉전 기간 동안 일본학술회의를 중심으로 한 학술계는 과거 전쟁에 대한 반성을 하며 미일 안보체제가 가동되는 가운데 일본이 미일동맹에 연루되는 상황을 우려했고, 학술계는 이와 관련된 군사 연구를 일체 거부함으로써 일본의 군사 연구 반대는 지속적으로 이어져 왔다.

일본 내 군사 연구와 아카데미즘 간의 접근에는 대학들의 군사 연구 참여도 한 요인이 되고 있다. 일본 내 여러 연구에 의하면 대학이 일본 사회의 인구는 감소하는 반면 최근 20~30년 간 대학 수가 급증한 데 따른 대학들의 재정 악화로 인해 군사 연구 참여를 통한 연구비 확보에 나섰다고 분석한다. 예를 들어 ≪과학科學≫(2016년 10월호)과 ≪현대사상現代思想≫(2016년 11월호)은 각각 '군사 연구와 학술', '대학의 현실: 인문학과 군산학軍産學 공동의 행방'이라는 테마로 특집호를 발간했다.[6] 기무라木村誠 역시 자금난에 빠진 대학들이 군사 분야에 손을 대면서 연구비를 확보하고 있다고 지적하면서, 이러한 움직임이 '생존의 기로에 놓인 대학의 몸부림'이라고 해석한다(木村, 2017).

이처럼 전후 일본 과학자들은 전쟁에 협력한 데 대한 반성으로 군사 연구에 관여하지 않는다는 서약을 했다. 이러한 원칙은 상당 기간 지켜져 왔지만, 일본 대학들의 법인화 이후 재정적 어려움이 많이 나타나게 되었다. 이에 방위성

---

6 이외에도 이케우치(池内了)는 과학자의 책임과 한계 문제를, 스기야마(杉山滋郎)는 전후 역사를 통해 군사 연구를 분석했다(池内, 2016; 杉山, 2017).

이 대학 또는 연구 기관들과의 협력을 모색하게 되었고, 2000년대 이후부터 이러한 움직임이 구체적으로 나타나기 시작했다.

'적극적 평화주의'를 주장하는 아베 정부는 2013년 12월, 향후 10년의 외교안보정책 지침인 '국가안전보장전략'을 각의결정했다. '국가안전보장전략'에서는 과학기술에 관한 동향을 평소부터 파악할 필요성을 지적하고, '산-학-관産-學-官의 힘의 결집을 통해 안전보장 분야에서의 유효 활용'을 주장하면서 특히 대학과의 협력 관계 구축을 목적으로 했다(国家安全保障会議, 2013: 17). 이에 따라 2015년도에 창설된 제도가 방위장비청이 주관하는 '안전보장기술연구추진제도'이다.

2015년 10월에 발족한 방위장비청7은 특히 민군겸용 기술의 연구개발 지원을 확충하고, 대학과 기업, 연구 기관의 협업을 촉진시키려고 했다. '안전보장기술연구추진제도'를 담당하는 방위장비청은 현대사회와 같이 기술 진보가 매우 빠른 시대에 민간을 포함한 폭넓고 다양한 연구를 포함하지 않으면 뒤처진다고 본다. 또한 방위력과 기술력은 직결되며 최근 방위 기술과 민간 기술의 경계가 사라지고 있으며 민간의 힘이 중요해지고 있다는 것이다(≪朝日新聞≫, 2016.10.8).

이처럼 전후 일본에서 민간 연구와 군사 연구는 각각의 영역에서 독립된 형태로 존재했다. 문부과학성과 경제산업성 예산은 주로 대학이 담당하는 민간연구에 투입되었고, 군사 연구는 방위성과 방위산업체가 방위성의 예산을 사용해서 실시해 왔다. 제2차 아베 정부 발족 이후 민군겸용 연구 추진이 가속화되었고, 그동안 한정된 기업과 대학, 연구 기관과의 공동연구와 위탁연구로 기술개발을 해왔던 방위성이 2015년 공모에 의해 선발된 연구자에게 직접 자금을 제공하는 제도를 시작하게 된 것이다.

---

7 방위장비청은 일본 정부의 외교안보정책이라는 국가정책에 따라 일본의 방위장비품 수출 확대를 모색하고 있다(森本, 2015: 29).

즉 '민군겸용' 기술을 계기로 일본 내 군사 연구에 대한 거부 상황은 크게 변화하기 시작했다. 사실 미국 등에서는 인터넷과 GPS, 드론(소형 무인기) 등 군사 목적으로 발달한 기술이 민간에도 사용되어 왔다(스핀오프). 하지만 일본에서는 반대로 민간에서 개발된 기술이 방위에 도움이 되어왔다(스핀온).

아베 정부는 방위산업 강화를 위해 민군겸용 기술을 활용하려고 했다. 즉 일본이 방위산업 기반을 유지하기 위해서는 무기 수출을 확대할 필요가 있었다.[8] 무기 수출을 확대하려면 무기수출 3원칙의 재검토뿐만 아니라 일본 방위 장비품의 경쟁력 강화가 필요하고, 이를 위해서는 대학과의 연계를 통해 민간 기술의 연구개발을 정부 주도의 방위산업에 도입할 필요가 있다는 것이다(河村, 2016: 11). 구체적으로는 2015년 산관학에서 개최한 '산업경쟁력 간담회'가 로봇 기술을 '안전보장 분야와의 듀얼 유스' 등을 통해 기간산업으로 강화할 것을 제언했다. 이와 같이 정부 주도로 방위성과 산업계의 '산관'에 학술계를 끌어들이려는 움직임에는 전전과 같은 과학자의 동원이나 미국에 존재하는 '군산학복합체'로 연결된다는 비판도 존재한다.

2013년 12월, 아베 정부는 "대학과 연구 기관과의 연계에 따라, 방위에도 적용 가능한 민간 기술(민군겸용 기술)의 적극적 활용에 노력한다"라고 하는 '방위계획대강'을 각의결정했다(防衛省, 2013). 즉, '민군겸용'이라는 명목으로 군학軍學 공동연구를 추진하기로 선언한 것이다. 이를 계기로 일본의 군학 공동연구가 구체적으로 진행되기 시작했다.

방위성은 독창적인 연구에 자금을 원조하고 대학 등의 연구자에게 연구를 조성하는 새로운 제도를 시작했다. 2015년 7월, 방위성 기술연구본부는 '안전보장기술연구추진제도' 공모 요강을 발표했다. 연구 기간은 3년 이내(1년, 2년

---

8 오동룡은 일본 경단련(経団連)이 산하기관인 방위생산위원회를 중심으로 방위산업계의 요구를 정부 정책에 반영하면서 '무기수출 3원칙' 등 무기 수출의 장애물을 철폐하도록 노력해 왔다고 주장한다(오동룡, 2016).

연구 가능)이며, 연구비는 과제당 최대 연간 3000만 엔 규모였다. 2015년에는 총예산 3억 엔에 대해 109건의 응모가 있었고, 이 중 대학이 58건, 공적 연구기관 22건, 기업 29건이었다.[9] 이 제도는 기초적인 연구를 대상으로 하고 있기 때문에 대학의 응모가 가장 많았던 것으로 해석된다(防衛省, 2016: 4).

이와 같이 일본 정부는 '민-관-학'을 통한 민군겸용 기술 촉진과 미일동맹 강화 측면에서 군사 연구 목적의 연구비 예산을 증액했다. 무엇보다 아베 정부는 '보통국가'를 지향하면서도 미래 일본의 '전략적 자율성'을 확보하기 위한 외교를 전개했다. 이를 위해 아베 정부는 그동안 '관(官)'과 '산(産, 방위산업계)'이 주도했던 방위 연구 체제에서 벗어나 '학(學)'이 보다 적극적으로 나서는 상황을 만들고자 했다.

한편, 일본경제단체연합회(이하 '경단련')는 2019년 4월, '정부의 일체적 대응과 긴밀한 관민 연계의 실천 없이는 새로운 방위계획대강이 지향하는 방위력 강화는 달성할 수 없다'는 요망서를 제출했다. 이에 방위장비청은 방위장비를 둘러싼 다양한 과제에 대해 민관이 인식을 공유하고, 해결을 위한 대응을 함께 해 나간다는 취지에서 경단련과 방위장비청 간 의견교환회를 개최했다. 2019년 10월, 방위대신과 경단련 간부 간에 의견을 교환한 이후, 11월부터 방위장비청과 경단련 방위산업위원회 간에 여덟 차례 의견 교환을 실시했고, 2020년 12월 17일에 보고서를 제출했다. 보고서에서 민관 협의를 위한 다음의 다섯 가지 사항에 합의했다(防衛省, 2020: 1~3).

첫째, 방위장비 및 기술의 해외 이전에서 민관 역할 분담의 명확화이다. 방위장비청, 상사, 제조기업이 연계하여 상대국의 잠재적인 니즈needs를 파악해서 제안 활동을 전개하는 '사업실현가능성조사FS'를 2020년부터 사업화했다.

---

9 2015년도 예산은 3억 엔, 2016년도는 6억 엔, 2017년도에는 110억 엔으로 대폭 증액되었다. 이는 자민당이 2016년 5월에 '"기술적 우월" 없이 국민의 안전도 없다'라는 제목의 제언서에서 방위 관련 연구 예산을 확대하도록 요구한 것을 적극 반영한 것으로 파악된다.

둘째, 공급사슬supply chain의 유지 및 강화이다. 공급사슬 조사 및 유지 강화, 국내 기업 참가 촉진에 민관이 협력한다는 것이다. 셋째, 계약 제도 및 조달에서의 협력이다. 이익 수준의 확보 및 향상, 민관의 의견 교환의 장 설치, 업무 효율화 및 디지털화 촉진을 위한 민관 협력이다. 넷째, 선진적인 민간 기술의 적극적인 활용이다. 민간의 다양한 선진기술 활용과 선행 투자를 촉진하는 미래 연구개발의 방향성의 효과적인 제시 방법에 대해 민관 간 의견 교환을 계속한다는 것이다. 다섯째, 정보 보전의 강화이다. 정보 누출 관련 부정 접속 사안에 대해 공동 대응하고, 방위성이 도입하는 새로운 정보보안 기준을 방위 관련 기업에게 설명하고, 기업 역시 지원한다는 것이다.

이와 같은 민-관-학 연계는 국가의 모든 역량을 총동원할 수 있다는 장점이 있다. 인력, 예산, 시설 등 한정된 자원으로 극대한 효과를 보기 위해서는 다른 방법이 없을 것이다. 중국조차도 '천인계획'이라는 인재유치 프로젝트를 시행하고 있으며, 이는 전문가 인력풀을 유지하는 데 도움이 된다. 한편으로 민-관-학 연계는 국가 발전의 동력 또는 발전 방향이 군사주의로 흐를 가능성이 높다는 것이 가장 큰 단점이다.

그럼에도 불구하고 일본은 민-관-학 연계 흐름이 지속될 것으로 예상한다. 그 이유는 첫째, 현대 기술의 특성상 군수와 민수를 엄격히 구분하는 것이 의미가 없기 때문이다. 둘째, 오늘날의 첨단기술은 연구개발비가 엄청날 뿐 아니라 시장 또한 한정되어 있어 기업 수준뿐 아니라 일국 수준에서도 감당하기 어렵다. 대표적인 예로 F-35와 같은 전투기 개발이 7개국의 공동 개발 프로젝트로 진행된 것만 보아도 알 수 있다. 즉 전쟁 양상을 결정짓는 핵심적 무기 시스템은 경제성을 배제하고 이루어지기 때문에 한 국가가 감당하기 어렵다는 점에서 민-관-학의 연계로 진행될 수밖에 없다. 셋째, 군사 관련 연구에 반대하는 주장의 약화이다. 사실 부정적 과거를 가진 일본을 제외한 대부분의 국가들에서 군사 관련 연구에 반대하는 주장은 매우 약한 편이며, 무엇보다 대학이나 연구 기관이 재정적 어려움에 직면하고 있다는 현실적인 측면에서 살펴볼 수 있다.

따라서 향후 방위성이 경제계, 학계 또는 연구 기관과 공동 작업하는 추세는 더 강화될 것이다. 다른 국가와는 다르게 군수산업 또는 군사주의에 대한 일본 시민사회의 반대가 심하기는 하지만, 일본 정부의 의지와 경제계의 어려움을 고려하면 민관학 연계를 막기 어렵다. 게다가 일본의 방위력 증강을 적극 지지하고 있는 미국의 입장도 고려할 수 있다.

5. 결론

일본은 국가안보전략을 통해 미일동맹 강화, 자체 방위력 증강, 다층적 안보 네트워크 강화를 국가전략으로 추구하고 있다. 이러한 국가전략하에 미래전 전략 및 군사혁신의 추진 체계 역시 기본적으로는 미일동맹과 다층적 안보 네트워크 강화를 통한 '동맹 형성 프레임'을 지향하고 있다. 그와 동시에 일본은 '안전보장기술연구추진제도'와 같이 그동안 터부시해 왔던 민간(대학)의 군사 기술 참여를 독려하면서 자체 방위력 강화를 위한 기술 기반 형성을 추구하는 '자주국방 프레임'도 점차적으로 증대시키고 있다.

한편 일본은 과거 방위성 관료와 정치가가 중심이 되어 미래전 전략과 군사 혁신을 추진해 왔고, 현재도 이러한 구도는 크게 변화하지 않았다. 단 2000년 대 이후 관저정치가 강화되고 아베 정부 이후 방위성의 위상이 높아지면서 '제 복조' 출신의 방위성 관료의 힘이 증가하고 있지만, 여전히 일본은 문민통제하의 정부 주도의 방위기술전략에 따른 군사혁신이 진행되고 있다. 게다가 2010년 대 이후 일본 정부(특히 방위장비청)가 주도해서 경제계(경단련), 학계(대학, 연구 기관)와 함께 미래전 및 군사혁신을 모색하는 민-관-학 연계 흐름이 강화되고 있는 추세이다.

따라서 일본의 미래전 전략과 군사혁신 모델은 미래 다차원 영역 횡단 작전을 추구하면서 미일동맹 및 유럽 국가 등 민주주의 가치를 공유하는 국가와의 협력이라는 동맹 형성 프레임을 지향하는 가운데 정부 주도의 수직적 통합형 추진체계를 갖추고 있다고 잠정적으로 결론을 내릴 수 있다.

김상배. 2015. 「사이버 안보의 복합지정학: 비대칭 전쟁의 국가전략과 과잉 안보담론의 경계」. ≪국제지역연구≫, 제24권 3호, 1~40쪽.
김진기. 2012. 『일본의 방위산업: 전후의 발전궤적과 정책결정』. 아연출판부.
박영준. 2017. 「일본 아베 외교의 전망: '국제협조주의'와 '전략적 자율성'의 사이」. ≪정세와 정책≫, 4월호, 5~8쪽.
오동룡. 2016. 『일본 방위정책 70년과 게이단렌 파워』. 곰시.
이기태. 2017. 「아베 정부의 군사연구와 아카데미즘」. ≪일본학보≫, 제113권, 263~282쪽.
_____. 2019. 「아베 정부의 대영국·대프랑스 안보 협력」. ≪정치·정보연구≫, 제22권 3호, 243~270쪽.

国家安全保障会議. 2013. "国家安全保障戦略について." http://www.cn.emb-japan.go.jp/fpolicy_j/nss_j.pdf (검색일: 2021.10.10)
内閣府. 2016. "科学技術基本計画." http://www8.cao.go.jp/cstp/kihonkeikaku/5honbun.pdf (검색일: 2021.10.10)
≪読売新聞≫. 2015.11.30.
_____. 2017.5.30.
木村誠. 2017. 『大学大倒産時代: 都会で消える大学, 地方で伸びる大学』. 東京: 朝日新聞出版.
防衛省. 2013. "平成26年度以降に係る防衛計画の大綱について." http://www.mod.go.jp/japproach/agenda/guideline/2014/pdf/20131217.pdf (검색일: 2021.10.10)
_____. 2016. "安全保障技術研究推進制度." http://www.mod.go.jp/atla/funding.html (검색일: 2021.10.10)
_____. 2018. "平成31年度以降に係る防衛計画の大綱について." https://www.mod.go.jp/j/approach/agenda/guideline/pdf/20181218.pdf (검색일: 2021.10.10)
_____. 2020. "経団連と防衛装備庁との意見交換について." https://www.mod.go.jp/j/press/news/2020/12/17c-1.pdf (검색일: 2021.10.10)
森本敏. 2015. 『防衛装備庁: 防衛産業とその将来』. 東京: 海竜社.
杉山滋郎. 2017. 『「軍事研究」の戦後史: 科学者はどう向きあってきたか』. 東京: ミネルヴァ書房.
≪日本経済新聞≫. 2017.2.10.
井野瀬久美恵. 2017. 「軍事研究と日本のアカデミズム: 学術会議は何を「反省」してきたのか」. ≪世界≫, 891号, pp.128~143.

≪朝日新聞≫. 2016.10.8.

_____. 2017.2.3.

池内了. 2015. 『大学と科学の岐路: 大学の変容, 原発事故, 軍学共同をめぐって』. 東京: リー
    ダーズノート.

_____. 2016. 『科学者と戦争』. 東京: 岩波新書.

河村豊. 2016. 「広まる軍学共同とその背後にあるもの: 安全保障技術研究推進制度と第5期
    科学技術基本計画」. ≪日本の科学者≫, 第51巻 7号, pp.6~11.

Jewitt, Andrew. 2012. *Science, Democracy, and the American University: From the Civil War to
    the Cold War.* New York: Cambridge University Press.

Leslie, Stuart W. 1993. *The Cold War and American Science: The Military-Industrial-Academic
    Complex at MIT and Stanford.* New York: Columbia University Press.

Lowen, Rebecca. 1997. *Creating the Cold War University: The Transformation of Stanford.*
    Berkeley and Los Angeles: University of California Press.

Rohde, Joy. 2013. *Armed with Expertise: The Militarization of American Social Research during
    the Cold War.* Ithaca and London: Cornell University Press.

6 영국의 미래전 전략과 국방혁신

조은정 | 국가안보전략연구원

1. 서론

> "미래 안보 도전에 굴복하지 않으려면, 군은 뿌리부터 바꿔야만 한다"
> "영국의 국방혁신의 목적은 국가의 정치력 제고에 있다"
> – 니콜라스 카터Nicholas Carter 영국 국방총장

유럽연합을 탈퇴한 영국은 어디로 가는가? 2021년 3월 16일 영국은 「통합검토보고The Integrated Review 2021」(이하 「통합검토보고」)를 통해 브렉시트 이후 처음으로 영국의 미래 전략에 관한 종합적인 비전 및 계획을 공개했다(Cabinet Office, 2021.3.16). 「통합검토보고」에서 영국은 러시아와 중국의 지속적인 체제 도전은 물론, 기후변화와 생물다양성을 포함한 광범위한 위협에 대해 경각심을 드러냈다. 현재의 대처로는 '현상 유지도 앞으로 10년도 채 남지 않았다'는 엄중한 현실 인식 아래 영국은 국방혁신을 서두르고 있다(Lye, 2020.10.1). 내용면에서도 영국 국방혁신의 선구자인 현 국방총장 니콜라스 카터는 21세기 영

국군에 차원이 다른 국방기술과 조직 및 운영 방식 전반에 걸친 초고강도 혁신을 요구해 왔다. 카터 국방총장은 기술의 급속한 발전과 기후변화 및 사회변동에 따른 기존 안보 패러다임 밖에 있던 안보위협들의 등장에도 군이 안일하게 전통적인 임무 수행 방식에 머물러 있다가는 군뿐만 아니라 국가의 존립까지 위협받을 수 있는 중요한 변곡점에 있다고 보고 있다(Carter, 2020.10.1). 이 같은 위기의식 아래 2020년 11월, 영국 국방부는 향후 4년간 165억 파운드(210억 달러)의 자금을 추가로 투입하기로 결정했다. 이번 「통합검토보고」에서는 구체적인 예산의 쓰임새까지 소개되지 않았으나, 그간 영국 국방부와 내각이 의회에 제출한 보고서들과 최근의 인력 충원 현황, 그리고 「통합검토보고」에 나타난 정책기조로 미루어봤을 때, 해군력과 우주·항공, 사이버·가상 공간에서의 국방 능력 강화에 투자가 집중될 것으로 전망된다.

이 글이 영국 사례에 집중하는 이유는 크게 두 가지이다. 첫째, 종래의 국방혁신은 국가 간 경쟁으로 인식되어 무한 군비경쟁의 딜레마에 빠지는 결과를 낳았으나, 오늘날 국방혁신은 동맹 간 협력 사안으로 빠르게 변환되고 있다. 재난·재해와 테러리즘, 사이버 위협처럼 초국경적 위협에 대한 범지구적 대응이 중요해졌다는 점에서 동맹국들과의 협력은 선택이 아니라 필수가 되어가고 있다. 이에 따라 동맹국들과의 상호운용성을 강조하며 따로 또 같이 이루어지는 경향은 가속화되고 있다. 실제로 영국의 국방혁신은 미국의 제3차 상쇄전략(2016) 및 북대서양조약기구NATO가 2022년에 공표 예정인 '2030년 신전략 개념' 도입과 밀접한 관계가 있다. 영국의 국방혁신이 단독으로 이루어지고 있지 않다는 점에서 영국 사례는 오늘날 세계 각국의 국방혁신을 가늠하는 데 중요한 기회를 제공한다.

둘째, 국방혁신에서 동맹 간 공조가 필수화됨에 따라 국제사회가 진영화grouping되면서 국가 간보다는 진영 간 대결 구도로 빠르게 전환되고 있으며, 이는 국방혁신에 있어서 동맹 내외부적으로 상호 압박peer-pressure 요인으로 작용할 것으로 전망된다. 즉, 인도·태평양에서도 동맹 간 상호운용성을 강조하는 형태로 국방혁신을 요구받을 것이다. 특히 미중 갈등이 첨예화되고 쿼드QUAD, 오커스AUKUS와 같은 지역협력체들이 연이어 출범하면서 인도·태평양 지역에서 긴장이 고조되고 있다. 이 같은 인도·태평양 안보환경의 변화로 말미암아 이 지역의 미국 동맹국들에 대한 국방혁신 및 진영화 동참 압박은 높아질 것으로 전망된다. 이 점에서 영국의 국방혁신은 한국의 국방혁신에 시사하는 바가 작지 않을 것으로 사료된다.

2. 영국의 미래전 인식과 군사혁신

1) 영국의 위협인식과 미래 전략

영국은 최근의 안보위협들을 기존의 안보 패러다임으로 극복하는 데 한계가 있음을 깨닫고 이를 극복하기 위한 새로운 안보전략의 구상과 수립을 서두르고 있다. 영국이 보는 미래 안보환경 변화와 안보 도전은 크게 세 가지로 요약할 수 있다. 첫째, 보편적 안보환경 변화이다. 2005년 런던 지하철 폭탄테러에 이어 2020년 코비드-19의 확산을 겪으면서 영국은 안보위협을 보다 일상적이면서도 폭력이 가시화되지 않은 수준으로 확대해 왔다. 영국 국방부가 '국방부 과학기술 전략 2020 The MOD Science and Technology Strategy 2020: STS 2020'(2020.10.19)에 종래 국가안보 전략 수립 단계에서 관심 밖이었던 '보건안보'와 '기후변화'를 미래 주요 안보 도전 요인으로 격상한 것은 주목할 점이다. 과거에도 보건안보와 기후변화의 중요성을 언급하지 않은 것은 아니었다. '전략방위와 안보검토 2015 SDSR 2015' 및 '영국국가안보능력 UK NSC 2018'은 미래 위협요인 여섯 가지 중 하나로 '질병 및 자연재해'를 포함한 바 있으나 '테러 및 극단주의 위협의 증가', '국가 근간을 흔드는 광범위한 주권 경쟁', '규칙 기반 국제질서의 침식', '사이버 위협의 고조', '초국가적 범죄'에 비해 그 중요도가 낮게 평가되었다

(Strategic Defence and Security Review, 2015; UK National Security Capability, 2018). 이에 반해 STS 2020에서는 나아가 감염병과 재난·재해와 관련 가짜 뉴스를 유포함으로써 사회질서 교란을 일으키려는 여론전 및 하이브리드 위협, 백신 개발 정보 등 보건안보 관련 핵심 자료를 탈취하려는 사이버 공격도 심각한 안보위협으로 격상했다. 이미 테러리즘으로 정보 수집과 분석 단계의 중요성을 절감한 바 있는 영국은 이번 코비드-19 위기를 겪으면서 감염병의 확산 및 관련 가짜 정보의 사이버상 유포 역시 심각한 국가안보 위협으로 인식하고 있다. 브렉시트 이후 처음 미래 국가전략을 밝힌 「통합검토보고」에서도 보듯이, 영국은 기후변화와 테러리즘, 사이버 공격 등 신안보 이슈를 러시아, 중국, 이란, 북한 등 민주주의 가치를 공유하지 않는 국가들에 의한 다양한 국제질서 교란 시도와 마찬가지로 중요한 잠재적 안보 도전 요인으로 인식하고 있다 (Cabinet Office, 2021.3.16). 이 같은 맥락에서 지난 20여 년간 이루어진 국내외 정보기구의 스마트화, 디지털 능력 개선 움직임은 더욱 강화되고 있는 추세이다.

둘째, 구조적 안보환경의 변화이다. 미중 갈등이 심화되는 가운데 바이든 행정부의 동맹 규합 및 민주주의 가치의 복원을 통한 대對중 압박 전선 확대 노력에 나토 동맹국인 영국의 참여에 대한 기대 역시 지속적으로 확대되고 있다. 이 점에서 코비드-19의 전 지구적 확산을 계기로 영국이 2020년 홍콩보안법, 신장위구르 인권유린, 항행의 자유 원칙 등을 들어 중국과 대립각을 세우고, 2021년 미국과 신대서양헌장을 발표하는 데 이어 미국, 호주와 오커스를 발족하며 바이든 행정부의 대중 견제 정책에 적극적으로 호응하는 모습이 두드러진다. 이 같은 모습은 2030년 영국의 미래 비전을 소개한 「통합검토보고」에서 이례적으로 공식 문서에서 러시아를 "첨예한 위협acute threat", 중국을 "구조적 경쟁자systemic competitor"로 규정한 데서도 발견된다. 영국은 미국과 달리 지금까지 중국을 위협으로 규정하는 데 주저해 왔으나, 지난해 코비드-19의 확산을 겪으면서 국내외적으로 빗발치는 중국책임론에 영국 내각과 의회에서도 대중

전략 재검토 기류가 감지되었다. 이 같은 영국의 대중 전략 기조는 2021년 3월 2일에 발표된 미국 바이든 행정부의 '국가안보전략에 관한 잠정 지침Interim National Security Strategy Guideline'과도 궤를 같이한다는 면에서 영미 간 사전 조율이 이뤄졌을 것이라 짐작된다(White House, 2021.3.2). 세계 안보 차원에서 영국이 중국을 기회에서 위기 요인으로 판단을 선회했다는 점은 주목할 부분이다.

셋째, 영국의 특수적 안보환경 변화이다. 우선 경제적으로 세계적 차원의 안보환경 변화와 함께 2020년 12월, 영국은 유럽연합EU과 최종 결별 절차가 마무리되자마자 제2의 대륙봉쇄령이라고 할 만한 물류 파동을 겪으면서 의약품 수급에 어려움을 겪은 바 있다. 최근 해운 운송비가 코비드-19 이전보다 6배로 뛰고 러시아산 석유와 가스의 가격이 2배로 뛴 가운데, 설상가상 브렉시트의 여파로 화물차 운전사가 부족해져서 육상 수송까지 차질을 빚으면서 영국의 주유소들이 휴점 상태에 놓이는 등 물류 파동을 겪고 있다. 이처럼 탈탄소 에너지로 이행되는 전환기에 영국은 글로벌 공급망의 붕괴 시 닥쳐올 국가적 위기를 겪고 있는 가운데, 원하지 않는 고립에 대비한 헤징 전략이 시급히 요구되고 있다. 이는 '글로벌 브리튼Global Britain'이라는 미래 비전과 인도·태평양 전략이 더욱 탄력을 받는 한 요인이 되고 있다. 사회적인 변화도 영국의 안보 위기 인식에 한몫을 하고 있다. 영국군은 2008~2009년 금융위기로 인한 국방비 삭감과 저출산, 고령화 등 인구변화에 따른 정규 병력 수의 감소로 효율적인 군대 운영에 빨간불이 켜진 지 오래다. 감소하는 군병력과 의회의 국방비 예산 축소에 따른 영국군의 한계를 영국 정부는 무인자율기술 등 첨단 과학기술을 통한 스마트 군대로 극복하고자 한다.

영국은 앞에서 언급한 바와 같이 빠르게 변화하는 국제 환경 속에서 자국의 위상을 유지하기 위해 소프트파워 자산과 하드파워 자산을 서둘러 업그레이드 중이다. 영국 국방부는 '통합작전개념 2025The Integrated Operating Concept 2025: IOpC25'(2020.9.30)에서 탈냉전과 자생적 테러리즘을 겪으면서 전통적인 틀에 박힌 전쟁과 전투 수행의 과정을 과감히 뿌리치고, 상시적이고 비가시적 위협을 감소하기 위해서 보다 유연하면서도 효율적인 작전 수행 목표를 구체화한 바 있다. IOpC25에서는 "모든 단계에서 통합integration", 즉 단순한 연합이나 공동이 아닌 단계별로 세분화된 전력을 통합함으로써 취약성을 보강하고자 하는 기존의 목표를 재확인했다. 전시와 상시를 넘나들고, 현실 공간과 가상공간을 넘나드는 하이브리드 위협과 같은 복합 위협에 대응하기 위한 'IOpC25'가 성공하려면 ① 영국군의 혁신, ② 동맹과의 협력, ③ 새로운 지정학적 비전의 도입은 필수적인 것으로 인식되고 있다. 이는 곧 영국군의 혁신은 영국이 직면한 현재 진행 중인 지정학적 변동과 밀접히 맞물려 있음을 뜻한다.

2) 지정학적 변동과 군사혁신의 필요성

이 같은 영국의 위협인식과 미래 전략에 영향을 미친 대표적인 지정학적 변동 사안으로 2011년 미국의 아시아로의 회귀책 발표와 2016년 브렉시트 결정을 꼽을 수 있다. 사실 이 둘은 따로 떨어뜨려 생각하기 어려울 정도로 상호 영향을 미친 것으로 보인다. 영국 정부는 브렉시트 이후의 대외정책 구상으로 2016년 '글로벌 브리튼'이라는 개념을 제시했으나 모호한 상태로 남아 있었다. 그럼에도 불구하고 '글로벌 브리튼'이라는 대외정책 비전은 이후 외교, 국방, 경제, 조선 등 다양한 분야에서 정책 논의에서 화두가 되어왔다. 2018년 영국의 싱크탱크 헨리잭슨소사이어티는 「인도·태평양에서 글로벌 브리튼Global Britain in the Indo-Pacific」이라는 보고서에서 '글로벌 브리튼' 구체화 방안의 일환으로 인도·태평양 진출을 통한 해양 강국 전략을 제안했다(Hemmings, 2018). 2018년 영국 상원은 「전환기 영국 외교정책UK Foreign Policy in a Shifting World Order」이라는 보고서에서 규칙 기반 국제질서 조성the rules-based international order에 영국이 선도국으로 거듭나야 한다고 제안했다. 이처럼 다양한 구상들이 모여 2021년 3월 16일 「통합검토보고」가 발표되었다. 브렉시트 이후 처음 발간된 영국의 국가전략에 대한 종합적인 보고서에서 영국은 단호하게 미국 패권에 의한 '단극의 시대'가 아닌 '다극의 시대'로 변화하고 있다고 진단했다.

영국의 이 같은 판단은 러시아와 중국, 이란, 북한 등 수정주의 국가들의 기존 국제질서에 대한 도전뿐만 아니라 오랫동안 '특별한 관계special relationship'를 맺어온 미국의 정책기조 변화에 따른 것이란 점에서 흥미롭다. 2018년 미국 트럼프 행정부 당시 영국 상원은 미국의 일방주의적 외교 행태는 북대서양 동맹의 근간인 다자주의 원칙에 위배될 뿐만 아니라 영국의 이익을 심각하게 침해하고 있다고 보았다(UK Foreign Policy in a Shifting World Order, 2018). 미 외교협회장 리처드 하스Richard Haass에 따르면, 2016년 미국 대선에서 클린턴, 샌더스, 트럼프 세 후보는 대서양 동맹이 미국의 이익에 그리 도움이 되지 않는다는 점에서만큼은 의견의 합치를 이루었다(UK Foreign Policy in a Shifting World Order, 2018). 또한 하스는 당시 워싱턴 D.C.에서 만난 민주당 의원들은 공화당 의원들보다 현재와 같은 자유무역주의 질서에 더욱 강력히 반대했다고 증언했다(UK Foreign Policy in a Shifting World Order, 2018). 이는 지난 대선에서 트럼프가 아니라 어느 누가 대통령으로 당선되었더라도 미국의 대외정책이 대동소이했을 것이며, 이는 민주당의 바이든 행정부가 출범한 현재도 마찬가지일 것이라는 짐작을 가능하게 한다.

미국 오바마 행정부는 2011년 4월, 9·11 테러의 주모자로 알려진 오사마 빈라덴을 사살하고 아프가니스탄 철군 논의를 시작하면서 '미국의 태평양 시대America's Pacific Era'를 천명했다. 사실 미국의 이 같은 결정은 2006년 미국 국제정치학계의 두 석학 존 미어샤이머와 스티븐 월트가 공저 『이스라엘 로비The Israel Lobby and the US Foreign Policy』에서 제기한 미국의 친이스라엘 정책 비판으로 거슬러 올라간다. 이로부터 촉발된 미국의 중동 정책과 세계 전략에 대한 성찰은 '이익 없는 곳에 미국은 더 이상 헌신하지 않는다'는 초당적 기조로 확립되었다. 이 같은 대외정책 기조는 트럼프 행정부 시대 '중국위협론'을 만나 표면화되었고, 미국의 세계 전략은 '중국 길들이기'라는 명분 아래 더욱 급격히 아시아로 무게중심을 이동하면서 기존 대서양 동맹들과 마찰이 빈번해졌다.

트럼프 행정부 시기 미국과 유럽은 사실상 앙숙에 가까웠지만, '항행의 자유원칙' 수호 아래 남중국해에서 대중 해상 시위만큼은 공조했다. 코비드-19의 세계적 대확산으로 방역과 경제 두 마리 토끼를 동시에 잡아야 하는 바이든 행정부 역시 인도·태평양에서 동맹 강화와 대중 견제의 고삐를 늦추지 않고 있다. 그러나 2021년 여름 아프가니스탄 철수에서 드러난 나토 동맹 간의 불협화음과 오커스로 불거진 미국의 선택적 동맹론으로부터 유럽 대륙은 소외감을 넘어 배신감을 표출했다.

그렇다면 미국의 이 같은 유럽 동맹들에 대한 입장 변화를 영국은 어떻게 판단하고 있는가? 바이든 행정부가 출범 직후 동맹 회복을 외쳤지만, 아프가니스탄 철군에서 보듯이 미국의 동맹 회복 정책은 선택적이며, 동맹의 전략적 중요성이 대서양에서 인도·태평양으로 이동하였음이 여실히 드러났다. 코비드-19를 겪으면서 경기회복과 경제성장을 위해서는 미국에 인도·태평양 지역이 더욱 중요하다는 것은 기정사실로 굳어지고 있다. 현재 미국은 표면적으로 남중국해 영유권 분쟁에서 중국을 직접적으로 상대하는 데 군사적인 열세에 처한 필리핀·대만·말레이시아 등에 의해 '초대'된 형식을 취하고 있다. 사실 미국에게 인도·태평양은 러시아와 중국, 북한 등 수정주의 세력을 견제하는 데 있어 지정학적으로 중요한 의미를 가지므로, 미국은 남중국해 갈등 등 인도·태평양 지역의 안보 문제에 적극 관여, 미국의 이익을 확보하겠다는 전략을 견지하고 있다. 즉, 미국은 남중국해를 시작으로 해양 강국을 꿈꾸는 중국을 견제할 수 있는 거점을 확보하는 한편, 역내 동맹국들 및 안보협력이 필요한 국가들을 지원함으로써 인도·태평양 지역에서 영향력을 확대하는 계기를 모색하고 있다. 결과적으로 미국은 남중국해 문제를 계기로 세계질서의 조정자로서의 역할을 수행함으로써, 미국 쇠퇴론을 불식시키고 패권을 강화하는 수단으로 남중국해 도서 영유권 문제에 깊이 관여하고 있는 측면도 있는 것으로 보인다. 이 같은 미국의 인도·태평양에서 '패권 회복' 전략은 바이든 행정부의 '동맹 회복' 전략으로 이어져 영국, 일본, 호주, 한국, 필리핀 등 인도·태평양 역내·외 동맹들의 국가전략까지도 변화시키고 있다.

이와 같이 미국의 초당적 '아시아 회귀론'과 '인도·태평양 전략'은 단순히 대중 봉쇄에 그치지 않고 사실상 미국의 국제질서 '새 판 짜기' 시도의 일환으로 이해되고 있으며, 이는 대표적인 대서양 세력이었던 영국에 거대한 도전으로 다가왔다. 미국의 인도·태평양 정책에 편승할 것인가, 독자적 길을 걸을 것인가, 혹은 그 두 가지 길을 양립할 것인가의 갈림길에서 영국은 새로운 지전략 수립이 시급히 요구되었다. 이 같은 맥락에서 이후 영국이 보인 '자강론'과 '주변국들과의 관계 재설정'의 행보는 최근 영국이 시도하고 있는 국방혁신의 지향점을 짐작하게 한다. 즉, 영국의 최근 국방혁신은 현재 영국이 처한 지정학적 변동과 맞물려 있으며, 이 점에서 영국의 국방혁신은 영국의 지전략 변화를 예고하고 있다.

3. 영국 국방혁신의 성격

앞서 지전략 변화의 요구에 따른 영국의 대외정책 행보의 특징으로 '자강론'과 '관계 재설정'을 꼽은 바 있다. 영국의 국방혁신 또한 여기에 조응하는 방식으로 이루어지고 있는 것으로 보인다. 자강론의 일환으로 기술과 조직문화 및 전략 운용 등을 포괄하는 전방위적 국방 거버넌스 개혁을 시도하고 있다는 점에서 이전의 국방혁신과 구별된다. 이처럼 영국이 유럽연합을 떠나 군사안보적으로 국방혁신을 통한 자강책을 추진하는 동시에 주변 동맹국, 특히 미국과의 전략적 공조를 강화하고 있는 모습이 두드러진다. 사실 영미 관계의 특수성이 새삼스러운 일은 아니나, 그 영미 공조의 무대가 전후 70여 년 만에 인도·태평양으로 이동하고, '상호운용성'을 강조하는 방식으로 혁신이 이루어지고 있다는 점에서 다시금 주목이 필요하다(조은정, 2021).

1) 전방위적 국방 거버넌스 개혁

냉전기 미국과 소련은 기술만능주의적 '군사기술혁신Military-Technical Revolu-
tion: MTR을 통한 억지력 확보에 주력했으며, 영국도 이에 동참해 왔다. 소련 오
가르코프 총참모장(1977~1984), 미국 맥나마라 국방장관(1961~1968), 럼즈펠드
국방장관(1975~1977, 2003~2006) 등이 미·소의 군사기술혁신 경쟁을 촉발한 장
본인이었다(Knox and Murray, 2001; 녹스·머레이, 2014; FitzGerald, 1994: 1; 권태
영·노훈, 2008: 48~49). 소련 붕괴 후 처음으로 발간된 미국의 「4년 주기 국방검
토보고서Quadrennial Defense Review-1997: QDR-1997」(1997.5)는 탈냉전기 군사혁
신 논쟁을 정책화한 최초의 공식 문건이었다. QDR-1997은 냉전기적 사고를
벗어난 새로운 전략 개발의 필요성을 강조하며 군사 패러다임의 변환의 필요
성을 피력했으나 무기체계 변화가 어떻게 군사혁신으로 이루어질 것인가에 대
한 공방은 열매를 맺지 못했다(신진안, 2004). 그러나 최근 영국의 국방혁신은
이전 시대 기술 중심의 국방혁신과 달리 사회적 변화까지 망라하는 방식으로
추진되고 있다. 4차 산업혁명 및 미국의 제3차 상쇄전략과 맞물려 급격히 진
행되고 있는 이번 영국의 국방혁신은 단순히 군사기술혁신뿐만 아니라 상명하
복식 경직된 군대의 조직문화와 구시대적 군사교리 및 작전개념, 조직 편성·
운영 등의 혁신도 포함되어 있다. 이 점에서 1990년대 '군사혁신Revolution in
Military Affairs: RMA 논의에 비견된다(강신철·최성필, 2000: 86).

RMA는 사회적 변화까지 망라하고 있다는 점에서 기술 주도의 MTR과는 차
이점을 보인다(강신철·최성필, 2000: 87). RMA는 정보통신기술ICT을 이용한 첨
단 지휘통제체계 아래 정보, 전투, 무기 등 다양한 체계들을 연계한 '복합체계
system of systems' 및 '혼합전투체계hybrid combat system' 구축의 필요성을 제시했
다. 이는 기존에 별도로 논의되어 온 군사기술혁신과 '국방운영혁신Revolutionary
in Business Affairs: RBA'을 결합한 것이라고도 볼 수 있다. 국방운영혁신이란 "국
방 조직의 특수성을 충분히 반영하면서 보다 발전한 민간의 경영기법을 활용

하여 비용을 절감하고 관리 기술을 증진하며 인력을 전문화하는 등 국방 경영의 합리화를 추구하는 것"으로 이해될 수 있다(정길호, 2001).

2016년 9월 16일, 벤 월리스Ben Wallace 국방부 장관은 '국방혁신구상Defence Innovation Initiative: DII'을 공식화하고, '국방·안보추진기구Defence and Security Accelerator: DASA'와 '국방혁신기금Defense Innovation Fund: DIF'을 신설했다(Wallace, 2016.9.16). DIF는 10년 동안 매년 약 8억 파운드를 들여 기술 영역에 국한하지 않고 제도 및 민관 협력 방식 등 가능한 한 광범위한 분야에 걸쳐 최상의 국방혁신 조합을 찾아내기 위한 목적으로 설립되었으며, DASA는 그 행동 기구로 고안되었다. 해군 사령부가 주도하고 국방부 합동군사령부가 후원한 영국 DII는 국방기술의 첨단화뿐만 아니라, 문제 해결 능력으로서 안보 능력을 극대화하고 이를 위해 가장 효과적인 의사 결정 방식을 고안하는 등 통합적 혁신 모델을 도출해 내는 것을 목표로 한다. 국방혁신 및 방위산업 개발에 있어 영국 국방부의 투자를 필요로 하는 민간 파트너들을 선별하고 이들이 이중용도 기술개발 프로그램을 통해 국방혁신에 기여할 수 있도록 기회를 제공하는 것이 우선 과제이다. 혁신적인 아이디어를 끌어내기 위해 DASA는 민간 지원자들이 자유롭게 제안할 수 있는 '공개 제안the open call for innovation'과 정부의 필요에 따라 공고를 내는 '지정 주제 제안themed competition'으로 이원화하여 진행하고 있다.

이 외에도 많은 기구들이 영국의 국방혁신을 위해 동원 혹은 신설되었다. '국방과학기술랩Defence Science and Technology Laboratory: Dstl'은 기존의 대규모 방위산업체 이외에도 영세 신기술 개발업체들의 참여를 독려하기 위해 별도로 약 4만 5천 파운드 규모의 '과학·수학·공학 인재 찾기SMEScience, Mathematics and Engineering Searchlight'를 위한 기금을 발족하여 영국 방위산업의 공급망을 확충하려는 노력을 기울이고 있다(Ministry of Defence, 2020.10.29). '국방솔루션센터UK Defence Solutions Centre: UKDSC'는 2015년 영국 방위산업체들에 자국 내 협력을 도모하고 수출을 진흥하기 위해 세운 독립기구이다. '국방 성장 파트너십Defence Growth Partnership: DGP'아래 국제통상과의 국방기구Department for International Trade's Defence and Security Organisation: DIT DSO 및 영국 내각, 관련 산학연과 긴밀히 연계하고 있다(UK Defence Solutions Centre, www.ukdsc.org).

영국은 이 기구들의 3년간의 성과를 바탕으로 2019년 9월, 『국방혁신우선순위Defence Innovation Priorities 백서』와 『국방기술 프레임워크Defence Technology Framework: DTF』를 함께 발표했다. 영국 정부의 혁신 정책은 각종 첨단 국방기술의 실행과 관련된 다양한 거버넌스를 고려할 때 더욱 어려워지고 있으며, 특히 끊임없이 확장되고 진화하는 방산 복합체도 마찬가지이다. 따라서 코비드-19의 확산으로 연기된 차기 SDSR은 영국 국방과 관련된 향후 정책을 구성하는 데 있어 다양한 이해당사자들과의 조율을 통해 혁신 생태계에 기여하는 방식으로 조직되어야 할 것이다(Croft, 2020.4.21).

가령, 영국군은 핵심 동맹국 및 파트너들과 마찬가지로 디지털 전환을 서두르고 있다. 즉, 도메인에 구애받지 않으며, 디지털이 가능하고, 정보 중심적인 작전개념으로 전환하려고 노력 중이다. 이를 통해 영국의 혁신 생태계와 더욱 긴밀하게 협력하고 사용자 지향 개념 탐구, 문제 해결 및 디지털 기술 생성·통합을 채택하여 새로운 소프트웨어와 디지털 아키텍처의 신속한 테스트, 실험 및 획득에 대한 열정을 고취시키는 중이다. 본질적으로 '다중 영역' 또는 '시스템의 시스템' 군사 운영 구조는 광범위한 영국 국방 및 산업 생태계 내에서 복합적 사고와 부문 통합적 아이디어 생성과 즉각적인 국방 적용 가능성의 모색이 필요하다. 즉, 국가의 수단을 총동원하는 러시아의 체계전system warfare에 대응하기 위한 가장 효과적인 접근 방식은 영국 역시 정규군과 예비군을 총동원하는 전군 체제whole force approach로 전환해야 한다는 카터 영국 국방총장의 발언과 일맥상통한다(Competition document, 2018.4.9).

이를 위해서는 비非방산업체, 벤처캐피털, 기업가 및 학계 등 전통적인 국방 시스템 밖에 있는 이해당사자에 대한 고려는 필수적이다. 전통적인 국방 이해 당사자인 세 개의 부문, 즉 군사, 정부, 산업 부문은 중소기업과 스타트업들이 지나치게 경직되고 위험 회피적이며 복잡한 방산 조직문화의 제약을 받지 않고, 군사적 응용이 가능한 신기술을 개발할 수 있는 환경 조성이 시급하다고 판단하고 있다. 이를 위해 영국의 방위산업 공급망 참여자들이 서로가 일관된 혁신전략을 설계하고 실행할 수 있도록 방위산업 생태계를 재정비할 필요성에 공감하고 신진 중소업체들에 문턱을 낮추는 방안을 고민 중이다. 이처럼 기존에 국방부가 조달 공고를 내면 방산업체들이 수동적으로 필요에 대응하던 중앙집권적이고 일방적인 탑다운 방식에서 탈피해 공급자가 선제안하고 국방부가 검토하는, 피드백이 자유로운 보텀업 방식으로의 전환을 모색하는 등 조직문화와 리더십, 프로세스 및 이해당사자 간 관계에서도 혁신을 꾀하고 있는 모습이 두드러진다(Carter, 2020.10.1).

따라서 영국의 국방혁신 과정에서 보이는 민-관-연과의 적극적인 전략적 제휴는 새로운 기술의 개발과 채택에 그치지 않는다. 사고방식과 작동방식을 바꾸려는 열망 없이 혁신은 일어나지 않는다는 것이 이들의 인식이다. 신기술은 언제든지 개발될 수 있지만, 이를 뒷받침하는 적합한 인지적·문화적·절차적·관계적 기반이 없다면 그 기술의 효용가치는 발휘될 수 없을 것이기 때문이다. 따라서 미래전에서 영국군의 문제 해결 능력을 제고하기 위해서는 국방 공동체 내부에 새로운 인지 모델 도입이 필요하다는 인식이 영국 국방 공동체에서 확대되고 있다. 이러한 이해를 바탕으로 한 운영개념의 설계 및 시스템 사고의 광범위한 채택에 근거한 문제 해결 방법론의 전략적 도입은 보다 혁신적인 기술 실험과 채택으로 이어질 수 있을 것으로 기대된다. 즉, 영국 정부는 '조직의 설계', '운영개념의 정립', '역량의 개발'이라는 세 차원의 교차점에서 유의미한 혁신의 발현을 기대한다고 유추해 볼 수 있다.

2) 동맹 간 상호운용성의 강조

유럽에서는 소련 붕괴 후, 유고 내전과 코소보 전쟁과 같은 민족 분쟁ethnic war이 벌어지고 마약 밀매와 인신매매와 같은 초국경적 범죄가 급증하는 등 비국가 행위자에 의한 안보위협이 부상함에 따라 냉전기 국가 간 벌였던 핵무기 경쟁으로는 해결할 수 없는 종류의 새로운 안보 공백이 표면화되고 있었다. 이처럼 유럽에서 냉전기에는 두드러지지 않았던 '인간 안보'의 중요성이 탈냉전기를 맞아 강조되면서 안보 패러다임의 전환은 시대적 요구로 급부상했다. 마찬가지로 미국에서도 새로운 세기, 새로운 위협을 맞아 기존 자유주의 국제질서를 어떻게 유지할 것인가에 대한 고민이 깊어지고 있었다.

미국의 주된 불안 요인으로 세 가지를 거론할 수 있다. 첫째, 2000년대 기존의 전략으로 대응이 어려운 일련의 새로운 안보위협들이 등장했다. 2001년 9·11 테러와 이후 미국과 서방에서 벌어진 자생적 테러 위협, 2004년 우크라이나 '오렌지 혁명' 이후 러시아의 개입, 2008년 러시아의 조지아 침공, 2014년 우크라이나 침공, 남중국해에서 중국의 공세적 태도의 심화 등이 대표적이다. 2009년 미 합동군사령부와 미 육군의 야전교범의 2011년도 수정판에 따르면, 미군은 기존의 "단일하고 독립적인 위협"으로부터 "분권화되고 조합화된syndicate 정규·비정규 집단, 테러리스트, 범죄 조직들"이 구사하는 다양한 폭력적 사용 방식으로부터 비롯되는 "하이브리드 위협"으로 안보위협이 변모되고 있다고 보았다(나호선, 2019: 5). 따라서 새로운 위협에 효과적으로 대응할 방안의 강구가 필요해졌다.

둘째, 군사력 경쟁에서 미국과 나토군의 압도적 우위가 침해받고 있다. 미국과 나토가 9·11 테러 이후 테러리스트 색출을 위해 아프가니스탄과 이라크에 개입하는 사이, 러시아와 중국 등 주요 경쟁국들은 현대화로 미국의 군사력에 근접했다. 러시아는 핵무기의 현대화를 서두르는 한편, 중국은 해군력과 우주 개발에 막대한 비용을 들이고 있다. 러시아는 '2011~2020 국가무기조달계획'

을 통해 2020년까지 약 19조 루블(약 6300억 달러) 예산을 투입하여 각 군 무기 체계의 70% 이상을 현대화하는 것을 목표로 제시, 착실히 실행 중이다(우평균, 2016: 41). 중국은 2015년 9월 전승절 기념 열병식을 자국의 군사 선진화를 과시하는 기회로 삼았으며, 이는 미국을 더욱 긴장시켰다. 결국 미국 패권의 중요한 근간이었던 압도적 군사력 우위를 유지하기 위해서는 특단의 조치가 필요하다는 펜타곤의 공감대가 형성되었다.

셋째, 지난 세기에 정부 주도로 군사 무기 기술개발에서 기술혁신이 일어나고 후에 민간으로 그 기술개발의 과실이 이전되었던 것과 달리, 이번 세기는 민간이 기술혁신을 주도하고 있다. 특히 아시아는 민간 주도 기술혁신의 허브가 되고 있으며, 민간 기술을 국방기술에 접목함으로써 기존의 서방 군사강국들이 보유하고 있던 재래식 억제력과 방어 능력에 허점이 노출되기 시작했다. 이미 1950년대 핵무기 독점 실패에서도 드러났듯이 민수와 군수 용도를 넘나드는 이중용도 기술dual-use technology 역시 미국의 통제 범위 밖이다. 이렇듯 기술의 국경이 무너지고 민수와 군수의 경계가 모호해진 오늘날, 기술에 대한 규제가 불가능하다면 편승을 하는 것이 해법일 것이다.

이 같은 경각은 동맹국 영국과도 공유되었다. 그러나 이 같은 문제의식은 기술의 발달과 인식의 성숙 없이는 현실화되기 어려웠다. 앞 절에서 논의한 탈냉전기 초기에 시도되었던 정보·지식 기반의 군사혁신 노력은 당시 군사전문가들과 미래학자들이 기존의 '무기체계 중심 전쟁'에서 미래 '네트워크 중심전 Network-Centric Warfare: NCW'으로 변모할 것이라는 예측에 따른 것이었으나, 실현되지는 못했다. 그러나 기술의 발달로 비용 절감이 가능해지고 가시권 안에 들어온 '미래전' 대비에 절박함이 더해지면서 지난 세기에 추상적인 개념으로만 추구했던 '복합체계' 및 '혼합전투체계'가 이번 세기 영국과 미국에서 '상호운용성inter-operability' 강화를 통한 '통합작전개념'으로 재등장했다.

동맹 간 상호운용성이 중요해진 이유 중 하나는 앞서 미국의 불안 요인 세 가지에서 설명했듯이 미래전의 '모호성'으로 말미암아 어느 일국의 단독 대응이 어려워지고 있다는 점이다. 가령, '하이브리드 위협hybrid threats'은 "고도로 통합된 구상 속에서 노골적인 수단과 은밀한 수단overt and covert, 군사·준군사 및 민간 수단civilian measures들이 광범위하게 운영"된다(NATO, 2014.9.5). 각종 언론매체에 역정보 및 허위 정보를 유포하고, 대량살상무기WMD와 테러리즘, 간첩 행위, 사이버 공격, 범죄 행위 등 다양한 방법을 상황에 따라 복합적으로 사용하는가 하면, 기존의 국제·국내 법체계와 교전 수칙의 허점을 파고들어 전략적으로 유리하게 활용하는 특징을 보인다(NATO, 2014.9.5). 이처럼 외교와 군사적 충돌 사이를 오가며 벌이는 전략적 행위로 '모호성'이 극대화되는 경우, 각국은 독자적으로 신무기 개발을 서두르는 한편, 동맹국들과의 작전에서 운용능력 보유를 위해 기술 표준 구축에서의 협력은 불가피하다. 이 점에서 NATO 동맹은 여전히 유효하다. 미국과 서유럽 국가들이 국방기술의 현대화 이후 합동 군사훈련이 잦아진 것도 전장에서 '상호운용성' 확인 및 강화 목적으로 이해될 수 있다.

표 6-1에서 보다시피 미국은 안보 패러다임에 변화를 가져올 만큼 중대한 변곡점이라고 보고 탈냉전 이후 처음으로 종합적인 전략을 수립한 바 있다. 제3차 상쇄전략The Third Offset Strategy: TOS으로 더 잘 알려진 '미 국방혁신구상The Defense Innovation Initiative'(2014.11)은 "21세기에도 미국의 군사적 우위를 유지하고 발전시키기 위한 혁신적인 방법을 모색하여 투자"가 필요하다는 취지에서 제안되었다. 미 국방부 차관the Deputy Secretary of Defense 로버트 워크Robert O. Work는 근본 목적으로 인공지능, 무인작전시스템, 자동화체계 등 신기술에 기초한 작전 운용능력 발전을 통해 잠재적 경쟁국에 대한 "재래식 억제conventional deterrence"를 확고히 하는 것이라고 설명했다(Eliason, 2015: 6). 즉, 상쇄전략의 목표는 잠재적 도전 국가들에 대하여 첨단 재래식 전력에서 확실한 군사적 우위를 확보하는 것이라고 볼 수 있다. 이 같은 압도적 군사우위에 기초한 미국의 미래전 전략으로부터 나토 동맹국들의 국방혁신은 불가피해졌다(Mölling, 2018: 1).

표 6-1 안보환경 변화에 따른 기술혁신 및 전략 변화

구분	제1차 상쇄전략	제2차 상쇄전략	제3차 상쇄전략
시기	1950년대	1970년대	2014년 이후
주도자	아이젠하워 대통령	브라운 국방장관	헤이글 국방장관
경쟁국	소련	소련	중국, 러시아 등 다양한 행위자들 및 요인들
중점 투자	전술핵무기, 대륙간탄도미사일(ICBM)	정밀타격유도무기, 정보·감시·정찰(ISR)	무인자율무기, 인공지능(AI)
작전개념	대량보복 전략, 유연반응 전략	효율적 전력투사를 통한 공지전(air-land battle)	효율적 협력을 통한 통합전, JAM-GC
주요 내용	유럽에 대한 소련의 재래식 공격 억지용으로 전술핵무기 개발	소련의 전략핵능력에 대한 억지용으로 타격의 정확성 제고	2016~2030 계획으로 무기체계 개발 중. 다양한 안보위협에 효과적인 대응을 위해 유연하고도 강력한 군 양성 목표

자료: 박준혁(2017: 35~65, 42); 박용운(2018.9.5)을 참조하여 저자가 보완함.

지난 제1·2차 상쇄전략과 다른 점이 있다면, 지금까지 미국은 신기술 개발에만 급급하여 그 기술을 어떻게 운영·관리할 것인지에 대한 거버넌스 구상안 마련의 중요성을 간과했다. 그러나 이번 제3차 상쇄전략은 "기술혁신에 기초한 전력체계의 획기적 변화(기술)뿐만 아니라, 이러한 기술혁신의 승수효과를 높이는 군사력 운용 방법(작전개념) 및 운영 혁신적 측면에서의 조직 편성(조직)"까지 살펴봐야 한다는 점에서 기존의 혁신들과 차별성을 보이고 있다(박준혁, 2017: 37). 이 같은 특징은 앞에서 설명한 영국의 국방혁신 특징과 일맥상통한다.

영국 통합작전개념의 핵심적인 요소라 할 수 있는 '상호운용성'은 미래전의 규모scale 와 복합적complex 성격상 단독으로 맞서서 승리할 수 없으므로, 군사기술 발전에도 동맹과의 협력이 필수적이라는 의식을 공유한 데서 비롯되었다고 볼 수 있다. '상호운용성'은 대내적으로는 '9·11 테러(2001)'와 '7·7 런던 테러(2005)' 발생을 계기로 그동안 독립적으로 운영되었던 개별 부처 안보 기관

들이 사안별 자유로운 이합집산을 통해 효율적인 정책 목표 달성에 기여하고, 대외적으로는 미국을 비롯한 동맹국들과의 공조를 강화한다는 측면에서 중요하게 여겨진다. 특히 러시아의 하이브리드 위협은 지역이나 물리적 거리를 가리지 않고 수행된다는 점에서 국내외 안보 관련 기관들 간의 공조는 점점 필수 요소가 되어가고 있다.

4. 결론

지금까지 영국이 직면한 안보적 도전 요인들과 그 극복 방안으로서 국방혁신의 국가전략 차원에서 맥락과 성격을 살펴보았다. 그렇다면 영국은 이번 국방혁신을 통해 무엇을 얻고자 하는가? 영국이 국방혁신을 서두르게 된 발단은 급격한 인구절벽에 따른 병력 부족의 해소와 국방 효율성의 제고 필요성 때문이었다. 저출산·고령화에 따른 인적자원의 부족 및 위협의 비가시성과 복합성으로 인한 국방예산 증액의 어려움을 해결하고자 안보 개념의 확대와 안보 주체의 다각화를 통한 전면적인 국방 운영 거버넌스의 개혁 필요성이 제기되었다. 2021년 3월 발표된 「통합검토보고」에서 보듯이 영국은 엘리트 교육을 통한 군대의 최정예화는 물론 AI와 무인자율기술을 비롯하여 유전자 편집 기술을 통한 슈퍼솔저의 보급까지 고민하고 있다.

그러나 영국 국방혁신의 기저에 있는 고전적 주권 경쟁에서 우위를 유지하고자 하는 영국의 의도를 간과할 수 없다. 현재 영국의 국방혁신을 이끄는 니콜라스 카터Nicholas Carter 국방총장이 영국의 국방혁신의 목적을 국가의 정치력 제고에 있다고 단언한 데서도 찾아볼 수 있다(Carter, 2020.10.1). 「통합검토보고」에서 핵무기 감축 백지화 결정을 밝혔듯이 지정학적 변동에도 불구하고 국가들의 지전략 경쟁은 군사력 경쟁을 통한 고전적 주권 경쟁에 머물러 있다. 지금까지 기술우위를 통한 국방 능력 제고를 통한 국가 간 주권 경쟁이 한계에 다다른 오늘날, 국방혁신은 군사기술혁신이 가장 잘 발현될 수 있도록 혁신이 필요해졌다('exploitation'). 또한 영국이 전망한 대로 다극의 시대 미국의 압도적인 패권을 기대하기 어려운 상황에서 군사기술혁신만으로는 우위를 점하기 어려워졌다는 점도 오늘날 국방혁신이 전방위적으로 필요한 이유가 되고 있다. 따라서 영미는 자국의 혁신에만 그치지 않고 동맹국과 혁신을 함께 도모함으로써 상호운용성과 국방혁신의 효과를 극대화하는 방향으로 혁신을 추동하고 있다. 이로부터 미국의 인도·태평양 전략이 가시화될수록 역내 동맹국들의 국방혁신 또한 미국과 상호운용성을 극대화하는 방식으로 추진이 불가피할 것으로 짐작된다. 다시 말해 영국군과 한국군이 처한 안보 상황은 다르지만, 미국 패권의 약화와 자국 내 병력 감축이라는 양적 열세를 군사혁신을 통한 질적 우위로 상쇄시켜야 한다는 측면에서 공통점이 발견된다.

강신철·최성필. 2000. 「정보기술을 활용한 군사혁신 방안에 관한 연구」. ≪정보기술응용연구≫, 제2권 1·2호, 83~111쪽.

권태영·노훈. 2008. 『21세기 군사혁신과 미래전: 이론과 실상, 그리고 우리의 선택』. 법문사, 48~49쪽.

나호선. 2019. 「러시아의 하이브리드전에 대한 NATO의 대응 전략: 사이버공간에서의 정보심리전을 중심으로」. 서울대학교 국제문제연구소 미래전 연구센터 워킹페이퍼 No.4.

녹스, 맥그리거·윌리엄 머리. 2014. 『군 혁명과 군사혁신의 다이내믹스: 강대국의 선택』. 김칠주·배달형 옮김. 한국국방연구원.

박용운. 2018.9.5. 「4차 산업혁명 기술기반의 미래무기체계 발전 방향」. 2018 글로벌 기계기술 포럼.

박원곤·설인효. 2016. 「미국: 오바마 행정부의 안보·군사전략 평가와 신행정부 대외전략 전망」. ≪2016년 동아시아 전략평가≫, KRINS, 203~240쪽.

박준혁. 2017. 「미국의 제3차 상쇄전략: 추진동향, 한반도 영향전망과 적용방안」. ≪국가전략≫, 제23권 2호, 35~66쪽.

신진안. 2004. 「정보화시대 미국의 군사혁신: QDR-1997의 군사혁신 비전과 현실」. 서울대학교 외교학과 석사논문.

우평균. 2016. 「러시아의 국방개혁: 성과와 시사점」. 한국국제정치학회 60주년 기념 하계학술회의 논문, 1~24쪽.

정길호. 2001. 「미국 Clinton 행정부의 국방조직 분석」. 한국행정학회 2001년 추계 발표.

조은정. 2021. 「영국의 인도·태평양 전략: 역사적 배경과 전략적 의도」. ≪INSS 연구보고≫.

Cabinet Office. 2021.3.16. *The Integrated Review 2021.*

Carter, Nicholas. 2018.1.22. "Dynamic Security Threats and the British Army." *RUSI.*

_____. 2020.10.1. Policy Exchange on "Integrated Operating Concept." Ministry of Defence.

Competition document. 2018.4.9. Defence and Security Accedeator, "Competition document: Defence People Innovation Challenge."

Croft, Hannah. 2020.4.21. "Developing a Blueprint for Success in the UK Defence Innovation Ecosystem." Defence iQ. https://www.defenceiq.com/defence-technology/editorials/developing -a-blueprint-for-success-in-the-uk-defence-innovation-ecosystem (검색일: 2021.10.20)

Eliason, William T. 2015. "An Interview with Robert O. Work." *Joint Force Quarterly*, Vol.84, No.1, pp.6~11.

FitzGerald, Mary C. 1994. "The New Revolution in Russian Military Affairs." RUSI White Paper Series, p.1

Global Britain in a Competitive Age: The Integrated Review of Security, Defence, Development and Foreign Policy. 2021.3.16.

Global Strategic Trends: The future starts today. 2018.10.15.

Growing the contribution of defence to UK prosperity: a report for the Secretary of State for Defence by Philip Dunne MP. 2019.7.9.

Hemmings, John. 2018. "Global Britain in the Indo-Pacific." The Henry Jackson Society Research Paper no.2.

Hoffman, Frank. 2010. *Conflict in the 21st Century: The Rise of Hybrid Wars.* Arlington: PIPS.

Hutchens, Michael E. et al. 2017. "Joint Concept for Access and Maneuver in the Global Commons: A New Joint Operational Concept." *Joint Force Quarterly*, Vol.84, No.1, pp.134~139.

Knox, MacGregor and Williamson Murray(eds.). 2001. *Dynamics of Military Revolution 1300~2050.* Cambridge: CUP.

Lye, Harry. 2020.10.1. "CDS: UK Armed Forces "must fundamentally change"." Army Technology.

McCuen, John J. 2008. "Hybrid Wars." *Military Review*, Vol.88, No.2, pp.107~113.

Ministry of Defence. 2020.10.29. "Guidance: Innovation in the Defence Supply Chain."

Mölling, Christian. 2018. "Defense Innovation and the Future of Transatlantic Strategic Superiority: A German Perspective." *Policy Brief*, No.12.

National security and investment(NSI 2018). 2018.

National Security Capability Review(NSCR 2018). 2018.

National Security Capability(UK NSC). 2018.

National security through technology. 2012.

NATO. 2014.9.5. "Wales Summit Declaration."

Norwood, Paul and Benjamin Jensen. 2016. "Wargaming the Third Offset Strategy." *Joint Forces Quarterly*, Vol.83, No.4, pp.34~39.

Rash or Rational: North Korea and the threat it poses 2017-2019. 2017.

Strategic Defence and Security Review(SDSR 2015). 2015.

The Integrated Operating Concept 2025(IOpC25). 2020.9.30.

The MOD Science and Technology Strategy 2020(STS 2020). 2020.10.19.

UK Defence Solutions Centre, www.ukdsc.org (검색일: 2022.6.20)

UK foreign policy in a shifting world order. 2018.

Wallace, Ben. 2016.9.16. "Defence Innovation Initiative." www.gov.uk/government/speeches/defence-innovation-initiative (검색일: 2022.6.20)

White House. 2021.3.2. "Interim National Security Strategy Guideline."

7 독일의 미래전 전략과 군사혁신 모델

표광민 | 경북대학교

1. 서론: 연구의 주제와 목적

이 글은 국제적 안보환경의 변화에 대한 대응으로 독일이 전장 영역을 다각도로 확장하는 미래전 전략을 수립하고 있으며, 이러한 기본 전략을 효율적으로 수행하기 위해 군사혁신을 추진하고 있음을 분석하려 한다. 4차 산업혁명으로 일컬어지는 디지털 기술의 급격한 발달로 오늘날 경제, 사회, 문화 등 다양한 분야에서 편의성과 합리성이 증대되는 긍정적 효과가 나타나고 있다. 그러나 기술의 발전과 네트워크의 활성화는 여러 요소들의 복합적인 구조 속에서 이루어지는 만큼, 오히려 사회 전반의 취약성을 증대시킬 수 있다는 문제점 역시 지니고 있다. 첨단 네트워크 기술의 확산으로 적국, 테러단체나 개인 등의 공격이 지닌 파괴력 또한 기술 수준과 비례하여 커지고 있는 것이 사실이다. 세계 각국은 이러한 안보불안 요소에 대처하기 위한 노력을 경주하고 있다. 이러한 와중에 자유주의 전통을 지닌 독일 연방군Bundeswehr이 나토와 유럽연합의 협력 프레임 속에서 미래전의 위협 요소들을 극복하기 위한 기본 전략의 수립과 군사혁신에 노력하고 있음을 살펴보려는 것이다.

이를 통해 이 글은 독일이 인식하는 미래 안보환경의 변화 양상을 파악하고, 이에 대한 독일의 디지털 군사혁신 방향을 함께 고찰하는 것을 목적으로 한다. 전쟁은 폭력을 통해 국가이익을 확보하려는 시도로서 인류의 역사 이래 지속되어 온 폭력 행위이다. 즉, 전쟁이란 자국의 이익 추구 및 의도 관철을 목적으로 적국의 행동 및 정책 변화 등을 강제하는 무력행사 방식으로 규정되어 왔다. 그러나 전쟁이 실제로 이루어지는 구체적인 양상과 수행 방식, 정치적 의미는 시대의 과학기술과 정치적·사회적·문화적 여건에 따라 다양한 변천을 겪어왔다. 따라서 전쟁의 양상은 정치적 무력행사 방식이라는 전쟁의 항구적인 본질 및 전쟁과 관련된 복합적 요인들의 변화 속에서 이해될 수 있다. 이 글은 독일 연방군이 역사적으로 형성된 자유주의 군대로서의 정체성 속에서 국제정치적 역학 관계의 변화와 디지털 전환에 어떻게 대응하는지에 초점을 두고 있다. 냉전의 최전선에 위치했던 독일은 통일을 이룩하며 이데올로기 대립을 허물어뜨리는 결정적 역할을 수행했다. 그러나 평화적인 세계질서에 대한 희망에도 불구하고, 오늘날 세계는 대량살상무기의 확산과 러시아의 위협 증대, 인도·태평양 지역에서 미중 갈등의 심화를 목도하게 되었다. 이는 독일에게 필연적으로 미래전 대응 전략과 군사혁신의 추진을 요구하고 있다. 이에 대한 고찰을 위해 이 글은 독일이 추진하고 있는 혁신정책들을 조직혁신, 작전혁신, 기술혁신의 세 가지 측면에서 살펴보려 한다. 우선, 조직혁신은 독일 연방군의 정체성을 이루는 자유주의 군대로서의 전통과 징병제 폐지 이후 독일군이 처한 과제들을 통해 접근한다. 다음으로 작전혁신은 거시적인 차원에서 독일이 국제 안보환경의 변화를 어떻게 이해하고 대외전략을 수립해 가고 있는가를 통해 파악할 것이다. 마지막으로 기술혁신을 통해, 미래전에 대응하기 위한 독일군의 개혁 방침을 '디지털화'라는 기술적인 차원에서 진단하고, 이러한 군 개혁 추진을 위해 독일이 극복해야 할 재정적 과제를 살펴볼 것이다.

2. 조직혁신의 과제: 자유주의 군대로서 독일군의 전통과 변화

조직혁신의 과제는 독일군이 자유주의 군대로서의 자기 정체성을 유지하면서도 변화에 적응하는 데에 있다. 양차 대전이라는 세계사적 경험으로 인해, 독일군의 조직 변화는 독일 내부는 물론 주변 유럽 국가들에서도 민감한 사안으로 여겨지곤 했다. 이는 독일군의 조직혁신이 부대 개편이나 인력 재배치 등의 단순한 행정적 조치가 아닌, 독일군의 본질적 속성과 관련된 문제임을 함의한다. 제2차 세계대전 이후의 전후 질서 속에서, 서독은 자유주의 진영의 전진 기지라는 역할을 맡게 되었으며, 현대 독일 연방군은 이러한 이념적 역할을 수행할 수 있는 무력 수단으로서 창설되었다. 이러한 점에서 독일 연방군의 조직 혁신은 연방군의 정체성 자체와 연관된 문제라 할 수 있으며, 역사적인 차원에서 포괄적으로 이해되어야 한다.

근대 이후 전쟁은 국가가 일상적으로 행하는 정당한 대외정책으로 여겨져 왔다. 클라우제비츠의 유명한 정의인, 전쟁이 "다른 수단에 의한 정치의 연속(Fortsetzung der Politik mit anderen Mitteln)"이라는 명제 역시, 전쟁이 (대외)정책의 연장선상에서 이루어지는 일상적 외교 방식의 일환임을 의미한다(Clausewitz, 1991: 210). 제2차 세계대전의 종식 이전까지 국제질서의 원리로 작동했던 세력 균형은 이와 같이 전쟁을 국가의 일상적이고 당연한 활동으로 규정해 왔다. 즉, 주권국가는 당연한 권리로서 전쟁을 수행할 수 있는 교전권Jus ad Bellum을 지닌 것으로 여겨져 온 것이다. 이에 따라 서구 국가들은 전쟁을 수행하기 위해 '국방'부가 아닌, '전쟁'부(프랑스: Ministère de la guerre, 미국: Department of War, 영국: Secretary of State for War)를 부처로 설치하여 운영했었다. 즉 전쟁은 국가 간 관계에서 발생하는 외교적 문제들을 해결하기 위한 근대국가의 일상적인 대외 정책으로서 여겨져 온 것이다.

그러나 20세기 들어와 현대 국제법의 발달과 함께 전쟁을 불법화하려는 시도가 이루어졌다. 특히 기존의 전쟁에 비해 막대한 피해를 초래한 제1차 세계대전이 종식되면서 국가 간 평화를 위해 전쟁을 불법화하려는 시도가 본격화되었다. 분쟁의 평화적 해결을 목적으로 한 국제연맹League of Nations(1920)의 설립과 대외정책에서 무력행사를 금지한 켈로그-브리앙 조약Kellogg-Briand Pact (1928)의 체결 등은 국제적 제도를 통해 전쟁의 발생을 방지하려한 대표적인 시도였다. 전간기의 이러한 시도들은 비록 제2차 세계대전의 발발로 실패했으나, 제2차 세계대전의 종식 이후에는 전쟁을 더 이상 일상적 대외정책으로 여기지 않는 관점이 확산되기에 이르렀다. 전후 질서 속에서 국제사회는 하나의 법 공동체로서 자리매김하게 되었으며, 이에 따라 국제사회의 합의에 의해 개별 국가의 주권을 경우에 따라 제한할 수 있다는 규범적 인식이 힘을 얻게 된 것이다. 주권의 절대성을 근거로 국제 문제의 해결을 위해 무력에 호소할 수 있는 권리, 즉 '교전권' 역시 평화를 위해 제한되어야 한다고 생각하게 된 것이다. 전쟁의 불법화에 결정적인 배경이 된 것은 결과적으로 양차 대전 동안 경험했던 전쟁의 참극이라 할 수 있다. 뉘른베르크 전범 재판정 설립 조약은 헌장Charter을 통해 "공격전쟁 또는 국제조약, 협정이나 보장을 훼손한 전쟁의 계획, 준비, 촉발, 이행"에 해당하는 행위들을 '평화에 대한 범죄crimes against peace'로 규정했다.[1] UN 헌장 제2조 4항 역시 모든 UN 회원국들이 어떤 나라의 영토나 독립을 훼손하려는 '폭력의 사용이나 위협threat or use of force'을 금지하여 국가 간 분쟁의 해결을 위해 무력을 동원하는 '폭력에의 권리Jus ad vim'를 공식적으로 부인함으로써 공격전쟁을 범죄화하기에 이르렀다.

서독 연방군이 지닌 자유주의 군대로서의 전통 역시 이러한 맥락에서 이해될 수 있다. 제2차 세계대전 종식 직후의 전후 처리 과정에서 연합국들은 독일

---

1 Principle VI of Principles of International Law Recognized in the Charter of the Nüremberg Tribunal and in the Judgment of the Tribunal, 1950. https://ihl-databases.icrc.org/applic/ihl/ ihl.nsf/Article.xsp?action=openDocument&documentId=E931047643C6F53AC12563CD0051C9B7 (검색일: 2021.4.27)

에 대한 비무장화·비군사화 방침을 확립했다. 1945년 8월 2일 공표된 '포츠담 선언Potsdam Agreement'은 독일의 군사주의militarism와 나치즘nazism의 부활을 방지하기 위한 방안으로 군대는 물론 비밀경찰, 예비군, 군사학교, 전역군인회 등 군사 활동이 가능한 모든 조직을 폐지할 것을 천명했다. 그리고 이를 위해 군사적 생산을 위해 사용될 수 있는 모든 산업의 통제를 결정함으로써 독일의 무장 가능성을 원천적으로 차단하려 했다. 그러나 제2차 세계대전 이후 냉전의 대립이 심화됨에 따라 연합국들의 독일에 대한 정책은 전환점을 맞게 되었다. 소련의 팽창으로 동유럽 일대에 소련의 영향력이 강화되었고, 이 과정에서 소련은 동독의 무장을 유지하는 것으로 방침을 정하게 되었다. 동유럽에서 소련의 팽창이 가시화됨에 따라 미국은 프랑스의 반대에도 불구하고 독일의 재무장rearmament을 추진하게 되었다. 서독의 초대 총리였던 콘라트 아데나워Konrad Adenauer는 이러한 변화를 감지하고 독일 재무장을 위한 적극적인 외교 전략을 펴기에 나섰다. 그는 1949년 12월 3일, 서독이 "유럽 상위의 사령부 아래의 유럽 군대 속에서 유럽의 방어에 기여해야 한다"라고 표명함으로써 서독 군대의 부활이 서유럽 체제에 위협이 되지 않을 것임을 약속했다(Onslow, 1951: 452~453). 이처럼 냉전으로 인해 동독과 서독이 각각 소련과 미국의 상호 견제를 위한 최전선 기지의 역할을 수행하게 되면서 독일 비무장 원칙은 재고되었다. 결국 1955년 서독의 군대인 연방군Bundeswehr이 창설되어 현재에까지 이르고 있다.

군대 창설의 역사적 맥락에 따라, 서독 연방군은 자유주의 군대로서 스스로의 정체성을 '제복을 입은 시민Staatsbürger in Uniform'으로 규정하고 있다. 서독 국방부의 전신이었던 블랑크국Amt Blank(1950~1955)은 민주주의국가의 군대라는 정체성을 확보하기 위해 나치 독일의 군대였던 독일 국방군Wehrmacht으로부터의 단절과 민주주의 전통의 계승을 강조했다. 이러한 노력의 일환으로 서독의 군인에게서 '제복을 입은 시민'이라는 민주주의적 시민성에 입각한 정체성이 나타나기 시작한 것이다(Von Rosen, 2006: 171~172). 이후 서독 국방부는 민주주의 전통의 확립을 위한 계속된 노력의 일환으로 1965년 「서독 연방군과 전통Bundeswehr und Tradition」이라는 최초의 전통 노선을 공식적으로 발표했다. 이 문건에서 서독 연방군은 민주주의적 자유와 권리를 보장하는 수단이라는 점이 명확히 강조되었다. 서독 국방부는 이어 1982년에도 「서독 연방군의 전통 이해와 계승 노선Richtlinien zum Traditionsverständnis und zur Traditionspflege in der Bundeswehr」을 발표하며, 자유주의 군대로서의 정체성을 재확인했다. 이 문건에서 연방군의 모든 군사행동은 법치국가와 국제법의 틀 속에서 이루어져야 하며, 또한 윤리적 입장을 견지해야 한다는 민주주의 원칙이 다시금 강조되었다.

동독과 서독 통일 이후에도 독일 연방군은 자유주의 군대로서의 전통과 정체성을 지속적으로 강조하고 있다. 특히 2000년대 이후 독일 국방부는 연방군 전통을 크게 다음 세 가지로 집약해서 설명하고 있다. 첫째는 클라우제비츠를 상징으로 하는, 나폴레옹에 대한 해방전쟁 동안 진행된 프로이센의 개혁(1807~1813/19), 둘째는 1944년 7월 20일에 단행된 슈타우펜베르크 대령의 히틀러 암살 시도로 대표되는 나치 정권에 대한 저항(1933~1945), 셋째는 단계적이며 점진적으로 달성된 서독 연방군의 전통(1955~)이다(de Libero, 2006: 49). 독일 연방군은 2018년에도 「독일 연방군의 전통Die Tradition der Bundeswehr」이라는 이름으로 현대적 전통 노선을 발표했다(Bundesministerium der Verteidigung, 2018). 여기에서 연방군은 서독과 동독의 통일이라는 새로운 변화를 반영한다고 밝히며 독일 연방군의 전통으로 동독 인민군Nationale Volksarmee 역시 포함시키고 있다. 또한 테러와의 전쟁 및 2015년 시리아 난민 사태 이후 인종주의, 포퓰리즘 등 나치 정권에 대한 향수를 불러일으키는 독일 국내의 상황을 고려하여, 독일 연방군은 극우주의와 단절된 민주주의적 전통을 따른다고 강조한 바 있다.

이러한 전통을 확립해 가면서도, 독일 연방군은 냉전 해체 이후 조직 차원에서 징병제 폐지라는 큰 변화를 겪게 되었다. 2011년 독일은 연방군 창설 이후 유지해 오던 징병제로부터 모병제로 징집 방식을 전환했다. 냉전의 해체와 독일 통일이라는 역사적인 변화로 인해 징병제를 통한 대규모 군대의 유지는 점차 시대착오적인 제도로 인식되었고, 이에 대한 대안으로 모병제로의 전환이 논의되기 시작했다. 이미 안보위협의 감소에 발맞추어 징병제하에서의 복무기간이 6개월까지 줄어든 상황에서 징병제 폐지는 자연스러운 수순으로 받아들여졌던 것이다. 또한 군사 분야 과학기술의 고도화로 인해 군대의 첨단화·전문화가 요구되는 상황에서 단기간 복무하는 대규모 징집 방식보다는 모병제를 통해 직업군인을 중점적으로 양성하는 방안이 더욱 효과적이라는 주장이 설득력을 얻게 되었다. 국방비 측면에서도 징병제를 유지할 경우, 정부 재정에는 유리할 수 있으나 국가 전체적으로는 징집 대상인 독일 청년들이 경제활동에 종사하는 것이 오히려 효율적이라는 주장 또한 제기되었다. 그리고 독일 연방군이 나토의 일원으로서 해외파병 및 공동작전에 적극적으로 참여하기 위해서도 징병제보다는 모병제가 적합하다는 점 역시 고려되었다(Schaprian, 2004: 23).

징병제 폐지 이후, 독일군은 조직을 현대화하는 데 주력해 왔다. 2014년 독일 의회가 발표한 「연방군의 새로운 이행: 목적, 수단, 과제Die Neuausrichtung der Bundeswehr: Ziele, Maßnahmen, Herausforderungen」는 효율적인 군 조직 운영을 위한 개혁 방향을 제시했다. 이 보고서에 따르면, 징병제 폐지로 연방군의 규모가 전투 병력 18만 5000명, 지원 병력이 5만 5000명으로 감축된 상황에서 군과 사회의 연계성을 강화해 연방군의 효율성을 증진시켜야 할 필요성이 있음을 강조했다. 또한 생태환경과 사회 인프라의 안보 역시 연방군이 담당해야 할 과제임을 명확히 하고, 이에 대응하기 위한 구조 개편의 필요성을 부각하기도 했다(Bundestag, 2014: 13~15). 이러한 방침의 연장선에서 독일 국방부가 2021년 발표한 보고서 「미래 연방군을 위한 강조점Eckpunkte für die Bundeswehr der Zukunft」은 각 군 부대의 자율적·창의적 활동을 고무시키기 위해 군 조직의 유연화를 목표로 하는 '탈중앙화Dezentralisierung'를 적극 추진하겠다고 밝힌 바 있다(Bundesministerium der Verteidigung, 2021: 24).

그러나 독일 연방군 내부에서 극우화 경향이 나타나고 있다는 사실이 밝혀짐에 따라 '제복을 입은 시민'이라는 자유주의적 정체성을 재확립하는 것이 무엇보다도 시급한 과제로 등장했다. 독일 연방군 내부에 극우 성향의 네트워크가 있다는 사실은 독일을 비롯한 유럽 국가들에 심대한 충격을 주었다. 연방군 내 극우 세력의 실체는 2017년 독일-프랑스 합동여단Deutsch-Französische Brigade 소속의 프랑코 알브레히트Franco Albrecht 중위가 테러 행위를 시도하려던 혐의로 체포되면서 드러나게 되었다(Jansen, 2021.5.19). 그는 극우 성향의 군인, 예비군, 경찰, 정치인들이 연계된 '한니발'이라는 집단의 일원으로서, 국가 주요 시설에 대한 테러 행위를 계획했던 것으로 알려졌다. 이 조직은 독일과 오스트리아, 스위스 등 독일어권 전역에 걸쳐 형성된 네오나치 성향의 네트워크로, 좌파 정치인 및 활동가들의 암살과 독일 정부의 전복 등을 구상하고 이를 위한 무기 확보를 시도했던 것으로 나타났다(Kaul, Schmidt and Schulz, 2018).

특히 이 극우 조직에 독일 연방군의 정예부대인 특수부대 'KSK Kommando Spezialkräfte' 소속 군인들 다수가 핵심 멤버로 참여한 것으로 드러나 파문이 일었다. 이로 인해 독일 정부는 연방군 내부의 극우 세력을 일소하기 위한 개혁 조치에 착수해, 2020년 8월에는 KSK의 4개 전투중대 가운데 2개 중대를 해체한 바 있다(Cw/kle, 2020). 이러한 국내외적 요인에 따라 징병제를 재도입하자는 논의가 제기되고 있다. 독일 사민당SPD 소속의 국회 국방의원 에바 회글Eva Högl은 2011년의 징병제 폐지가 "큰 실수"였다고 비판하며, 연방군의 극우화 방지를 위해 징병제를 재도입하여 군대와 시민 사이의 거리를 좁혀야 한다고 주장하고 있다. 이에 대해 대다수 정당들은 회의적인 입장이지만, 역설적으로 극우 정당은 징병제 도입을 찬성하는 등 논쟁이 진행 중이다(Lueb, 2020).

3. 작전혁신의 과제: 복합지정학적 대응 전략

냉전의 해체는 다른 나라들과 마찬가지로 독일에게도 '적이 누구인가'와 '어떤 영역에서 적의 위협이 닥쳐오는가'를 재규정해야 하는 복합지정학의 과제를 제기했다. 이로 인해 미래전에 대한 독일의 인식은 단순히 기술적인 요소에 기반했을 뿐 아니라, 보다 구체적인 지정학적 전환에 기반하여 형성되었다. 복합지정학적 위협을 직접적으로 촉발한 것은 독일을 비롯한 서유럽이 처해 있는 국제정치적 여건이다. 중동 및 북아프리카와 인접해 있는 독일의 지리적 위치로 인해, 이슬람 근본주의 등에 의한 지속적인 테러 위협은 독일 안보의 과제로 등장했다. 또한 역사적으로 이어져 온 러시아의 위협 역시 크림반도 병합이후, 보다 다각화된 형태로 독일 안보의 불안 요인이 되고 있다. 나아가 미중 갈등으로 점차 중요성이 커지고 있는 인도·태평양 지역의 안정 또한 자유주의 국가로서의 독일 안보의 근간과 연관된 문제로 등장했다. 이에 대한 독일의 전략적 대응은 나토와 유럽연합의 일원으로서의 국제적 역할의 강화로 나타나고 있으며, 이를 통해 궁극적으로 독일 사회의 복원력resilienz을 보장하는 것을 전략적 목표로 하고 있다.

1) 복합지정학적 전환과 전장의 복합화

독일군 작전혁신의 과제는 안보환경을 둘러싼 지정학적 전환이라는 맥락 속에서 도출된다. 냉전 시기까지 안보의 핵심 과제는 특정 적대국의 군사적 위협과 이에 대한 대응으로 이해되어 왔다. 냉전의 해체 이후, 이러한 고정적 안보 관념은 그 유효성을 상실해 가기 시작했으며, 안보위협의 주체와 영역 모두 다변화되는 현상이 나타났다. 코펜하겐 학파의 '안보화securitization' 이론이 주장하듯이, 고정된 안보 개념을 벗어나 정치적 여건과 경제적 관계, 국내 여론의 동향 등이 다이내믹스를 이루는 복합지정학적 안보환경이 대두한 것이다

(Buzan, 1997). 이러한 유동적 안보 여건 속에서 독일 역시 자국의 안위를 확보하는 것은 물론, 유럽연합의 주도국이자 미국과 서유럽 국가들로 구성된, 이른바 '대서양 공동체'의 일원으로서 세계평화를 추구해야 할 과제를 안게 되었고, 이것이 독일 연방군 작전혁신의 핵심 내용으로 부상하게 되었다. 즉, 미래에 독일이 직면하게 될 새로운 안보위협은 지정학적 전환으로 인한 전장 영역의 복합화와 연관되어 있다. 전통적인 국가안보의 개념은 국내와 국외를 구분하는 국경에 기반하여, 군대를 통한 대외적 안보의 유지 및 경찰을 통한 치안의 확보로 구성되어 왔다. 그러나 국제적 테러리즘, 대량살상무기의 확산, 국지적 분쟁, 사이버 위협 등은 이러한 전통적 영토 방위의 개념을 침식하고 있다. 즉, 내부와 외부를 구분하는 안보 개념이 더 이상 유효하지 않게 된 것이다.

탈영토화된 안보위협은 무엇보다도 2001년 9·11 테러 이후 세계적 안보위협으로 등장한 국제 테러리즘으로 인해 표면화되었다. 독일에서도 이슬람 테러가 실제로 일어나면서, 안보위협을 초래한 바 있다. 2004년 베를린을 방문한 이스라엘 총리 아야드 알라위Ayad Allawi에 대한 이슬람 테러리스트의 암살 시도를 비롯해, 2016년 하노버, 에센, 뷔르츠부르크, 안스바흐, 베를린 등 독일 각지에서 연쇄적으로 이슬람 테러리스트들의 공격이 벌어졌던 것이다. 이러한 테러 행위는 무고한 민간인들을 향한 무차별적 폭력으로, 향후 미래전의 양상을 더 이상 국경 중심의 근대적 전투로 국한할 수 없음을 확인하는 계기가 되었다. 이 외에도 극우 세력에 의한 테러 역시 독일이 대처해야 할 주요 안보위협으로 여겨지고 있다. 앞서 언급한 연방군 내부와 연계된 극우 조직 이전에도 '국가사회주의 지하Nationalsozialistischer Untergrund'라는 극우 세력들이 테러를 자행한 바 있다. 100여 명 이상으로 구성된 것으로 추정되는 이 조직은 1999년 뉘른베르크 폭탄테러, 2001년과 2004년 쾰른 폭탄테러를 비롯하여 2000년부터 이민자 출신 자영업자 10여 명에 대한 살인을 자행한 바 있다(Von Der Behrens, 2018). 2015년 발생한 시리아 난민 위기 역시 대량의 이주민들로 인해 독일의 안전이 영토 내부에서 위협받을 수 있음을 확인시켜 주었다. 이처럼 독일 내부에서 시민의 생명을 위협하는 테러 행위는 물론, 사회적 불안정 요인들 역시 국경에서의 영토방어라는 전통적인 국방 개념을 벗어나는 새로운 위협 요인으로 등장했다. 2016년 발간된 『독일 국방백서Weißbuch』의 "안보정책과 연방군의 미래Zur Sicherheitspolitik und zur Zukunft der Bundeswehr"라는 부제가 함의하듯이, 다각화된 안보 요인들을 미래전의 도전 과제로 정의하고 있다. 이 백서는 전통적인 군사 부문과 관련된 내용을 대폭 축소하면서, 새로운 위협으로 떠오른 테러리즘, 사회 인프라에 대한 공격 가능성, 이민자 문제 등을 주요한 안보 사안으로 지목했다(Weißbuch, 2016: 38~42).

이와 함께 대외적인 요인으로서 러시아의 위협 역시 독일이 대처해야 할 안보 과제로 여겨지고 있다. 2016년 발간된 『독일 국방백서』는 러시아가 "임박한 시기에 우리의 대륙에서의 안보에 도전이 될 것이다"라고 진단했다(Weißbuch, 2016: 32). 러시아가 국제질서의 강국으로 등장한 근대 이후 독일은 전통적으로 러시아의 위협으로부터 유럽을 보호하는 방파제의 역할을 수행한 바 있다. 제2차 세계대전 동안 벌어진 독소전쟁 역시 러시아에 대한 독일의 군사적 대응이라는 수정주의적 역사 해석이 제기된 바 있다(Nolte, 2000). 앞서 살펴본 바와 같이 냉전 기간 동안 소련에 대한 자유주의 진영의 이데올로기적 적대와 위기의식은 서독의 재무장을 가능하게 한 요인이기도 했다. 안보위협으로서 러시아의 존재가 본격적으로 대두된 것은 2014년 러시아의 크림반도 병합 이후부터이다. 크림반도 병합 사태는 물론, 그 직접적인 발단이 되었던 우크라이나 유로마이단Euromaidan 사태는 독일이 속한 서유럽 사회와 러시아 사이에 여전한 인종적·이데올로기적 대립이 존재함을 보여주었다(Katchanovski, 2018). 유로마이단 사태는 우크라이나의 유럽연합 가입을 계기로 하여 우크라이나를 동서로 양분했고, 인종적·언어적 공통성에 기반한 러시아의 팽창 의도를 확인시켜 주었다. 크림반도 병합을 전후하여 유럽연합은 독일의 주도로 러시아에 대한 경제 제재에 나서는 등 전통적인 긴장 관계와 대립 요소가 외교적으로 표면화되기도 했다(Götz, 2014). 물론 독일과 러시아의 긴장 관계는 전통적인 외교 관계의 연속이지만, 그 양상으로 나타난 러시아의 전략, 즉 전통적인conventional 군사 활동이 아닌 다양한 방식의 공격을 포함하는 하이브리드hybrid 전략은 사이버 공간 역시 독일이 확보해야 할 안보공간에 해당함을 증명하고 있다. 실제로 2015년 6월 독일 연방의회가 직접적인 사이버 공격의 대상이 되어 국회의원 10여 명의 컴퓨터 내 정보가 유출되는 일이 발생한 사건에 러시아가 개입한 것으로 추정된다(Reinhold and Schulze, 2017: 7).

또한 지리적 범위를 넘어 세계경제의 네트워크가 지속적으로 긴밀해지면서 미중 갈등, 코비드-19 팬데믹으로 불거진 중국에 대한 불안감 역시 독일의 안보 요인으로 이해되고 있다. 세계경제의 핵심으로 등장한 중국과의 관계는 독일의 경제안보 차원에서 중요한 사안이 되었으며, 군사안보적으로도 나토의 일원으로서 독일의 역할이 요청되고 있는 상황이다. 미중 경쟁의 와중에 전략적 중요성이 부각된 인도·태평양 지역은 경제적으로 성장하고 있는 곳으로, 세계경제의 성장을 이끄는 지역인 만큼 독일 역시 관심을 두어야 하는 입장이다. 더욱이 세계경제의 핵심이자 세계적 강대국으로 등장한 중국의 부상은 국제규범에 위기를 초래하고 있어 독일의 대외정책에서 차지하는 비중이 점차 커지고 있다. 이는 유럽 차원에서도 마찬가지인데, 이미 화웨이와 관련하여 유럽의 5G 네트워크 사안이 미중 갈등으로 이어져 복잡하게 전개되고 있다. 중국과의 디지털 장비 교역에서 개인정보와 사생활 보호 등의 문제가 계속 불거지는 것 역시 유럽으로서는 안보위협이 될 수 있는 사안이다. 이는 궁극적으로 권위주의체제인 중국이 유럽에게는 '체제 경쟁자'의 성격을 가지고 있기 때문이다(Perthes, 2020: 7~8; Riecke, 2021: 2). 독일의 경우, 영국과 프랑스와 같이 인도·태평양 지역에 해외 영토를 가지고 있지는 않으나, 상이한 정치체제로 인한 갈등은 중국과의 마찰로 이어질 수 있다는 우려를 자아내고 있다(Bendiek and Lippert, 2020: 50~51). 독일 외무부가 2020년 「인도·태평양 가이드라인 Leitlinien zum Indo-Pazifik」을 발표한 것 역시 중국이라는 새로운 안보위협 요인의 등장 가능성에 미리 대처하기 위함이다. "독일-유럽-아시아, 함께 21세기를 형성하기"라는 부제를 지닌 이 가이드라인은 독일이 적극적으로 인도·태평양 지역에 관심을 가질 것임을 밝히고 있다. 하이코 마스Heiko Maas 독일 외무장관은 서문을 통해 코비드-19 팬데믹, 미중 갈등, 기후변화 등 국제사회가 당면한 핵심 사안들에 적극적인 목소리를 내기 위해 독일이 인도·태평양 지역에 관심을 가져야 한다고 강조했다(Auswärtiges Amt, 2020: 2~3).

2) NATO와 EU 프레임 속의 다자협력 전략

"안보정책과 연방군의 미래"라는 부제와 함께 발표된 2016년 『독일 국방백서』는 독일이 처할 수 있는 미래전의 안보위협을 폭넓게 정의하고 있다. 이 백서는 특히 '복원력resilienz'을 국방정책의 궁극적 목표로 설정하고, 사회적 안전의 확보를 위해 형식적 틀에서 벗어난 적극적인 안보협력 체계를 갖추어야 함을 강조하고 있다. 이는 독일 연방군의 역할을 국경에서의 영토 수호라는 전통적 임무로부터 사회 내부 전반의 안전 담당으로 확장시키려는 시도를 의미한다. 전통적 군사 활동의 범위를 벗어난 다양한 안보위협에 대응하여 독일 연방군의 활동 영역을 확장하려는 움직임은 2006년 이후 본격화되어 왔다. 이는 테러리즘의 확산, 2008년 글로벌 금융위기 이후 불안정해지고 있는 국제 정세와 더불어, 2011년 징병제가 폐지되는 등 안보공백이 생길 수 있다는 우려로부터 도출된 것이었다. 이 백서는 초국가적 테러, 사이버 공간에서의 도전, 국가 간 전쟁, 국가와 정부의 취약성, 대량살상무기의 확산, 정보·통신·교통망에 대한 위협, 교역·원자재·에너지 공급망의 안전, 기후변화, 이민자, 팬데믹과 전염병 등의 다양한 위협들을 미래의 안보 과제로 제시했다(Auswärtiges Amt, 2020: 34~45).

이러한 대내외적인 미래 안보불안 요인들에 대하여 독일 연방군은 민주주의 전통과 자유주의 군대로서의 정체성을 더욱 강조하고 있다. 이는 독일이 제2차 세계대전 이후 서유럽 국가들과의 적극적인 공조를 통해 창설한 독일 연방군

전통 속에서 미래전에 대비한 기본 전략을 수립하고 있음을 의미한다. 2015년 당시 국방장관이던 우르줄라 폰데어라이엔Ursula von der Leyen은 "유럽의 한가운데로부터 리더십leadership from the middle"을 표방하며, 독일이 유럽의 틀 속에서 중심 국가 역할을 수행할 것을 분명히 밝힌 바 있다. 이러한 방침에 따라 2016년『독일 국방백서』는 장기적인 계획으로 '유럽 방위와 안보 연합European Defence and Security Union'을 제안한 바 있다. 유럽 통합의 수준을 현재의 경제적·사법적 수준에서 한 걸음 더 나아가 군사적 수준까지 끌어올려야 하며, 독일이 이를 주도하겠다는 의지를 공식화한 것이다. 이처럼 독일은 연방군의 적극적인 활동을 모색하면서도 국제법적 정당성을 준수하는 태도를 보이고 있다. 이러한 자세는 2011년 유엔을 통한 국제적 승인 없이는 리비아 내전에 참여하지 않겠다는 입장을 고수하며 확인된 바 있다. 유럽연합 역시 다자주의에 입각한 독일의 적극적 협력적 리더십을 환영하고 있다. 특히 브렉시트 이후 유럽연합을 공고히 하고, 유럽 공동의 안보체제를 수립하기 위해 유럽연합은 다양한 안보협력 시스템을 만들어왔다. EU 전투단EU Battlegroup(2005) 이래로 항구적 안보협력Permanent Structured Cooperation: PESCO(2017), 유럽방위기금European Defence Fund(2017), 해외군사 활동 지휘부Military Planning and Conduct Capability (2017), 연례방위검토Coordinated Annual Review on Defence(2019) 등은 이러한 목표 아래 독일과 프랑스가 주도하여 만든 EU의 공동안보 시스템에 해당한다. 동일한 맥락에서 독일은 나토의 일원으로서의 역할을 적극적으로 담당하려 한다. 2016년 발표된『독일 국방백서』를 통해서도 대서양 양안 관계와 유럽 안보 파트너십을 함께 강화하는 것이 독일의 국가이익임을 명백히 밝힌 바 있다. 이러한 맥락에서 독일은 2003년 창설된 나토 신속대응군NATO Response Force: NRF 활동에 적극 참여하고 있다. 특기할 만한 점은, 프랑스와 달리 독일은 유럽의 안보협력을 강조하면서 동시에 나토의 결속력 역시 강화하려 한다는 점이다(Algieri, Bauer and Brummer, 2006). 일례로 독일과 미국 사이의 외교 관계가 매끄럽지 못했던 트럼프 대통령 시기에도, 프랑스 마크롱 대통령이 나토 경시 입장을 공

그림 7-1 독일의 해외파병 지역(2021.9)

임무	국가
❶ NATO 코소보군	코소보
❷ UN 남수단 임무단	남수단
❸ 유럽연합(EU) 해군 소말리아 아탈란타 작전	소말리아
❹ 유럽연합(EU) 해군 지중해 작전	지중해
❺ NATO 바다 수호자 작전	지중해
❻ 유럽연합(EU) 밀리 군사훈련단	밀리
❼ UN 밀리 다각적 통합 안정화 임무	밀리
❽ UN 서사하라주민투표감시단	서사하라
❾ IS 대항 및 이라크 역량 강화	시리아/이라크(요르단)
❿ UN 레바논평화유지군	레바논
⓫ UN 호데이다(Hudaydah)합의 지원단	예멘

자료: https://www.economist.com/europe/2021/09/11/after-afghanistan-germans-rethink-their-countrys-foreign-policy (검색일: 2021.11.1)

개적으로 비판한 데 비해 메르켈 총리는 나토를 통한 대서양 양안 사이의 협력을 중시한 데서 확인된 바 있다(Mallet, Peel and Buck, 2019.11.8).

독일 연방군의 적극적인 해외파병 증가 역시 이러한 EU와 NATO를 통한 다자협력의 틀 속에서 진행되고 있다. 독일 연방군은 탈냉전 이후 자국 방위의 개념을 벗어나, 자유주의 질서와 세계평화의 수호를 위한 임무 수행에 나서고 있다. 2011년 징병제 중단으로 대대적으로 병력이 감축되었음에도 해외파병 병력은 기존 대비 2배 이상 확충된 것은 이를 잘 보여주는 예시이다. 2018년에 발표된 연방군의 전통에 관한 문건에서도 독일 연방군의 해외파병 활동에 대한 적극적인 의미 부여가 포함되기도 했다. 이에 따르면, 냉전 시대의 독일 군대는 국가의 수호에 국한된 역할을 수행했던 데 비해 1990년대부터는 독일 연방군이 세계 각지의 분쟁지역에 파병됨으로써, 독일이 국제사회의 일원으로서 역할을 다할 수 있도록 기여했다는 것이다(Bundesministerium der Verteidigung, 2018). 이는 당시까지의 해외파병이 지닌 민주주의적·국제적 정당성을 확인하

그림 7-2 독일의 해외파병 병력 현황(2021.10.4)

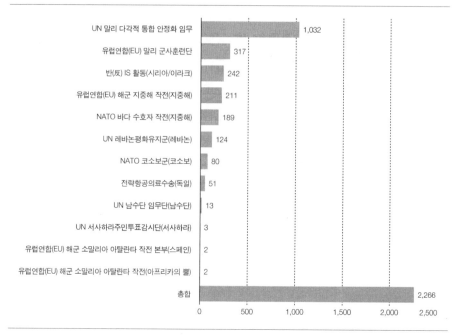

자료: https://www.statista.com/statistics/265883/number-of-soldiers-of-the-bundeswehr-abroad/ (검색일: 2021.11.1)

는 것과 동시에 미래의 해외파병에 대해서도 정당화할 수 있는 근거를 마련한 것이라 할 수 있다. 독일 연방군은 1999년 3월 코소보 파병으로 전후 최초로 무장된 독일 군대의 해외 참전을 실시한 바 있다. 프랑스를 비롯한 주변 유럽 국가들은 이에 반발하지 않고, 독일의 적극적인 유럽 안보 활동을 환영하는 입장을 표명했다. 독일 연방군은 자유주의 진영의 인도적 군사 활동에 적극 참여함으로써 민주주의적 정당성 아래 활동 영역을 확장하고 있는 것이다. 독일 연방군은 치안 부재 국가, 분쟁국가, 비무장 양민에 대한 위협 지역, 해적 출몰 해역, 종족 간 분규 지역 등에 파견되어 살상 방지, 안전지대 확보, 의료 지원, 난민 지원품 수송, 치안유지 활동 등을 수행 중이다. 나아가 독일 연방군은

2001년 미국이 주도한 아프가니스탄 전쟁에도 파견되어 미군 철수 시까지 주둔 병력을 운용한 바 있다. 또한 시리아와 이라크 지역에도 군대를 파병해 IS에 대항하여 싸우고 있는 이라크 정부와 쿠르드족 지역 정부를 지원했다. 이러한 지원에는 무기와 장비 지원 및 군사교육 등 다양한 영역에서 인도적 군사활동이 포함되어 있다. 독일 연방군의 해외 활동들은 테러리즘과 난민 문제로 유럽 안보 문제의 근원이 되고 있는 중동 정세에 적극 개입하고 있음을 의미한다. 또한 독일이 미국과의 긴밀한 협력 속에 자유주의 질서의 확산에 기여하고 있음을 함의한다.

인도·태평양 지역으로의 진출을 도모하고 있는 독일의 대외정책 역시 이러한 자유주의 다자협력 체계 속에서 이해할 수 있다. 인도·태평양 해역을 통해 전 세계 상품 및 원자재의 3분의 2가 이동하는 만큼, 독일 역시 이 지역에 깊은 이해관계를 지니고 있다. 2020년 발표된 「인도·태평양 가이드라인」에서 독일은 NATO, 유럽안보협력기구OSCE와 같은 집단안보체제와 UN, 유럽연합과 동남아시아국가연합ASEAN 등 다양한 다자협력체제의 틀 속에서 인도·태평양 지역에 대한 접근법을 모색할 것임을 천명했다(Auswärtiges Amt, 2020: 2~3). 독일은 NATO의 '글로벌파트너Partners Across the Globe' 협력체계의 틀 속에서 사이버 안보, 해상 안보, 인도적 지원, 자연재해 구호 등의 활동에 적극적으로 참여한다는 것이다. 또한 기후변화 대처, 인권과 법치주의 옹호, 공정하고 지속 가능한 자유무역, 디지털 전환을 함께 추구한다는 자유주의적 목표를 확실히 하고 있다(Auswärtiges Amt, 2020: 39). EU 차원의 인도·태평양 지역에 대한 접근도 강화되고 있다. EU가 2016년 발표한 "유럽의 번영과 아시아의 안보" 연계 전략에 기반하여, 독일과 프랑스는 EU를 통한 '아시아내외안보협력증진Enhancing Security Cooperation in and with Asia' 프로젝트를 주도한 바 있다. 이 밖에도 아시아개발은행Asian Development Bank: ADB, 아시아인프라투자은행Asian Infrastructure Investment Bank: AIIB, 태평양도서국포럼Pacific Islands Forum: PIF, 메콩강위원회Mekong River Commission: MRC, 아시아유럽정상회의Asia-Europe Meeting:

ASEM, 벵골만기술경제협력체Bay of Bengal Initiative for Multi-Sectoral Technical and Economic Cooperation: BIMSTEC 등 아시아 지역의 다양한 다자기구와 적극적인 협력을 취한다는 입장 역시 표명했다(Auswärtiges Amt, 2020: 24~25).

또한 이 가이드라인은 보다 구체적으로 중국 일대일로에 대한 비판과 대안으로서의 EU-일본 파트너십을 강조하고 있다. 이 지역에서 독일이 설정한 목표 가운데 하나인 '규범에 기반하여 공간과 시장을 연결하기, 그리고 디지털로 전환하기'는 직접적으로 중국의 대외정책을 견제하고 있다. 현재 인도·태평양 지역에서 공간을 연결하는 인프라 구축 사업은 중국의 일대일로가 주도하고 있다. 독일은 일대일로 사업이 관련 국가들의 중국에 대한 재정 의존을 심화시킬 우려가 있고, 환경적으로도 비판을 받고 있음을 명시한 것이다. 독일은 EU와 아시아의 협력을 통해 인도·태평양 지역에서 중국과는 달리 지속 가능성, 투명성, 대등성, 개인정보 보호에 기반한 교통체계, 에너지 플랫폼, 디지털 네트워크 건설에 나설 의향이 있다고 주장하고 있다. 이러한 EU의 투자에 대한 아시아 파트너 역할을 할 국가로 이 가이드라인은 일본을 지목했다. 2019년 EU와 일본은 투자 대상국의 재정건전성을 침해하지 않는 것은 물론 정치적·경제적 자립을 유지하는 방식의 인프라 투자를 목표로 하는 '지속 가능한 연결성과 질적 인프라스트럭처에 관한 파트너십Partnership on Sustainable Connectivity and Quality Infrastructure'을 체결한 바 있다(Auswärtiges Amt, 2020: 53~54). 인도·태평양 지역에서의 적극적인 활동을 예고한 독일 정부의 입장 발표 이후, 이 지역에서 독일의 군사 활동이 표면화되고 있다. 독일은 2021년 8월부터 프리깃함 바이에른을 인도·태평양 해역에 파견하여 6개월 이상의 항해를 진행하고 있다. 2022년에는 독일 공군 전력 역시 오스트레일리아 일대에서 훈련을 계획 중으로, 인도·태평양 지역에서 독일의 군사 활동이 활발해질 것으로 전망된다. 인도·태평양 지역은 풍부한 해양자원은 물론 주요 유통로로 이용되는 등 높은 산업적 가치를 지님과 동시에, 미중 갈등은 물론 중국, 인도, 파키스탄과 북한까지 핵보유국가들이 밀집해 있어 높은 군사적 긴장이 잠재해 있는 곳이다. 이 외에도 지역 및 글로벌 네트워크를 지닌 테러 집단, 해적, 조직범죄, 자연재해, 이민자 문제 등이 산재해 있어 전통적·비전통적 안보의 관점에서 위험 요소가 내재해 있는 곳이라 할 수 있다. 이와 같은 인도·태평양 지역에서의 긴장 요인은 독일의 영향력 확대 및 군사 활동의 개시를 위한 명분이 되고 있다. NATO, EU의 일원이자 핵심적인 멤버의 자격으로서 독일은 지리적 거리에도 불구하고 인도·태평양 지역에 적극 진출할 것으로 전망된다(Heiduk and Wacker, 2020: 40).

4. 기술혁신의 과제: 독일의 미래전 대비 디지털 군사혁신의 과제와 전략

독일 연방군은 미래전의 과제에 대한 대응으로 NATO와 EU의 협력 프레임 속에서 역할을 수행하기 위해 디지털 군사혁신을 추진하고 있다. 이러한 입장은 독일 연방군으로 하여금 게임체인저game changer에 해당하는 전략무기의 개발과 배치보다는 EU와 NATO의 지휘에 따른 군사행동을 기술적으로 구현하는 실질적 차원의 첨단화 전략에 나서도록 하고 있다. 이러한 기술혁신을 위해 독일 연방군은 디지털화 정책을 추진하고 있다. 물론 기술혁신을 위한 무기와 장비의 확충, 그리고 이를 위한 예산의 확보는 선결해야 할 과제로 남아 있다.

1) 다영역작전 수행을 위한 디지털 군사혁신

기술혁신은 앞서 살펴본 조직혁신과 작전혁신을 실질적으로 구현할 수 있는 방안이라 할 수 있다. 이를 위해 독일 연방군은 향후의 전장戰場이 될 다영역 공간을 설정하고, 다영역 공간에서의 전투에 대비하기 위한 디지털화digitalisierung 정책을 적극 추진하고 있다. 우선 독일 연방군은 한정된 예산 속에서 미래전에 대비한 군사혁신을 위해 전술적 차원의 변화를 꾀하고 있다. 대표적인 것은 현재의 가용 병력과 장비를 통합하여 운용하는 다영역작전의 도입이라 할 수 있다. 다영역작전Multi Domain Operations은 미래 전장에서의 새로운 전쟁 양상 속에서 전장을 주도할 수 있는 전투 수행 방안으로 2018년부터 미 육군에 의해 도입된 작전개념이다. 다영역작전의 핵심은 러시아, 중국과의 무력 충돌 상황에서 지상·해상·공중·우주·사이버 영역 등 전투가 진행될 수 있는 모든 영역을 통합한 유기적인 작전체계를 수립하는 데에 있다(Townsend, 2018: vi~vii). 이를 구현하기 위해서는 네트워크를 기반으로 한 지휘통제체계를 수립하는 모델이 필수적이며, 이는 기존의 육군·해군·공군의 개별적 작전체계를 넘어서는 통합적 작전개념의 형성을 전제로 한다. 독일 연방군에서도 2018년부터 NATO의 협력 프레임 속에서 다영역작전의 실행 방안을 논의하기 시작했다(Siegemund, 2018). 미군의 다영역작전 개념이 인도·태평양 지역에서는 최종적으로 중국과의 무력 충돌을 염두에 두고 발전되고 있다면, 유럽에서는 러시아에 대한 효과적인 대응을 위해 NATO의 협력체계 속에서 논의되고 있다. 러시아의 크림반도 병합 이후 효과적인 군사적 대응책을 모색하고 있던 유럽 국가들에게 미군의 다영역작전은 하나의 대안이 되었던 것이다(Masuhr, 2020: 173). 독일의 경우, 아직 다영역작전에 대한 논의가 본격적으로 진행되지는 못한 상황이다. 다만, 다영역작전의 선행 조건으로서 전통적인 육·해·공군을 넘어서는 우주 공간과 사이버 공간에서의 군사 활동을 담당하는 부대 창설, 편제 개편 작업 등이 준비되고 있다(Gady and Stronell, 2021: 163~164).

독일 연방군은 2020년 다영역작전체계에서 우주 공간을 담당할 부대로 공군 예하에 '항공과 우주 작전 센터Air and Space Operations Centre'를 창설했다. 이는 2019년 미국과 2020년 프랑스에서 우주부대가 창설된 데 보조를 맞춘 움직임이며, 2019년 런던에서 개최되었던 NATO 지도자 회의에서 다영역작전의 일부로 우주 공간에 대한 논의가 본격화된 데 따른 조치이기도 하다. 독일의 우주 공간 전략은 독자적인 작전 활동에 초점을 두지는 않고, 인공위성을 통한 정찰 활동, 전장 정보의 제공 등을 핵심으로 한다(Vogel, 2020: 3~4). 사이버 공간의 경우, 독일 연방군은 '사이버와 정보 공간 사령부Kommando Cyber-und Informationsraum'를 2017년 창설하여 운영 중이다. 향후에는 이를 확대 개편하여 연방 사이버군을 창설하는 것으로 계획되어 있다. 2015년부터 해킹 등을 통한 사이버 공격이 빈번해지자 독일 내에서 사이버 안보의 중요성에 대한 인식이 높아지고 있었다. 이에 대응하기 위해 독일 연방군은 사이버와 정보 공간 사령부의 인력 구성에서 군인과 민간인들을 함께 배치하는 등 사이버 기술을 선도하는 민간 영역의 전문가들과 협력하여 사이버 안보체계를 수립해 가고 있다. 특히 전후방이 존재하지 않는다는 사이버 공간의 특성상, 국방부가 내무부와 공동으로 '사이버 안보 혁신을 위한 에이전시Agentur für Innovation in der Cybersicherheit'를 설립한 것 역시 주목할 만한 움직임이라 할 수 있다(김주희, 2019: 11~12).

다영역작전을 포함한 독일 연방군의 군사혁신은 종합적으로는 독일 연방군의 디지털화를 통해 추진되고 있다. 기본적으로 독일 연방군의 디지털화 정책은 EU와 NATO의 틀 속에서 주어진 임무를 효율적으로 수행할 수 있도록 군을 현대화하는 작업을 의미한다. 즉, 연방군의 디지털화란 '미래 보병Infanterist der Zukunft', 드론 등 무인무기체계 개발, 사이버 안보 전략을 총괄하는 포괄적 개념이다. 미래 보병이란 병사 개개인의 수준에서 첨단화를 달성하려는 시도로서 열추적감지장비 장착 등을 통한 개인화기의 첨단화는 물론, 카메라 및 네트워크화된 장비 사용을 통한 작전 효율성의 증대, 자율주행차량 및 이동로봇을 이용한 전투지원체계의 디지털화 등을 포함한다. 첨단 장비의 유기적 통합을 위해 광학 기술이 적용된 무기와 강화된 보호 장비, 네트워크에 연결된 지휘통제 장비 등이 미래 보병의 핵심 기술을 구성하고 있다(Volkmann, 2014: 54~55). 미래 보병 시스템은 2002년 코소보 내전에서 프로토타입 형태로 작전 활용 가능성 여부가 테스트된 이후, 2006년부터 독일 연방군에 보급되어 네트워크 중심의 전투 수행 능력 배양에 활용되고 있다(Dewitz, 2013). 드론과 로봇 등 무인무기체계 역시 독일 연방군의 디지털화에서 중요한 부분을 차지하고 있다. 독일은 미국이 개발한 무인정찰기 글로벌 호크Global Hawk의 유럽 시스템에 해당하는 유로 호크Euro Hawk를 이미 운영 중에 있다. 이와 함께 이스라엘에서 생산하는 무인정찰기 체계인 IAI 헤론Heron 역시 도입해 아프가니스탄에 배치, 운영한 바 있다(Bundestag, 2020: 25). 드론 이외의 킬러 로봇 등 전투용 무인무기체계에 대해서는 정치적·윤리적 문제가 남아 있으나, 독일에서도 국제적인 기준, 특히 EU 차원의 활용 규범의 도입과 함께 작전에 배치될 것으로 전망된다(Dahlmann and Dickow, 2019: 24~26). 또한 직접적인 전투 분야 외에도 인사 관리, 물자 관리·운용·보급 등에 첨단 정보화기술 도입 역시 계획되고 있다. 독일 연방군의 디지털화는 군사 활동을 지원하는 상용 차량 관리, 물자 정비, 피복 관리 등 비핵심 분야를 대폭 민영화하여 효율성을 극대화하는 것까지 포함하는 전반적인 국방혁신 사업이라 할 수 있다.

2) 디지털 기술혁신 추진을 위한 재정 확보 과제

독일 연방군은 미래의 전쟁을 구성하게 될 복합적 위협들에 대응하기 위해서는 극복해야 할 많은 과제를 안고 있는 것으로 보인다. 독일 국방부는 2021년「미래 연방군을 위한 강조점Eckpunkte für die Bundeswehr der Zukunft」이라는 이름으로 국방개혁의 목표를 제시한 바 있다. 이에 따르면, 지휘체계의 확립을 통한 기능의 개선, 효율성의 제고提高, 탈집중화, 작전 태세 강화 등이 목표로 설정되었다(Bundesministerium der Verteidigung, 2021: 10). 독일의 첨단 과학기술은 높은 수준을 자랑하며, 기술력을 바탕으로 무기 제조와 판매에서 명성을 얻고 있다는 점에서 이러한 목표 달성은 당연한 듯이 보인다. 독일은 실제로 국제 무기 거래시장에서 미국, 러시아, 프랑스에 이어 4위의 수출 규모를 가질 정도로 높은 수준의 국방력을 갖춘 것으로 평가되고는 한다.

그러나 독일 내부에서는 국방력 제고를 위해 독일 연방군이 내부적으로 산

그림 7-3 무기 수출 국가별 현황(2016~2020)

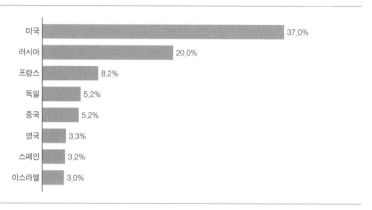

미국	37.0%
러시아	20.0%
프랑스	8.2%
독일	5.2%
중국	5.2%
영국	3.3%
스페인	3.2%
이스라엘	3.0%

자료: https://www.statista.com/chart/18417/global-weapons-exports/ (검색일: 2021.11.1)

적한 문제들을 해결해야 한다는 문제 제기가 끊이지 않고 있다. 2021년 발간된 독일 의회 국방위원회의 연례보고서는 수년 동안 독일군의 고질적인 문제로 장비 부족, 인력 부족, 관료화, 병력의 훈련 부족 등이 제기되어 왔으나 여전히 개선되지 않고 있음을 지적했다. 구체적으로 방한복, 헬멧, 군용 배낭 등이 규격에 맞지 않다거나, 군용 차량과 헬리콥터, 군함 등이 부족하거나 노후한 상태로 작전 투입에 부적합한 것으로 드러났다(Bundestag, 2021: 6). 의회 국방위원 한스-페터 바텔스Hans-Peter Bartels와 국방부 자문위원 라이너 글라츠Rainer L. Glatz는 2020년 발간한 보고서를 통해 냉전 해체 이후 진행되어 온 국방개혁 조치들이 민간기업의 경제 논리를 앞세우는 '예산에 맞춘 기획design to budget'이었음을 비판했다. 이에 따르면, 임기응변식의 장비 도입은 군의 즉각적인 임무 수행에 걸림돌이 되고 있으므로 장기적인 계획 수립이 필요하다는 것이다(Bartels and Glatz, 2020). 바텔스 위원은 또한 무기 및 장비 구매에 있어서 이케아Ikea 원칙을 세워야 한다고 주장했다. 계획을 우선 수립하고 새로운 무기와 장비를 주문했던 기존의 방식을 대신하여, 가구 매장인 이케아에서 전시된 가구들을 쇼핑하듯이, '찾아보기, 지불하기, 가져오기'의 순서로 예산 사용을 효율화해야 한다는 것이다(Birnbaum, 2020). 바텔스 국방위원은 2018년 이미 독일 해군에 함정이 부족한 상황에서 NATO, EU, UN 등의 공동작전에 참가해서는 안 된다고 비판한 바 있다(Uhlebroich, 2018).

그러므로 독일 연방군의 기술혁신을 위한 실질적인 과제는 재정 확보라고 할 수 있다. 다른 나라들과 마찬가지로 독일의 국방비 규모는 단순히 국내 정치적인 사안일 뿐 아니라 국제정치와도 연계된 논쟁적 사안이 되어왔다. 독일의 주요 국방 관련 사안들이 국제적인 차원에서 NATO라는 틀 속에서 논의되고 있듯이, 국방비 역시 NATO 동맹국들과의 관계 속에서 조정되어 왔다. 2002년 체코 프라하에서 개최된 NATO 정상회의에서 발트 3국(에스토니아, 라트비아, 리투아니아)과 불가리아, 루마니아 등의 신규 NATO 가입국들에게 국방비 증강을 요구함과 동시에 기존 회원국들 역시 국방비를 국내총생산GDP 대비 2%까지 늘리는 방안이 결정되었다. 이때 결정된 이른바 '2% 목표Zwei-Prozent-Ziel'는 2014년 9월 웨일스에서 열린 NATO 정상회의에서도 재확인되었다. 이는 물론 같은 해 2월 무력 충돌이 발생한 우크라이나 위기로 인한 유럽 국가들의 안보 위기감 때문이었다. 2014년 당시 독일은 GDP의 1.2%가량을 국방비에 지출하던 상황이라, 독일로서는 NATO의 결정에 따라 2024년까지 국방비를 거의 2배로 늘려야 하는 상황이었다(Techau, 2015: 3; Stöber, 2019). 도널드 트럼프Donald Trump 대통령 취임 이후에는 미국이 본격적으로 국방비 증액을 요구함에 따라 다른 사안들과 함께 미국과 독일 사이의 외교적 마찰이 표면화되기도 했다(Olesen, 2020).

독일의 국방비 증액은 기술혁신을 위한 비용 마련에 필수적인 사안이자 동시에 국제사회의 요청에 부합하는 방안이라 할 수 있다. 독일 정부의 발표에 따르면, 2021년 국방예산은 2020년에 비해 3.2% 증가한 530억 유로(한화 약 71조 원)가량으로 나타났다. 이는 독일의 GDP 대비 1.56%에 해당하는 금액이다. NATO가 바라는 2%에는 많이 모자란 액수이지만, 코비드-19 팬데믹으로 인해 독일 역시 경제적 타격을 받았음을 고려하면 상당한 증가분임을 알 수 있

그림 7-4 국방비 증강에 대한 독일 국민 의식 여론조사(2021.10.4)

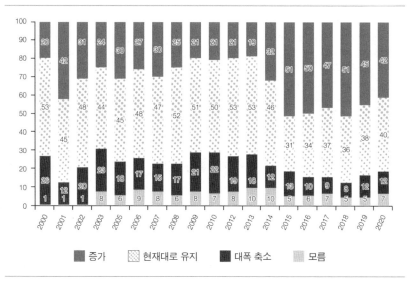

다(DPA, 2021.2.7).

그러나 독일의 국방비 증액은 독일의 역사 문제로 인해 여전히 민감한 사안이다. 무엇보다도 자국의 국방력 증강에 대해 독일 국민들의 의견은 다소 회의적인 것으로 나타나고 있다. 2021년 3월 발간된 「독일의 안보정책과 국방정책 의견 현황: 2020년 국민 여론조사 결과 및 분석」에 따르면, 국방비와 관련하여 독일 국민의 42%는 증액에 찬성하지만, 40%는 그대로 유지해야 한다고 응답한 것으로 나타났다. 물론 **그림 7-4**에서 나타나듯이, 지난 20년 동안 독일의 여론은 당시의 주요한 사건에 따라 크게 변화해 왔음을 알 수 있다. 예를 들어 9·11 테러가 발생한 2001년 직후와 우크라이나 위기가 발생한 2014년 직후의 여론조사에서는 국방비 증액에 대해 긍정적으로 답변한 비율이 전해에 비해 크게 상승한 것으로 나타났다(Steinbrecher et al., 2021: 203~204). 따라서 향후 국제 정세의 전개에 따라 국방비 증액에 대한 여론 역시 변화할 가능성이 있다. 독일 정부로서는 대내외적 안보환경의 변화와 국제사회의 요청, 국민들의 동의 속에서 기술혁신을 추진해야 하는 과제를 안고 있는 셈이다.

5. 결론

독일의 미래전 전략과 군사혁신은 구체적인 지정학적 위협과 점증하는 기술 발전의 복합적인 구조 속에서 도출된다. 냉전의 해체 이후 글로벌 금융위기, 유럽 경제위기 및 브렉시트 등과 같은 유럽연합 위기, 징병제 폐지, 중동 지역에서의 불안정, 러시아의 크림반도 합병 등으로 인해 독일은 급격한 안보환경의 변화를 겪게 되었다. 이를 더욱 복잡하게 하는 것은 경제교류의 활성화와 사이버 공간의 등장으로 전통적인 안보 관념이 기반해 있던 국경이 사실상 소멸해 가고 있다는 점이다. 21세기 들어 빈번해진 테러 공격을 통해 경험한 바와 같이 오늘날의 안보 현장은 공간적으로 전쟁터와 평화적 공간, 시간적으로 전시와 평시가 구분되지 않는다는 특성을 지닌다. 그러므로 미래전에 대비한 안보전략은 단순히 기술적인 차원의 진보에만 의존할 수 없으며, 내부 사회의 안정과 시민들 상호 간 신뢰를 확립함으로써 국내적 '복원력resilienz'을 보장하는 것까지를 고려해야 한다. 급변하는 역동적 정치 질서 속에서 독일은 NATO와 EU 등 지역협력 프레임을 준수하며, 이에 근거하여 활동 범위를 넓혀가고 있다. 이는 독일이 국제사회의 일원으로서 전장 환경의 안보위협의 다양화와 다각화에 대처하고 있는 것으로 평가할 수 있으며, 이를 실현하는 구체적인 방법으로서 군사혁신이 추진되고 있음을 의미한다.

김주희. 2019. 「독일의 사이버 안보전략」. 국제문제연구소 워킹페이퍼 No.120.

Algieri, Franco, Thomas Bauer and Klaus Brummer. 2006. "Germany and ESDP." in Klaus Brummer(ed.). *The Big 3 and ESDP: France, Germany and the United Kingdom.* Gütersloh: Bertelsmann Stiftung, pp.23~37.

Auswärtiges Amt. 2020. *Leitlinien zum Indo-Pazifik: Deutschland – Europa – Asien: Das 21. Jahrhundert gemeinsam gestalten.* Berlin: Auswärtiges Amt, pp.2~3.

Bartels, Hans-Peter and Rainer L. Glatz. 2020. *Welche Reform die Bundeswehr heute braucht – Ein Denkanstoß.* Berlin: Stiftung Wissenschaft und Politik.

Bendiek, Annegret and Barbara Lippert. 2020. "Die Europäische Union im Spannungsfeld der sino-amerikanischen Rivalität." in Barbara Lippert and Volker Perthes(eds.). *Strategische Rivalität zwischen USA und China: Worum es geht, was es für Europa (und andere) bedeutet.* Berlin: Stiftung Wissenschaft und Politik.

Birnbaum, Robert. 2020. "Bartels fordert schnellere Materialbeschaffung bei Bundeswehr." *Der Tagesspiegel.* https://www.tagesspiegel.de/politik/bericht-des-wehrbeauftragten-bartels-fordert-schnellere-materialbeschaffung-bei-bundeswehr/25482402.html (검색일: 2021.10.18)

Bundesministerium der Verteidigung. 2018. *Die Tradition der Bundeswehr: Richtlinien zum Traditionsverständnis und zur Traditionspflege.* https://www.bmvg.de/de/aktuelles/der-neue-traditionserlass-23232 (검색일: 2021.10.7)

_____. 2021. "Eckpunkte für die Bundeswehr der Zukunft." Berlin: Bundesministerium der Verteidigung.

Bundestag. 2014. *Die Neuausrichtung der Bundeswehr – Ziele, Maßnahmen, Herausforderungen.* WD 2-3000-040/14. https://www.bundestag.de/resource/blob/412254/04d0b8db2d14ece3a72d-9b580c9578a6/WD-2-040-14-pdf-data.pdf (검색일: 2021.10.12)

_____. 2020. *Der Einsatz von bewaffneten Drohnen weltweit.* Aktenzeichen: WD 2-3000-064/20. https://www.bundestag.de/resource/blob/814842/3bd8996607eb21fd3eed2408cd6a2384/WD-2-0 64-20-pdf-data.pdf (검색일: 2021.10.12)

_____. 2021. *Unterrichtung durch die Wehrbeauftragte Jahresbericht 2020 (62. Bericht).* Köln: Bundesanzeiger.

Buzan, Berry. 1997. "Rethinking Security after the Cold War." *Cooperation and Conflict,* Vol.32, No.1, pp.5~28.

Clausewitz, Carl von. 1991. *Vom Kriege.* Bonn: Dümmlers Verlag.

Cw/kle. 2020. "Zweite Kompanie der KSK aufgelöst." *DW.* 2020.7.30. https://www.dw.com/de/rechtsextremismus-zweite-kompanie-ksk-aufgel%C3%B6st-bundeswehr-eliteeinheit-kommand o-spezialkr%C3%A4fte/a-54384543 (검색일: 2021.10.14)

Dahlmann, Anja and Marcel Dickow. 2019. *Präventive Regulierung autonomer Waffensysteme:*

Handlungsbedarf für Deutschland auf verschiedenen Ebenen. Berlin: Stiftung Wissenschaft und Politik.

de Libero, Loretana. 2006. *Tradition in Zeiten der Transformation. Zum Traditionsverständnis der Bundeswehr im frühen 21. Jahrhundert.* Paderborn: Schöningh.

Dewitz, Christian. 2013. "Infanterist der Zukunft – heute schon in Afghanistan." *Bundeswehr Journal.* https://www.bundeswehr-journal.de/2013/infanterist-der-zukunft-idz/ (검색일: 2021. 10.11)

DPA. 2021.2.7. "Deutschland meldet Nato Verteidigungsausgaben in Rekordhöhe." Handelsblatt. https://www.handelsblatt.com/politik/deutschland/nato-haushalt-deutschland-meldet-nato-ve rteidigungsausgaben-in-rekordhoehe/26891932.html?ticket=ST-7213466-zxOuhXILg9Y9JSnpo Dj2-cas01.example.org (검색일: 2021.10.11)

Gady, Franz-Stefan and Alexander Stronell. 2021. "Cyber Capabilities and Multi-Domain Operations in Future High-Intensity Warfare in 2030." NATO Cooperative Cyber Defence Centre of Excellence. https://ccdcoe.org/uploads/2020/12/8-Cyber-Capabilities-and-Multi-Domain-Operations-in-Future-High-Intensity-Warfare-in-2030_ebook.pdf (검색일: 2021.10.12)

Götz, Roland. 2014. "Coercing, Constraining, Signalling: Wirtschaftssanktionen gegen Russland." *Osteuropa,* Vol.64, No.7, pp.21~29.

Heiduk, Felix and Gudrun Wacker. 2020. "Vom Asien-Pazifik zum Indo-Pazifik Bedeutung, Umsetzung und Herausforderung." *SWP-Studie,* p.40.

Jansen, Frank. 2021.5.19. "Der Oberleutnant, der sich als syrischer Flüchtling ausgab." Tagesspiegel. https://www.tagesspiegel.de/politik/prozess-gegen-rechtsextremen-offizier-franco-a-der-oberleutnant-der-sich-als-syrischer-fluechtling-ausgab/27204028.html (검색일: 2021.10.12).

Katchanovski, Ivan. 2018. "The Euromaidan, democracy, and political values in Ukraine." in Barrie Axford, Didem Buhari Gulmez, and Seckin Baris Gulmez(eds.). *Rethinking Ideology in the Age of Global Discontent.* Bridging Divides. New York: Routledge. pp.122~142.

Kaul, Martin, Christina Schmidt and Daniel Schulz. 2018. "Hannibals Schattenarmee." *TAZ.* https://taz.de/Rechtes-Netzwerk-in-der-Bundeswehr/!5548926/ (검색일: 2021.10.12)

Lueb, Uwe. 2020. "Kaum Rückhalt für Högls Wehrpflicht-Idee." *Tagesschau.* 2020.7.6 https://www.tagesschau.de/inland/bundeswehr-637.html (검색일: 2021.10.14)

Mallet, Victor, Michael Peel and Tobias Buck. 2019.11.8. "Merkel rejects Macron warning over Nato 'brain death'." *Financial Times.*

Masuhr, Niklas. 2020. "Operative Anpassung von NATO-Streitkräften seit der Krim: Muster und Divergenzen." *SIRIUS - Zeitschrift für Strategische Analysen,* Vol.4, No.2, pp.170~183.

Nolte, Ernst. 2000. *Der europäische Bürgerkrieg, 1917-1945: Nationalsozialismus und Bolschewismus.* München: Herbig.

Olesen, Mikkel Runge. 2020. "Donald Trump and the battle of the two percent." Danish Institute for International Studies. https://www.diis.dk/en/research/donald-trump-and-the-battle-of-the-two-percent (검색일: 2021.11.14)

Onslow, C. G. D. 1951. "West German Rearmament." *World Politics,* Vol.3, No.4, pp.450~485.

Perthes, Volker. 2020. "Dimensionen strategischer Rivalität: China, die USA und die Stellung Europas." in Barbara Lippert and Volker Perthes(eds.). *Strategische Rivalität zwischen USA und China: Worum es geht, was es für Europa (und andere) bedeutet.* Berlin: Stiftung Wissenschaft und Politik.

Reinhold, Thomas and Matthias Schulze. 2017. *Digitale Gegenangriffe: Eine Analyse der technischen und politischen Implikationen von "hack backs."* Berlin: Stiftung Wissenschaft und Politik.

Riecke, Henning. 2021. "Der Nahe Ferne Osten: Die NATO braucht mehr als nur ein strategisches Selbstgespräch über China." Bundesakademie für Sicherheitspolitik, Arbeitspapier Sicherheitspolitik. Nr. 4/2021.

Schaprian, Hans-Joachim. 2004. *Zur Transformation der Bundeswehr Die Zukunft der Allgemeinen Wehrpflicht in der Bundesrepublik Deutschland.* Bonn: Friedrich-Ebert-Stiftung.

Siegemund, Matthias. 2018. "NATO Planning and Multi Domain Operations: A German Perspective." OTH: Multi-Domain Operations & Strategy. https://othjournal.com/2018/06/27/nato-planning-and-multi-domain-operations-a-german-perspective/ (검색일: 2021.10.12)

Steinbrecher, Markus, Timo Graf, Heiko Biehl and Christina Irrgang. 2021. *Sicherheits-und verteidigungspolitisches Meinungsbild in der Bundesrepublik Deutschland: Ergebnisse und Analysen der Bevölkerungsbefragung 2020.* Forschungsbericht 128. Potsdam: Zentrum für Militärgeschichte und Sozialwissenschaften der Bundeswehr.

Stöber, Silvia. 2019. "Zwei-Prozent-Ziel − wer hat's erfunden?" *Tagesschau.* 2019.4.3. https://www.tagesschau.de/inland/verteidigungsausgaben-103.html (검색일: 2021.11.12)

Techau, Jan. 2015. *The politics of 2 percent: NATO and the security vacuum in Europe.* Brussels: Carnegie Endowment for International Peace.

Townsend, Stephen J. 2018. "The U.S. Army in Multi-Domain Operations 2028." TRADOC Pamphlet 525-3-1.

Uhlebroich, Burkhard. 2018. "Wehrbeauftragter warnt unserer Marine gehen die Schiffe aus." Bild. https://www.bild.de/geld/wirtschaft/marine/marine-hat-weniger-schiffe-54771232.bild.html (검색일: 2021.10.18)

Vogel, Dominic. 2020. "German Armed Forces Approaching Outer Space: The Air and Space Operations Centre As a Gateway to Multi-domain Operations." SWP Comment, 49/2020. Berlin: Stiftung Wissenschaft und Politik.

Volkmann, Jörg. 2014. "Quantensprung für die Infanterie: Infanterist der Zukunft − Erweitertes System: Einführung ins Heer und Ausbildung der Einsatzkontingente." *Europäische Sicherheit & Technik.* März 2014.

Von Der Behrens, Antonia. "Lessons from Germany's NSU Case." *Race & Class*. Vol.59, No.4, pp.84~91.

Von Rosen, Claus Frhr. 2006. "Staatsbürger in Uniform in Baudissins Konzeption Innere Führung." in Sven Bernhard Gareis und Paul Klein(eds.). *Handbuch Militär und Sozialwissenschaft*. Wiesbaden: VS Verlag für Sozialwissenschaften.

Weißbuch. 2016. *Zur Sicherheitspolitik und zur Zukunft der Bundeswehr*. Berlin: Bundesministerium der Verteidigung.

8 터키의 미래전 전략과 군사혁신 모델

1. 서론

2012년 반자유주의화 이후, 특히 2016년 군부의 쿠데타 실패 이후 터키[1]의 대외정책 및 안보전략의 변화와 전환은 국제질서의 지정학적 구조가 국내 정치 및 사회구조와 복합적으로 연동되고 상호작용하며 역동적으로 변화되어 가는 과정을 잘 보여주고 있다. 20세기 초 자유주의화 이후 터키의 민주화 및 서구화는 냉전기 동안 미국과 소련을 중심으로 한 진영 간 대립이 투영된 결과로서 또는 이러한 구조 속에서 잘 작동하는 체계로서 발전해 왔다. 탈냉전 후 미중 간 갈등 구조의 부상과 미국, 중국, 러시아 사이의 새로운 구조적 동학 속에서 터키는 중건국 외교를 넘어 지역 패권 도전국으로서 부상하려는 새로운 구

---

1 터키는 자국의 국명 표기를 '튀르키예'로 변경하겠다는 승인 요청을 유엔에 제출했고, 2022년 6월 유엔이 이를 승인함에 따라 현재 공식 국명은 '튀르키예'이지만, 이 책에서는 가독성을 고려하여 좀 더 익숙한 어휘인 '터키'를 사용했다.

조를 모색하게 되었고, 이는 과거 구조 속에서 작동하던 국내외적 체계와 모순을 일으키게 되었다.

군사혁신Revolution in Military Affairs: RMA이란 군사와 관련된 전 분야, 즉 무기체계, 조직, 교리, 인사, 교육 등 모든 분야에서 혁신적인 변화를 달성하여 전쟁 수행 방식을 변혁함으로써 기존의 시스템에 비해 압도적인 군사 효과성을 달성하게 되는 과정을 일컫는다(Cohen, 2004: 395~407). 군사혁신은 새로운 기술이나 무기체계, 전술과 전략의 도입을 계기로 추동되기도 하나, 국가에 의해 의도적으로 추진되기도 한다. 군사혁신은 국력의 중요한 기반인 군사력에 극적인 상승을 가져올 수 있기 때문에 무정부적 국제 체제에서 중대한 정책 수단으로 간주될 수 있기 때문이다(설인효, 2012: 144).

특히 현대의 군사혁신은 국가 차원의 정책적 지원 없이는 달성되기 어렵다는 점에 주목해야 한다. 군사혁신 달성에 요구되는 첨단기술은 방대한 산업구조와 과학기술 기반하에서만 획득할 수 있기 때문이다. 이에 대한 국가의 체계적 정책 지원이 전제되어야 군사혁신도 가능하다는 것이다. 이뿐만 아니라 이의 달성이 또 다시 국가에게 새로운 기회를 제공한다는 점에서도 일정 수준의 산업력을 달성한 국가는 군사혁신을 중대한 정책수단으로 인식하지 않을 수 없다. 나아가 세계화된 국제질서에서 산업구조 역시 국제정치의 권력구조를 반영하고 있는바, 군사혁신의 달성은 훨씬 더 복잡한 정책적 과제가 된다.

터키의 반자유주의화 과정은 민주화를 기반으로 했던 '중견국 외교'에서 '지역 패권 추구'로 나아가는 과정과 동시에 이루어졌다. 이와 같은 국제적·지역적 역할의 변화는 대외적으로 미국 및 서방세계와 북대서양조약기구NATO의 영향으로부터 벗어나기 위한 노력을 의미했으며, 따라서 독자적인 안보전략과 대외전략 구상을 동반하는 것이었다. 그리고 이러한 과정에서 지역 패권 도전을 위한 핵심 수단으로서 군사혁신을 전면에 내세우게 되었으며, 이의 추진을 통해 군사력의 증진뿐 아니라 방산 수출을 통한 경제성장이라는 새로운 국가목표를 추구하도록 했다.

따라서 터키 모델은 국가가 처한 국제적 구조의 변화 과정에서 군사혁신이 어떻게 인식되고, 어떻게 채택되며, 어떻게 추진되는지를 잘 보여주는 사례라 할 수 있다. 또한 그것이 기존에 존재하는 국제적 구조에 의해 어떠한 영향을 받으며, 이를 극복하기 위한 노력의 성패는 어떠한지를 평가해 볼 수 있도록 한다. 즉 현대 국제정치에서 군사혁신이 어떠한 맥락에서 추진되며, 그 성패에 영향을 미칠 수 있는 다양한 요인이 무엇인지 가늠해 볼 수 있는 사례가 되는 것이다.

이에 따라 이하에서는 먼저 터키가 중견국 외교에서 지역 패권 도전으로 대외전략을 전환하게 되는 과정을 분석한 후, 이어서 이와 같은 대외전략 전환의 주요 수단으로서 군사혁신을 추진하는 과정을 분석한다. 세 번째로는 이와 같은 군사혁신 추진 모델과 군사혁신을 통해 달성하고자 하는 터키의 미래전 모델을 분석·제시해 본다. 마지막으로 결론에서는 터키의 사례를 통해 중견국의 군사혁신이 가지는 정책적 함의와 군사혁신을 둘러싼 국내외적 환경이 혁신의 과정에 작용하는 방식에 대한 이론적 함의를 도출해 보고자 한다.

2. 터키의 대외전략 전환: 중견국에서 지역 패권 도전국으로

케말리즘Kemalist Tradition(Ciftci, 2013) 이후 터키는 기본적으로 세속주의의 틀을 유지해 왔으며, 그 과정에서 터키군Tuk Silahli Kuvvetleri: TSK은 세속주의의 최종적 수호자로 이슬람을 신봉하는 정치지도자의 등장과 신정화가 추진되고 일정한 성과를 거둘 경우, 쿠데타를 통해 세속주의를 회복하는 역할을 수행해 왔다(Capezza, 2009; Chudziak, 2018: 1).[2] 따라서 근대 이후 터키의 군은 이른바

---

2 터키군은 1960년과 1980년에 쿠데타를 일으킨 바 있으며 1971년과 1997년에는 정부 해산을 요구하여 성사시켰다. 1960년과 1980년 쿠데타의 경우 헌법개정까지 추진했다(Chudziak, 2018: 2).

'세속적 군부secular military'라 지칭되어 온 것이다(Chudziak, 2018). 즉 터키 현대사에서 군은 터키가 오랜 전통으로 인해 신정정치로 회귀하는 것을 막는 '최후의 제도적 보루'로서 기능해 왔다.

터키는 냉전기 동안 미국과 서방 진영의 편에 서서 나토의 일원으로서 중요한 역할을 수행해 왔다. 세속주의의 유지는 이러한 터키의 서방화, 미국과의 동맹 유지에 중요한 기여 요인 중 하나로 작용해 왔다고 할 수 있다. 따라서 미국을 포함하여 서방국가들에서 군사교육을 받아온 군 내 장교 집단이 정치, 경제, 사법 등 사회 전 영역을 장악하여 세속주의를 유지하고 수호하는 역할을 해온 것은 결코 단순한 우연으로만 치부할 수 없다.[3]

그러나 정치지도자 개인 및 터키의 여론에서 과거 이슬람 종주국에 대한 향수와 반미 성향도 지속적으로 존재해 왔다. 이러한 요소가 결집되면서 그 결과, 사회 및 정치의 이슬람화가 진행되었다. 그리고 이러한 현상이 임계점에 접근하면 군부의 쿠데타가 발생하여 세속주의로 회귀하는 과정을 반복해 왔던 것이다.

1) 중견국 터키의 부상과 성과: 2002~2011

중동의 주요 국가는 터키를 포함하여 사우디, 이스라엘, 이란, 이집트, 시리아, 요르단 등 7개국이라 할 수 있다. 1990년대 중반 이후 터키는 줄곧 사우디에 이어 2위의 자리를 지속적으로 유지해 왔다(유재광, 2020: 124). 그 결과 중동과 북아프리카 지역에서 핵심 국가의 위치를 점유해 왔다고 할 수 있다.

---

3 터키군은 세속주의 터키 정부와 나토 및 미국 등 서구 국가와 협력하는 전체 체계의 핵심 제도이다. 터키군 자체의 규모도 터키 내에서 중심 역할을 하는 데 충분하다. 36만 명에 이르는 현역과 15만 명에 이르는 군사경찰, 838만 명의 예비군 조직은 국가 전체에 지대한 영향을 미치기에 충분하다. 터키군의 운영과 관련하여 국가경제에 미치는 영향 역시 매우 크다(Chudziak, 2018: 2).

터키는 탈냉전 이후 괄목할 만한 경제성장을 이루었으며, 이에 기반한 안정적 군비의 증가로 역내에서 상당한 군사적 영향력을 행사할 수 있는 위치에 이를 수 있었다. 이와 같은 국력의 변화는 터키가 점차 미국-러시아 대립 구도로부터 외교적 자율성을 행사할 수 있는 단계로 나아가게 되는 계기가 되었다. 특히 2003년 미국의 대對이라크 전쟁 당시, 유럽과 미국 사이의 분열은 터키의 외교적 전환에 있어서 하나의 기회로 작용했다(유재광, 2020: 125). 이때부터 터키는 탈脫미국, 탈脫나토 정책을 점진적으로 추진해 나갔다. 반면 미국은 터키의 지정학적 가치로 인해 터키의 간헐적 이탈을 수용할 수밖에 없었다.

터키는 이라크 침공에 대한 독일과 프랑스의 반발에 편승하여 미국의 일방주의적 중동 정책을 비판하고, 외교에 있어서 과거와 달리 고유의 정체성을 형성해 나가는 계기로 활용했던 것으로 평가된다. 이 시기에 터키는 냉전기부터 이어지고 있던 나토 중심 외교라는 일변도에서 벗어나 외교 다각화를 추진하면서 유럽연합 가입을 추진했다.

2001년 이후 경제위기 극복과 가파른 경제적 성장은 2008년 금융위기를 기회로 활용할 수 있는 기반이 되었다. 금융위기 이후 확대된 G20이라는 플랫폼을 적극 활용한 터키는 강대국과는 구별되는 독자적인 '중견국 역할론'을 부각시키면서 외교적 공간을 확대해 나갔다(Önis and Kutlay, 2016: 9). 그러한 노력의 연장선에서 '믹타MIKTA'(멕시코, 인도네시아, 한국, 터키, 오스트레일리아의 5개국으로 구성된 중견국 협의체)의 중심 국가로서 공적개발원조ODA에서 상당한 성과를 달성하기도 했다.

이와 같은 대외정책의 자율성 확보 과정은 전례 없는 국내 정치의 정치적 안정화 및 민주주의 발전과 맥을 같이하며 이루어졌다. 2002년 총선에서 에르도안Recep Tayyip Erdogan이 이끄는 발전과정의당Adalet ve Kalkınma Partisi: AKP; Justice and Development Party은 3분의 2의 절대 과반수를 안정적으로 확보했으며, 이어서 2007년 선거에서도 압승을 거두었다. AKP는 이 기간 동안 과감한 민주주의 개혁을 추진했는데, 이는 EU 가입을 위한 코펜하겐 기준을 충족하기 위한 것이기도 했다(Yilmiz and Bashirov, 2018: 1816). 즉 터키는 국내 민주화에 있어서도 국제적 기준을 지향하는 과정을 거쳤던 것이다.

에르도안은 '이슬람 국가 비전 운동MHG' 계열을 대표하는 터키 정치인이었다. AKP의 안정적 지배하에서 에르도안은 무슬림 사회에서도 민주주의가 가능하다는 것을 성공적으로 시현했고, 정치적 정당성을 확보하면서 이후 선거에서도 승리의 기반을 마련해 나갔다. 즉 종교적 온건주의와 각종 개혁적인 민주화 조치들을 성공적으로 결합했으며 눈부신 경제적 성과로 대중적 지지를 강화해 나갔다. 에르도안은 유능한 행정가로 그가 이룩한 경제적·행정적 성과가 AKP의 정치적 선전의 근간으로 작용한 측면이 적지 않다고 할 수 있다.

이러한 민주화 과정의 또 다른 측면은 군부의 영향력 약화였다. 에르도안은 이슬람주의 비전에 효과적으로 호소하고 민주화의 성과를 내세우면서 '정교분리', '민족주의' 성향을 대표하는 '케말리스트 군부 세력'을 정치적 대척점에 두고 점진적인 숙청을 진행해 나갔다. 관료 사회와 사법부 요직에 포진해 있는 세속주의 정치세력들도 공격의 대상으로 삼았다.

상술한 바와 같이 에르도안의 민주화 및 정치적 안정화는 대외적으로 지역 내에서 '중견국으로서 터키의 리더십 부각'의 형태로 나타났으며, 이는 동시에 패권국의 일방주의에 대한 견제라는 측면에서는 외교적 자율성 확보, 나아가 반미주의로 연결되는 측면도 있었다. 이는 특히 중동, 아프리카에서 어느 한 편의 이익에 기울지 않는 '중재자 외교'의 형태로 부각되었다. 터키는 이러한 중재를 통해 갈등보다는 협력을 주도하는 국가로서 자리매김하고자 했다.

즉 터키는 과거 냉전기 '미국의 하수인'으로서 '냉전의 전사The Cold War Warrior' 이미지를 벗고 '자비로운 역내 강대국'으로 자국을 부각시키고자 했던 것이다. 2009년부터 터키가 추진한 '무역 국가' 역시 과거 숙적 관계였던 그리스와 키프로스Cyprus와의 화해를 추구한 것으로, 이러한 대외정책 행보의 대표적 사례로 꼽힌다.

2) 자유주의로의 전환: 에르도안 술탄 리더십의 등장

2011년 AKP는 다시 한 번 총선에서 압승을 거둔다. 그러나 2012년부터 터키는 반자유주의로 나아가는 과정을 거치게 된다. 2002년, 2007년에 이어 2011년에도 현직의 이점, 경제적 성과에 기반한 대중주의의 성공적 활용으로 에르도안의 AKP는 47%를 득표하여 야당인 CHP의 20%를 압도했고, 그 결과 전체 550석의 3분의 2에 가까운 327석을 확보했다.

오랜 기간 동안 지속된 압승과 야당의 몰락은 에르도안과 AKP가 개인의 권위주의화로 나아가는 계기가 되었다. 터키 의회 내에서 견제와 균형이 무너지고 사회경제적 제도와 미디어에 대한 에르도안 정부의 장악이 이루어지면서 정치적 어젠다 자체를 독점하는 상황이 초래되었다. 이러한 상황의 전개는 상당 부분 터키 민주주의가 약한 시민사회에 기반하고 있었기 때문인 것으로 평가된다(유재광, 2020: 136).

이후 에르도안은 제도적으로 보장된 행정권을 활용하여 권력의 확대 및 사유화를 추진해 나갔다. 2013년 5월 발생한 '게치 공원Gezi Park 사태'는 이러한 과정에서 발생한 비극의 일단이었다(유재광, 2020: 134). 이 사태에서 시민 8000여 명이 부상을 입고 5명이 사망했다.

에르도안 정권 내에서 견제의 부재로 인해 나타난 또 다른 사건은 잦은 부패 스캔들이었다. 그러나 에르도안과 AKP는 이러한 사건들을 오히려 정적 제거의 기회로 활용하는 정치적 수완과 여론 장악력을 보여주었다. 이들은 친이스라엘 또는 친미 정치인이라는 프레임을 적절히 활용하면서 정적들을 더욱 밀어붙였다. 정치적 장악 후 이와 같은 일련의 사태 전개는 에르도안과 AKP가 이미 정치적 어젠다를 독점하는 환경하에서 발생한 것이라 할 수 있다.

2016년 군부가 시도한 쿠데타의 실패는 터키 반자유주의화 경향이 노골화되는 결정적 계기가 된다. 이 사건으로 군 장교단의 3분의 1이 숙청되는 등 대대적인 군부 약화의 과정이 진행되었다.[4] 또한 문민통제가 제도적·비제도적 방식으로 강화되었다. 민간 정부가 군을 통제하는 다양한 제도적 장치들이 마련되었을 뿐 아니라 에르도안 정부는 에르도안 자신과 AKP를 지지하는 장교단을 꾸준히 양성하면서 이들과 기존 집단 사이의 대립 관계를 군을 통제하는 수단으로 효과적으로 활용했다(Chudziak, 2018: 3~4).[5] 쿠데타 실패 후 터키군의 사회적 위상과 영향력은 급격히 약화되었지만 지역분쟁이 계속되고 있었으므로 군의 영향력을 저하시킬 수는 없었기 때문이다.

앞에서 언급한 바와 같이 터키 현대사에서 군은 세속주의를 지탱하고 보장하는 최후의 보루 역할을 수행해 왔다. 동시에 이들은 냉전하에서 형성된 미국 및 나토와 터키의 동맹관계에 기반이 되었다. 세속적 민주주의의 유지뿐 아니라 사회 요직을 장악하고 있던 서구 교육을 받은 군 장교단은 소련에 대항한 동맹을 유지하는 데 중요한 결속 요인으로 작용해 왔기 때문이다.

에르도안은 2007년 개헌의 결과로 2014년 8월 대통령으로 취임한다. 터키는 여전히 내각제였으나 총리 3연임을 금지한 제한을 우회하기 위해서였다. 대통령에 당선된 후 내각제의 상징적 대통령이 아닌 실권형 대통령직으로 전환하려는 계획이었다. 2017년 국민투표에서 51%의 득표율로 개헌에 성공했다.

3) 대외전략의 전환: 중견국 외교에서 지역 패권국 추구로

이와 같은 터키의 반자유주의화는 대외적으로는 '중견국 외교의 종언'과 '공격적·팽창적 대외정책 추구'로 나타나게 된다. 터키는 2007년에서 2011년 사

---

4 이 사건 당시 124명의 장성 및 제독이 군복을 벗었고 4만 명 이상의 장교단이 파면당했으며, 8000명 이상이 체포되었다(Chudziak, 2018: 3).

5 이뿐만 아니라 군의 잠재적 반발을 막기 위해 군의 쿠데타 방지를 위한 시민 민병대 조직을 만들기도 했다(Chudziak, 2018: 7). 터키 정부가 러시아산 S-400을 도입한 것은 외부의 적을 막기보다는 터키 공군을 제압하기 위한 것이라는 평가도 있다(Chudziak, 2018: 5).

이 야심 차게 추진했던 중견국 외교에서 이탈하여 전혀 다른 성격의 대외 행보를 보이게 된다. 즉 패권국의 전횡을 막기 위해 중견국 간 협력을 도모하고, 지역분쟁에서 정직한 중재로 명성을 쌓으면서 역내에서 민주주의의 전도사 역할을 해왔던 것과는 반대의 방향으로 나아가게 된 것이다.

먼저 터키는 시리아 내전, 이집트 문제 등에서 직접적 개입은 배제하는 정직한 중재에 머물지 않고 적극적 개입과 영향력 행사로 대외정책의 방향을 전환했다. 둘째, 터키는 미국 및 NATO 국가들과 갈등과 반목을 노골화하면서 러시아에 대한 '공세적 편승'을 통해 미국의 영향력을 차단, 약화시키고 역내에서의 독자적 영향력을 강화하는 활동을 본격화했다. 러시아산 S-400 미사일 방어 시스템을 구축하려고 시도한 것뿐 아니라 시리아 북서쪽 지역에서 쿠르드 반군과 ISIS에 대한 전략적 우위를 점하기 위해 러시아의 도움을 받은 것이나, 미국이 시리아 내 쿠르드 반군을 지원한 데 항의하는 차원에서 중국 주도 상하이협력기구 내 주요 국가들과의 활발한 교류를 이어가고 있는 것 등이 대표적 사례들이다.

이와 같은 국내 정치와 대외정책에서의 행보는 터키의 이슬람 정체성 강화와 함께 진행되었다. 에르도안은 유럽 내 이슬람 커뮤니티에 대해 무슬림 정체성을 지키고 서구의 가치체계를 포기할 것을 공공연히 요구하면서 서유럽은 이슬람 혐오증에 사로잡혀 있다고 비난했다(유재광, 2020: 143). 에르도안은 또 이와 같은 활동을 반서방·반미 정서의 고취에 적극적으로 활용하기도 했다.

최종적으로 터키의 대외정책 변화는 '공세적 군사 독트린'으로 나아가고 있다. 터키는 주변국에 대한 단순 외교적 개입을 넘어 터키 영토 밖에서 군사력을 공세적으로 운영하는 것으로 개념을 확대하고 있다. '에르도안 독트린'으로 명명되기도 한 이러한 접근법은 외부의 위협에 대해 '선제적 군사력 사용'을 내세우며 NATO와 사전 조율 없이 일방적으로 군사력을 사용할 수 있음을 천명하는 정책기조이기도 하다(Kasapoglu, 2020).

이러한 기조하에 카타르와 소말리아에 군사기지를 건설했으며 수단과 지부

티에도 건설할 계획인 것으로 알려져 있다(≪세계일보≫, 2020.2.15). 이는 중동과 아프리카의 라이벌 국가들에 대한 견제를 확고히 하는 동시에 점진적으로 군사적 우위를 확보해 나가겠다는 행보로 볼 수 있다. 즉 터키는 더 이상 지역 내에서 패권국의 일방주의를 견제하는 역할에 머물지 않고 그보다 더 확대된 역할을 추구해 나갈 것임을 강력히 시사하고 있는 것이다.

터키의 이러한 행보를 보여주는 압축적인 '전략개념'이 '푸른 해양 영토Mavi Vatan; Blue Homeland' (전략)개념이다(Gingeras, 2020). 터키 해군의 영향력 있는 제독이 처음 사용한 이 개념은 터키의 (군사)전략적 목표를 압축적으로 보여준다. '푸른 해양 영토'란 '동지중해상의 배타적 경제수역' 역시 터키의 영토만큼 중요한 공간이라는 의미로, 이 지역을 수호하기 위한 강한 군사력(해군력) 건설을 촉구하는 대외전략 개념이자 안보 비전이라 할 수 있다.

이 지역에는 실제로 상당량의 천연가스가 매장되어 있어 터키의 중장기적 경제성장을 위해 큰 전략적 가치를 지니고 있으나 전통적으로 그리스, 키프로스와 영유권 경쟁을 벌여온 지역이기도 하다. '푸른 해양 영토'는 먼저 터키가 기존의 NATO 구성원 중 하나이거나 역내 중견국을 넘어 역내 패권적 지위로 나아가는 것을 전략적 목표로 하고 있음을 암시한다. 이러한 전략의 추구는 NATO의 또 다른 구성국이자 서방국가, 특히 미국과의 관계를 적극 활용해 터키의 전략적 이익을 차단해 온 그리스와의 대립 관계를 내포하고 있으며, 터키의 전략적 이익이 미국 등 기존 지배 세력과 갈등 관계에 놓이게 됨을, 이들을 상쇄시킬 대등한 힘으로써 또 다른 지역 강대국인 러시아의 활용 또는 편승이 필요함을 함축하고 있기 때문이다.

터키 내에서는 이와 같이 터키의 국익, 전략적 이익 추구를 방해하는 국제적 구조를 '애틀랜틱 프레임워크Atlantic Framework'라고 지적하는 관념적 기반이 존재했으며, 이를 극복하는 것은 반세속주의 정치세력에게는 오랜 숙원이었다 (Gingeras, 2020). 전략적 기회가 도래했을 때 이 개념은 정치적 세력화의 구심점으로 작용해 왔다.

이는 또한 터키의 지정학적 잠재력에 대한 인식 및 야심과도 맞닿아 있다. 터키의 부상은 잠재적으로 이슬람 국가들 사이의 맹주로서 떠오름을 시사하기도 한다. 터키는 역사적으로 술탄의 국가로서 이슬람 국가들의 중심으로서의 위상을 가져왔다. 터키가 다시 부상하여 이들의 세력을 규합할 경우, 중동 정치는 새로운 국면을 맞게 될 것이며 터키는 진정한 의미에서 역내 패권의 지위에 오르게 될 것이다.

4) 대외전략 전환의 메커니즘 분석

터키의 대외정책 전환은 국제정치의 구조적 관점에서 보면 터키의 부상과 함께 미중 대립 구도의 심화, 중국과 러시아의 협력, 유럽에서 러시아 영향력의 상대적 확대와 같은 국제정치적 상황의 변화 과정에서 초래된 현상으로 해석할 수 있다. 국제(지역)체제의 구조적 변화를 배경으로 경제력·군사력 등 국력 신장에 따른 결과로 터키의 위상이 강화된 것으로 볼 수 있는 것이다. 미중 경쟁이 첨예화되면서 미국은 인도·태평양 지역에 집중하게 되었고, 중국과 러시아의 협력이 강화되면서 상대적으로 유럽에서 미국의 영향력은 감소한 반면 러시아의 영향력은 강화되었다. 그 결과 터키는 자국의 위상 강화를 바탕으로 러시아로의 편승을 적절히 활용하여 미국으로부터의 자율성을 확대해 나갈 수 있었고, 이는 나아가 역내 패권적 지위에 대한 도전으로까지 이어지고 있는 것이다.

그러나 터키의 대외전략 전환이 미국의 대외정책이 자유주의적 리더십 전략으로 변화되었던 오바마 행정부 기간 동안 이루어졌다는 점에서 이러한 변화는 주로 터키의 국내 정치 반자유주의화의 결과라는 반론이 존재하기도 한다.[6] 더불어 세속주의, 서양화, 미국의 지배에 반감을 지속하고 있던 터키 시민사회의 무슬림 정서, 이슬람 국가정체성, 중동-아프리카-유럽-아시아를 잇는 전략적 거점으로서 지정학적 비전 등과 같은 '관념적 요인'의 지속적인 영향도 시민사회 형성, 에르도안 장기 집권의 허용, 터키의 부상에 대한 대중의 지지 등을 설명하는 데 중요하게 고려될 필요가 있다.

이미 언급한 바와 같이 에르도안의 정치적 커리어를 살펴볼 때, 그의 뛰어난 행정력과 정치적 수완 역시 오늘날 터키의 변화를 설명하는 주요 변수 중 하나가 되어야 할 것이다. 이러한 요인 중 가장 지배적인 요인을 식별하는 것보다는 각 요인들이 상호작용하며 일정 방향으로 순환적 상승 작용을 하는 과정에 보다 주목할 필요가 있다.

3. 국가전략으로서의 군사혁신: 자주적 방산 육성을 통한 자율성 추구

1) 미국과 NATO의 제약 요인 극복으로서의 자주적 방산

대내외적으로 변화된 여건하에서 터키는 새로운 대외전략을 추구했고, 이는 터키를 둘러싸고 있는 안보전략 결정 구조의 수정을 요구하는 것이었다. 상술한 바와 같이 터키 내에서 이를 '애틀랜틱 프레임워크'라 지칭해 왔다. 나토의 일원으로서 세속적 자유민주주의를 유지하고, 미국을 비롯한 서방국가들과의 국방협력을 국가안보의 기초로 삼는 정책적 지향성과 체제를 말한다. 이는 서구 유학 경험이 있는 군 장교 집단과 사회 곳곳에 포진한 예비역 집단에 의해 제도적·비제도적으로 보장되는 체제였다.

'애틀랜틱 프레임워크'로부터 벗어나 터키의 미래 성장 동력을 보장하기 위해서는 서방국가, 특히 미국에 의지하지 않는 자율적인 군사력 건설이 요구되었다. 미국에 의해 제공 또는 판매되는 무기체계가 터키 군사력의 근간으로 작

---

6 즉 미국이 대외적 압력을 강화하던 시점이 아니라 포용적 대외정책을 추진하던 시점에 이루어졌던 현상이라는 점에서 구조적 설명력이 제한적이라는 관점이다.

용해 왔기 때문이었다. 더불어 향후 새로운 기술에 기반한 첨단 전력의 독자적 구비는 터키가 꿈꾸는 역내 위상을 확보하는 데 대체할 수 없는 기반으로 작용하게 될 것으로 인식되었다. 방위산업 육성은 에르도안 정부의 오랜 정책 우선순위가 되어왔으며 최근까지 상당한 성과를 거두기도 했다. 현재 터키는 세계 14대 방산 수출국으로 전 세계 방산 거래량의 1%를 차지하고 있는 것으로 평가된다(Bakeer, 2019).

터키의 방산 건설 노력은 이미 1970년대부터 시작된 바 있다. 1974년 '키프로스 위기' 당시 미국은 NATO 동맹국이었던 터키에 방산 수입 금지 조치를 부과했다. 당시까지 거의 전적으로 미국과 NATO, 즉 서방국가에 무기와 군수품을 의존하고 있던 터키는 큰 안보위협을 느끼지 않을 수 없었다. 이러한 상황은 터키에 있어서 자주적 방위산업 구축의 필요성을 일깨우는 계기가 되었고, 이후 터키는 방위산업을 수립하고 외국에 대한 의존도를 줄이는 목표를 꾸준히 추진해 왔다. 이와 같은 역사적 경험이 '애틀랜틱 프레임워크' 형성의 핵심적인 계기가 되어왔다고 할 수 있을 것이다.

표 8-1은 터키가 추구하는 새로운 국가 대전략과 안보 목표, 이를 실현하기 위한 국방 및 군사전략적 목표하에서 '자주적 방위산업 육성'이 갖는 위상을 잘 보여준다. 이러한 목표와 전략은 더 이상 미국 및 서방세계에 의존하지 않는 군사력의 건설을 요구할 뿐 아니라 새로운 미래전 분야에 대한 개척을 통해 한층 증진된 국가적 역량과 국제적 영향력의 확보를 요구하고 있다. 따라서 자주 국방력 구축을 통한 군사혁신은 터키의 대외전략 전환에서 핵심적 정책수단으로 인식된다.

표 8-1 터키 국방·군사 전략 체계

대전략 및 목표	• 국가의 영토적 일체성 수호 • 장기적 해양 이익 수호 • 국가의 국제적 위상 증진 및 레버리지 확보 • 전략적 자율성 확보
전략	• 강대국 사이에서 균형 추구 • 강력한 자주 국방산업 육성 • 잠재적 적의 억제 및 격퇴 • 정보 우세의 확보·유지 • 작전적 우세 확보·유지
핵심축	• 군사적 준비 태세 유지[작전 전투 태세, 구조적 태세(structural readiness)] • 선제적 태세(Pre-emptive status, 테러 방지 및 지역분쟁 억제를 위한 선제 개입 태세 유지) • 억제
작전술	• 지상군: 합동·연합 작전 이행, 파트너 국가의 역량 증진 • 공군: 해외 작전 수행 역량 강화, 공중 우세 확보 및 유지 • 해군: 해외 작전 수행 역량 강화, 잠재 적의 접근 거부
전술	• 특수 부대 여단 상시 배치 • 드론의 창조적 활용 • 공수(airlift) 역량 활용 • 해상 수송(sealift) 역량 활용
방위산업	• 방위산업 기반 구축에 대규모 투입 • 방위산업의 자립 기반/지속성 증진 • 양과 질 사이의 균형 추구 • 방위산업 난관 극복을 위한 해외 파트너 모색 • 방산 수출을 통한 영향력 증진

자료: Yeşiltaş(2020: 99).

2) 군사혁신 거버넌스: 자주적 방산 육성의 제도적 메커니즘과 그 성과

1970년대부터 시작된 터키의 방위산업 건설 노력은 1980년대에 중요한 계기를 마련하게 된다. 방위산업체의 수가 증가됨에 따라 1985년에 방위산업 분야 조정을 전담하기 위해 '방산차관제SSN'를 신설하게 된 것이다(Demir, 2020: 19). 즉 방산만을 전담하는 국방 차관직을 신설하여 국가적 차원에서 제도를 정비하고 지원을 강화하게 되었다. 방산차관의 임무는 터키 방위산업과 함께 군의 현대화를 추진하는 것이었다. 즉 기존의 군사력을 대체하는 데 머물지 않고 방산 분야 개척을 통해 군사력을 강화하기 위한 정책을 추진해 나갔다.

자원의 제약과 많은 난관 속에서 방산차관은 상당한 성과를 거두었던 것으로 평가된다(Bakeer, 2019). 방산차관은 처음 설립 후 지난 30여 년간 터키 방위산업의 건실한 성장을 주도하는 제도적 중심이 되어왔다. 그러나 방위산업의 현격한 발전이 이룩된 것은 정부의 집중적 투자가 이루어진 2000년 이후 20년간이었다. 에르도안 정권이 도약했던 2001년 이후 10여 년간 터키 정부는 터키의 자주와 방위산업 수출 장려를 강력히 추진해 왔기 때문이다(Bakeer, 2019). 터키의 방위산업은 2000년을 기점으로 주로 해외 수입 부품에 의존했던 조립공정에서 독자적인 디자인과 기술에 기반한 자주적이고 자립적인 산업으로 자리매김하게 되었다(Demir, 2020: 17).

터키 방산회장에 따르면 터키 방위산업 및 항공우주산업 규모는 2006년 18억 5000만 달러에서 2016년에는 60억 달러 규모로 성장했다(Bakeer, 2019). 즉 10년간 3배로 증대된 것이다. 같은 기간 동안 수출은 487만 달러에서 16억 7000만 달러로 확대되는 성과를 달성하기도 했다.

그러나 터키 방위산업의 발전이 순탄한 과정만을 거쳐온 것은 아니었다(Demir, 2020: 27). 2014년 이후 3년간 수출은 16억 달러의 벽을 넘지 못했다. 동시에 이러한 성장의 지속 가능성에 대한 의문도 제기되었다. 순탄했던 양적 팽창의 과정이 질적 팽창과 그 너머까지 이어질 수 있을지에 대해 국가 내외부에서 의문이 제기되었다.

이러한 정체 구간 속에서 방위산업 재활성화를 위해 2017년 정부는 새로이 다수의 산업체를 대통령 직속의 '방위차관'이나 '터키군기금RSKGV'의 통제하에 두는 조치를 취했다(Demir, 2020: 23). 이 기구들은 국가 방위산업 및 무기체계 구매 등을 전담하는 부서들이었다. 에르도안 대통령은 이를 통해 보다 집중적이고 체계적인 투자와 지원이 가능할 것이라 발표했다.

정부는 이와 함께 무기 등 방산물자의 해외 판매를 위한 시장 개척에 집중적인 노력을 기울였다. 그 결과 2018년에는 이러한 노력이 상당한 성과를 거두게 된다. SIPRI 보고서에 따르면 터키는 '떠오르는 방위생산 수출국' 중 하나로 선정되며 성공적으로 20억 달러의 벽을 넘어서게 되었다(Bakeer, 2019). 2018년 한 해 동안 방위산업 및 항공산업 수출은 터키의 전체 수출 분야에서 가장 큰 성장을 이룬 부문이 되었다. 즉 터키의 대외 수출을 주도한 분야가 되어 경제성장의 추진 동력으로서 자리매김하기 시작한 것이다. 이러한 추세는 2019년 초까지 계속되었다. 2019년 1월에는 수출에서 지난해 같은 기간에 비해 64.4%의 성장이 있었다(Bakeer, 2019).

3) 구조적 제약과 극복 노력

터키 정부는 2053년까지 터키 방위산업을 100% 자립시키며 수출 역량을 50억 달러 수준까지 끌어올린다는 목표를 세우고 있다(Bakeer, 2019). 적어도 10개의 터키 방산 기업을 세계 100대 방위산업 기업에 들게 하겠다는 목표도 설정했다. 이를 통해 터키는 자주국방과 안보전략 수립의 근간을 마련하면서 국력 성장의 기반이 될 경제적 파급 효과도 거두고자 한다.

그러나 이는 엄청난 투자를 필요로 하는 일이다. 방위산업 자체가 제한된 수량을 일반 산업계와 호환되지 않는 방식으로 산출해야 하는 경우가 대부분이라 초기에는 규모의 경제를 실현하기 어렵다. 선진국 중심의 기술통제로 인해 기술 자체의 확보를 위해서는 기초과학과 공학에 대한 광범위한 투자를 필요로 한다. 더구나 한 국가의 군사안보를 의존할 수 있는, 신뢰할 수 있는 무기체계의 산출을 위해서는 실패를 감수하는 초기 투자가 반드시 필요하기 때문이다.

SIPRI는 장기적으로 이러한 야심 찬 계획은 성공하기 어려울 것이라 평가하고 있다(Bakeer, 2019). 특히 '최근 사례는 작은 규모 기업들에 의한 수출은 심각한 부침을 겪는다는 점을 보여준다'고 주장하며 그 사례로 스웨덴과 브라질을 들었다. 두 국가 모두 양적 성장과 분야 확대에서는 어느 정도의 성과를 거두바 있으나, 선진 방산 국가와의 궁극적인 격차를 좁히는 데는 실패했다.

터키 역시 이미 다양한 도전에 직면해 있다. 무엇보다 시급한 것은 먼저 두뇌 유출 문제이다. 즉 터키의 많은 고급 인력이 더 좋은 여건을 찾아 해외로 이주하고 있다. 터키 내에서는 충분한 급료와 더 높은 직위 및 기업으로의 진출이 제한되어 있기 때문이다. 이들이 실력을 입증하고 해외 기업으로부터 더 좋은 여건을 제안받았을 때 터키는 이들을 잡아둘 충분한 재원도 여건도 갖추고 있지 못한 실정이다.

충분한 투자를 위한 재원의 부족은 가장 근본적이고 결정적인 문제이다. 국가는 성장 과정에서 자국의 자본 부족을 극복하기 위해 해외자본 유치를 고려할 수 있다. 문제는 국가안보와 직결된 방위산업의 특성상 해외자본을 유치하는 데 제약이 따른다는 것이다. 특히 '애틀랜틱 프레임워크'와 관련된 미국과 유럽, 협력 관계에 있으나 잠재적 적대 관계에 놓여 있기도 한 러시아와 중국 등의 투자를 허용하지 않고 있다. 기본적으로 터키보다 강한 국가로부터의 투자 유치는 안보전략의 종속과 제약을 야기할 수 있기 때문이다.

이를 극복하기 위해 시도된 것이 비교적 안보 및 군사적 이해관계로 얽혀 있지 않은 국가인 카타르와 투자협정을 맺는 것이었다. 작고 부유한 나라이며 지리적 거리 및 지정학적 위치로 인해 터키에게 안보위협이 되지 않는 나라를 선택한 것이다. 이런 나라로부터 투자를 받아 터키의 방위산업 기반을 강화하고 최종 산물을 수출함으로써 카타르의 국방력 강화에 도움을 주는 상생 관계를 형성하는 것이 가능하다. 두 나라 사이에 사실상 동맹과도 같은 관계를 형성하여 안보 및 국방협력을 강화하는 것도 국가전략에 도움이 된다.

한편 오랜 기간 국가 운영을 통해 만연한 부패와 경직성을 척결하기 위한 민영화 노력도 병행되었다. 2018년 12월 에르도안은 '481 칙령Decree'를 발표하여 '탱크 앤 팔렛 팩토리Tank and Pallet Factory'의 민영화를 위한 길을 열었다(Bakeer, 2019). 이로써 그는 이 기업이 향후 25년간 민간에 의해 운영되도록 할 예정이다. 이러한 조치를 통해 터키는 주요 기업들이 세계시장의 빠른 변화에 보다 신속하게 대응하고 미래에 대비해 나갈 수 있기를 기대하고 있다. 즉 지원하되 간섭하지는 않는 방향으로 국가의 개입정책을 전환하여 기업의 자생력과 산업생태계 강화에 나서고자 하는 것이다.

이와 같은 터키의 노력이 성공할지 여부는 2021년 현재 판단하기에는 이르다. 터키가 앞으로 카타르 이외의 자본투자 및 방산 수출처를 개척할 수 있을지는 여전히 의문이다. 2018년 터키의 5대 수출국은 미국, 독일, 오만, 카타르, 네덜란드였다. 2019년에는 과테말라와 가이아나Guyana, 탄자니아, 트리니다드토바고 등을 새롭게 개척했다. 그러나 여전히 사우디, 이라크, 이집트 등의 주요 수입국과는 거래 관계를 맺지 못하고 있다. 터키가 다양한 지역분쟁에 연루되어 이러한 수출시장 개척은 더욱 어려울 것으로 보인다. 많은 국가들은 터키 정부의 안보·국방 정책과 터키 방산기업과의 관계에서 발생하는 사적·경제적 이익을 구분하지 않는다. 그 결과 분쟁에서의 연관 관계에 따라 구매 계약을 파기하고 철회한 바 있다. 2017년 걸프 위기 발생 당시 사우디와 아랍에미리트연합UAE은 터키 업체와의 계약을 파기했다. 이는 터키와 카타르 사이의 국방협력 관계 때문이었다. 이 국가들은 카타르와 직접적 또는 잠재적인 대립 관계에 있는 국가들이었기 때문이다.

F-35 프로그램에 대한 터키의 참여 역시 위협받고 있다. 러시아가 개발한 S-400 구매로 인해 터키와 미국의 관계는 악화되었다. 미국은 F-35 개발 과정의 일정 부품 생산에 터키의 참여를 허용하고 있었는데, 터키가 S-400 구입을 결정함에 따라 F-35 개발 참여 및 구입 결정에 제동을 걸기 시작했다. 터키가 S-400과 함께 F-35를 동시에 운영할 경우 스텔스와 관련된 탐지 기술이 러시아 측으로 유출될 수 있다는 우려 때문이었다(≪보이스 오브 아메리카≫, 2019.7.17).

문제는 이로 인해 F-35와 관련된 12억 달러가량의 부품 공급을 맡았던 터키의 방산업체들이 큰 타격을 받는 상황이 이어졌다는 점이다. 이뿐만 아니라 서구 국가들과의 관계가 악화될 경우에는 파키스탄과 기존에 체결한 15억 달러 상당의 2018년 계약과 같은 거대 계약조차 파기될 수 있는 상황이다. 즉 애초의 목표였던 탈서구화, 애틀랜틱 프레임워크의 극복이 이를 달성하기 위한 핵심 수단인 자주적 방산 확립에 결정적인 걸림돌이 되고 있는 것이다. 애틀랜틱 프레임워크의 작용 범위는 실로 광범위하다. 국가의 대내외 정책 결정에 작용할 뿐 아니라 국력의 상승을 꾀할 수 있는 주요 수단에 광범위하게 영향을 미치고 통제력을 행사하고 있다.

터키가 앞으로 이러한 두뇌 유출, 투자 유치, 지역분쟁에의 연루(대외정책 문제) 문제, 강대국 중심의 국제 안보 구조 등의 문제를 어떻게 극복해 나갈 것인지를 예측하기는 어렵다. 터키는 다양한 방식으로 이러한 난관을 극복하고자 노력할 것이나 그 성공 가능성도 예단하기 어렵다. 다만 2010년대 후반의 상황 전개를 분석해 볼 때, 이러한 노력의 과정은 지난한 것이 될 가능성이 커 보인다. 터키가 마주하고 있는 장애 요인들은 앞의 분석에서 살펴본 같이 구조적인 문제들이기 때문이다.

4. 군사혁신 모델과 미래전 구상

터키의 대외정책 전환 과정에서 주목되는 것은 군사혁신의 추진이다. 군사혁신이란 이미 언급한 바와 같이 군사력의 구성과 운영, 전쟁 수행 방식의 혁신적인 변화를 통해 군사 효과성, 전투 효과성을 극적으로 상승시키는 군 개혁 과정을 일컫는다. 군사혁신이 발생할 경우 단순히 병력이나 무기체계의 증대로 인한 군사력 증대를 크게 상회하는 전투 효과성의 상승이 발생한다. 역사상 다양한 계기로 인해 군사혁신이 이루어져 왔기 때문에 국가들, 특히 강대국들은 군사혁신에 주목하고 이를 추구한다.

군사혁신은 중진국에게도 중요한 정책수단으로 인식될 수 있다. 중진국은 강대국에 비해 정책 선택에 따르는 제약이 크다. 강대국에 의해 형성된 각종 제도적·비제도적 제약 속에서 안보정책을 추진해 나가야 한다. 동원할 수 있는 자원도 제한된다. 따라서 군사혁신은 매우 어려운 여건 속에서 중요한 의미를 갖는 선택지가 된다. 단지 기존의 군사력 운영 방식을 유지하면서 양적 증대를 통한 군사력 증대, 국력 증대만을 추구한다면 중대한 한계에 직면하게 될 것이다. 제한된 여건뿐 아니라 이를 견제하려는 세력의 압박이 있으므로, 성공 가능성도 높지 않다고 할 수 있다.

군사혁신은 중요한 해법을 제시해 준다. 군사혁신을 통해 상대적으로 작은 투입으로 큰 성과를 산출할 수 있다면 구조적 제약을 극복할 수 있는 하나의 가능한 대안이 될 수 있을 것이다. 군사혁신을 효과적이고 신속하게 성취할 수 있다면 강대국에 의해 부여되던 제약을 극복할 수 있는 가용한 정책 자원을 창출하는 수단이 될 수 있다.

역사적으로 군사혁신은 다양한 요인에 의해 촉발되었다. 그중 가장 대표적인 것은 새로운 기술의 등장이다. 특히 생산 방식과 삶의 방식을 근본적으로 변화시키는 산업혁명이 발생할 경우, 그에 상응하는 군사혁신의 촉발되어 온 바 있다. 생산 방식과 삶의 방식을 효율적으로 만드는 변화는 전쟁 수행 방식, 즉 파괴의 방식도 효과적으로 만들 수 있기 때문이다.

4차 산업혁명의 출현으로 인해 새로운 군사혁신의 시대가 임박한 것으로 보인다. 특히 미국과 중국 사이의 전략적 경쟁이 치열하게 전개되면서 이 두 국가의 군사혁신 경쟁이 치열하게 진행될 것으로 예측된다. 그 결과 향후의 군사질서는 새로운 군사표준의 등장과 이를 개척하거나 빠르게 흡수하는 국가들과 그렇지 못한 국가들 사이의 큰 격차 발생으로 인해 격심한 변화를 겪게 될 것이다.

4차 산업혁명을 배경으로 하는 군사혁신은 거대한 산업기반을 필요로 하게 될 것이다. 새롭게 도래하는 신기술은 상당한 규모의 산업을 기반으로 하여 획득할 수 있을 것이기 때문이다. 한편 군사기술의 발전은 방위산업의 발전으로 이어져 무역수지뿐 아니라 국가산업 전반의 발전을 촉발하는 계기가 될 수도 있다. 첨단 군사기술의 일반 산업에 대한 파급 효과가 존재하기 때문이다.

터키는 군사혁신을 변화된 대외전략 구현의 핵심 수단으로 인식하고 있는 것으로 보인다. 터키에게 군사혁신은 기존의 지역 국제체제에서 자국에게 부과되고 강제되었던 역할을 넘어 새로운 위상을 모색하는 과정에서 필연적으로 극복해야 할 정책적 과제인 동시에 어려운 여건을 극복할 수 있는 핵심적인 수단이다. 과거의 경험에서와 같이 무기체계에 대한 미국 등 서방국가에 대한 의존은 애틀랜틱 프레임워크를 극복할 수 없도록 하는 근본적 제약이었다. 이러한 제약은 터키의 안전을 보다 확실히 확보하기 위한 적극적 대외 군사 개입이나 미래 발전을 위한 핵심 자원 확보를 가로막는 요인이었다.

이를 극복하기 위해 터키는 자주적 방위산업 기반을 마련하여 대외전략 추진의 자율성을 확보하고자 한다. 이는 기존의 NATO의 일원으로서 연합작전의 일부 역할을 수행하는 것을 넘어 보다 확장된 지역 내 역할을 수행하는 것인 동시에, 첨단무기를 자체 생산하고 미래전 수행을 위한 군사혁신 추진의 발판으로 마련하려는 노력으로 이어지고 있다. 일차적으로는 터키가 추구하고자 하는 새로운 안보전략 목표는 지역분쟁의 사전적 억제력 확보와 함께 해양에서의 영유권 확보를 보장할 수 있는 군사력과 군사 역량의 구비이다. 나아가 세계 방산 시장에서 수익을 거둘 수 있는 첨단무기체계의 양산으로까지 나아가고자 한다.

이 과정에서 국가의 역할은 점진적으로 변모해 왔다. 기본적으로 자유시장 질서를 유지하면서 특히, 2010년대 중반까지 중동 민주화의 모범 국가로서 터키는 방위산업의 성장을 시장질서의 자율성에 맡기되 국가가 제도적 기반을 제공하면서 적극적으로 지원하는 역할을 해왔다고 할 수 있다. 동 기간 동안 지속된 경제성장 역시 이러한 정책적 입장의 성공에 기여하는 요인으로 작용했다. 즉 이 기간 동안 터키는 산업의 발전 및 자유로운 교역 질서 속에서 방위산업 분야가 자주적으로 성장하도록 하되, 점차 터키 국방을 자주적으로 건설할 수 있는 기반 마련을 위해 주로 지원체계, 제도적 기반 제공 등의 방안을 통해 유도해 왔던 것이다.

2014년 이후 터키의 방위산업 발전 전략은 다시 새로운 국면으로 접어들게 된다(Demir, 2020: 30). 에르도안 정부는 이 기간 동안 터키 방위산업의 자립성을 더욱 강조하고 디자인 단계부터 첨단 기초과학 기술에 대한 투자 등을 특히 강조하면서 첨단무기체계의 국제적 경쟁력 강화와 해외 수출 판로 개척 등을 강력히 추진해 나갔다. 이와 같은 정책은 2016년의 쿠데타 사건 이후 달라진 정치 리더십과 군 내 엘리트 집단의 성격 변화로 인해 더욱 강화, 가속화되었다.

터키의 자주적 방위산업, 특히 에르도안 정부 이후 이룩한 성과는 일차적으로 터키의 군사력, 그중에서도 해군력을 강화하는 데 활용되고 있다(Akar, 2020: 11). 즉 '푸른 해양 영토' 개념 구현을 위한 수단의 구축에 일차적으로 투입된 것이다. 오늘날 터키 해군은 러시아를 제외한 나머지 지역 국가들을 억제하는 데 필요한 충분한 전력과 높은 준비 태세를 갖춘 군으로 평가된다.[7] 이와 같은 터키 해군의 태세는 '푸른 해양 영토'라는 이름의 해군 훈련을 통해 잘 나타난다.

터키의 해군 전략에 투영된 대외전략적 전환의 결과는 '연안 억제'에서 '대양 투사 전력blue-water power projecting force'으로의 전환이다. 그리고 이러한 군사 전략적 변화를 경제발전과 국가의 지원하에서 발달해 온 자주 방위산업이 뒷받침해 온 것이다. 터키 해군은 현재 16척의 소형 구축함frigites과 4척의 소형 호위함MILGEM corvette, 12척의 공격 잠수함을 보유하고 있다(Kasapoglu, 2020). 2020년대 동안 6척의 잠수함이 추가로 건조되는 등 이러한 전력은 지속 보강될 예정이다(≪조선일보≫, 2021.7.17). 또한 터키는 경항모 도입도 추진하고 있는 것으로 잘 알려져 있다.

에르도안 정부하에서 눈부신 발전을 이룩해 온 방위산업은 현대의 첨단 해군 무기 분야에서 두각을 나타내고 있다. 2017년 생산된 소형 호위함은 최첨

---

7   터키는 지중해에서 (러시아를 제외하고) 가상적국들에 대해 명확한 수적 우위를 누리고 있다 (Kasapoglu, 2020).

단 방공 능력을 갖추고 있으며, 레이스급Reis Class 잠수함은 공기 주입으로부터 자유로운 터빈을 갖추고 있어 터키 방위산업의 기술력을 보여주는 대표적인 사례이다. 터키 해군의 현 전력은 50개 이상의 터키 기업이 70%가량을 자체 생산하고 있는 수준이다(Kasapoglu, 2020). 터키가 자체 개발한 아트마카Atmaca 대함 순항미사일도 터키 방위산업의 기술력을 잘 보여주고 터키의 국방·군사 역량을 가늠케 하는 사례이다. 이 전력은 터키 해군의 다양한 함정뿐 아니라 연안 지역에도 배치될 예정이다(Kasapoglu, 2020). 250km의 작전 반경을 갖는 이 미사일은 첨단 유도 시스템을 갖추고 있어서 신뢰할 만한 원거리 전력을 구성한다.

자주적 방위산업 구축을 통한 터키의 군사혁신을 가장 잘 보여주는 분야는 터키 해군의 드론 전력 발전이다. 터키는 첨단 방위산업 기술을 발판으로 삼아 드론 등 미래전 전력을 발전시키고자 한다. 터키는 드론의 활용을 터키 해군력 발전의 승수효과를 가져올 핵심 요소로 인식하고 드론의 도입을 적극적으로 추진해 왔다.

2020년을 기준으로 터키 해군은 이미 최소 4개의 '앙카ANKA 무인기 체계'를 운영하고 있다(Kasapoglu, 2020). 이 드론들은 고성능의 합성개구SAR 레이더와 역합성개구ISAR 레이더를 갖추고 있으며, 적외선 촬영도 가능해 높은 수준의 전장 상황 인식 능력, 목표 정보 획득 능력을 제공한다. 이들 레이더는 수백 마일 내의 함정을 탐지하는 것이 가능하다고 알려져 있다. 터키 해군은 또한 공격 능력을 갖춘 TB-2s 무인기도 운영하고 있다. ANKA와 TB-2s가 하나의 무인 편대를 구성하는 것이다. 이러한 무인체계는 수상뿐 아니라 무인 잠수정 형태의 운영을 통해 잠수함을 탐지하는 데에도 활용될 전망이다.

터키는 이와 같이 새로운 첨단무기 분야 개척을 강조하면서 미래의 새로운 방산 시장을 개척해 나가기 위한 노력을 기울이고 있다(Akar, 2020: 11). 이는 첨단 과학기술 및 산업에 대한 국가적 투자뿐 아니라 새로운 전술과 작전개념에 대한 연구 등으로 이어지고 있는 것으로 알려져 있다. 이를 기반으로 방산 수출을 통해 군사력 건설의 새로운 환로를 개척함과 동시에 터키의 군사력 자체를 증강하는 선순환을 형성하고자 하는 것이다.

현시점에서 공개된 자료를 바탕으로 터키의 구체적인 미래전 작전개념을 추론하기는 어렵다. 4차 산업혁명의 신기술을 바탕으로 미중 경쟁 속에서 태동하고 있는 미래전 개념 역시 여전히 구체화되지 못하고 있는 것이 현실이다. 따라서 터키 역시 미래전 수행 개념을 확정하기보다 4차 산업혁명 기술을 활용한 주요 무기체계 분야를 개척하면서 새로운 전략개념을 모색해 나갈 것으로 보인다. 상술한 바 4차 산업혁명에 의한 미래전은 거대한 산업기반과 기술 수준으로 요구할 것으로 보인다. 따라서 터키는 이를 국가산업 및 경제적 측면에서뿐 아니라 자생력 있고 해외 수출이 가능한 방위산업 기반의 구축을 통해 개척해 나가고자 하는 것으로 보인다. 이러한 터키의 노력은 세계 군사 시장의 변화의 추위 속에서 최첨단 신무기체계를 개척하고 선점해 나가는 노력인 동시에 자국 안보 증진에 필요한 무기체계를 스스로 생산하는 노력의 합치점을 중심으로 이루어지게 될 것이다.

5. 결론

터키의 사례는 대내외 정책 환경의 변화로 국가 안보 전략 및 대외전략의 변환을 추구하는 중견국에게 군사혁신은 어떠한 정책적 의미를 지니며, 어떻게 추진되는지를 보여주는 모델이다. 터키는 근대화 이후 냉전기를 경험하면서 국내적으로는 세속적 민주주의 체제, 대외적으로는 NATO의 일원으로서 미국 및 서방국가들과 가까운 국가로서 자신의 정체성을 형성해 왔다. 2000년대 이후 세계적 경제위기하에서도 높은 수준의 경제성장을 지속하면서 중견국의 위상을 확보했고, 민주화를 심화시키면서 강대국의 일방주의에 저항하고 주변국의 분쟁을 중재하는 중견국 모델을 건실하게 추진해 나갔다.

그러나 터키는 에르도안의 장기 집권하에서 점차 대내외적 변환 과정을 겪게 된다. 에르도안이 이끄는 AKP의 선거 압승이 지속되면서 민주화는 퇴색되고 권위주의화의 길을 걷게 되었다. 대내적 민주화 및 친미·친서방적 대외정책의 내적 기반이었던 장교단 및 예비역 집단의 사회적·정치적 지배는 점차 약화되어 2016년 쿠데타의 실패를 기점으로 퇴색한다. 대외전략적 차원에서는 미국과 서방 진영 국가들의 영향력을 배제하고 터키의 국경 안전을 위해 중동 및 아프리카 분쟁에 적극적으로 개입하고, 지중해에서의 경제적 이익 보장을 위한 대양해군 건설에도 매진했다.

이와 같은 터키의 대외전략 전환은 우선 대외적 자율성을 요구했고, 이는 국방력 건설을 서방, 특히 미국에게 일방적으로 의존하는 데서 벗어나는 것을 필요로 했다. 터키의 방위산업 진흥과 자주국방 노력은 1970년대부터 시작된 바 있으나, 2000년대 경제성장과 더불어 가속화되었고 특히 에르도안 정부하에서 국가적 정책으로, 대외정책의 핵심 어젠다로 추진되었다. 첨단 과학기술에 기반한 첨단무기체계 생산은 터키의 국방력을 강화하는 동시에 방산 수출로 이어져 규모의 경제로 인한 생산비 감축까지 가능해질 경우, 국가경제에 기여할 뿐 아니라 (같은 국방예산하에서) 군사력의 강화로 이어질 수 있다. 4차 산업혁명과 함께 도래할 것으로 예상되는 미래전 분야에서 이러한 노력이 성공을 거둘 경우 그것이 가져다줄 추가적인 군사력 강화의 효과는 과거 사례에 빗대어 볼 때 실로 엄청난 것이 될 것이다.

그러나 이와 같은 군사혁신은 결코 쉬운 과정이 아니다. 특히 터키의 사례는 중견국의 군사혁신이 맞이하게 되는 구조적 도전들을 잘 보여준다. 현대의 군 규모와 무기체계의 첨단성을 고려할 때, 방위산업의 발전은 거대한 자본 투자를 필요로 한다. 방위산업의 속성상 해외투자에는 다양한 제약이 따른다. 또한 규모의 경제 달성을 위한 해외 판매는 기존의 강대국의 강력한 영향력하에 있다. 지난 10여 년간 터키는 이러한 난관을 극복하기 위한 다양한 시도와 노력을 경주해 왔으며, 현시점에서 그 성공 여부를 예단하기는 이르다. 한 가지

분명한 것은 터키의 사례가 기존에 주로 강대국 내에서 추진되어 온 군사혁신 사례와 달리 중견국 군사혁신의 국제적 측면을 부각하는 사례가 되어줄 것이라는 점이다.

≪보이스 오브 아메리카(Voice of America)≫. 2019.7.17. "미, 터키에 'F-35' 판매 중단."

설인효. 2012. 「군사혁신(RMA)의 전파와 미중 군사혁신 경쟁: 19세기 후반 프러시아-독일 모델의 전파와 21세기 동북아 군사질서」. ≪국제정치논총≫, 제52권 3호, 141~169쪽.

≪세계일보≫. 2020.2.15. "'오스만 제국 부활' 노리는 터키 … 해외 영향력 확대 본격화."

유재광. 2020. 「기로에 선 중견국: '능력-의지 연계모델'을 통해 본 터키 중견국 외교 부침(浮沈) 연구」. ≪국제정치논총≫, 제60권 1호, 99~153쪽.

≪조선일보≫. 2021.7.17. "터키, 獨 설계 잠수함 도입해 '지중해 앙숙' 그리스 견제한다."

Abda, Cameron. 2019.10.17. "Why is Turkey fighting Syria's Kurds?" *Foreign Policy*.

Akar, Hullusi. 2020. "Turkey's Military and Defense Policies." *Insight Turkey*, Vol.22, No.3, pp.9~15.

Bakeer, Ali. 2019. "Challenges Threaten the Rise of Turkey's Defense Industry." Middle East Institude.

Bozkurt, Abdulla. 2019.12.6. "Secret plans show how Turkey armed, trained and equipped Syrian rebels." Nordic Research Monitoring Network.

Capezza, David. 2009. "Turkey's Military is a Catalyst for Reform: The Military in Policits." *Middle East Quarterly*, pp.13~23.

Chudziak, Mateusz. 2018. "Cardres Decide Everything - Turkey's Reform of Its Military." *OSW COMENTARY*, Center for Estern Studies, No.275.

Ciftci, Kemal. 2013. "The Kemalist Hegemony in Turkey and the Justice and Development Party (AKP) as an 'Other'." *Dans L'Europe en Formation*, No.367.

Cohen, Eliot A. 2004. "Change and Transformation in Military Affairs." *The Journal of Strategic Studies,* Vol.27, No.3, pp.395~407.

Cook, Steven A. 2018.3. "Erdogan is Weak. And Invincible." *Foreign Policy*.

_____. 2018.9. "Erdogan Plays Washington Like a Fiddle." *Foreign Policy*.

Dal, Emel Parlar. 2016. "Conceptualizing and Testing the Emerging Regional Power of Turkey in the Shifting International Order." *Third World Quarterly*, Vol.37, No.8, pp.1425~1453.

Demir, Ismail. 2020. "Transformation of the Turkish Defense Industry: The Story and Relations of the Great Rise." *Insight Turkey,* Vol.22, No.3, pp.17~40.

Đidić, Ajdin and Hasan Kösebalaban. 2019. "Turkey's Rapprochement with Russia: Assertive Bandwagoning." *International Spectator*, Vol.54, No.3, pp.123~138.

Gingeras, Ryan. 2020. "Blue Homeland: The Heated Politics Behind Turkey's New Maritime Strategy." *Texas National Seurity Review.*

Haugom, Lars. 2014. "Turkish Foreign Policy under Erdogan: A Change in International Orientation?" *Comparative Strategy*, Vol.38, No.3, pp.216~223.

Iddon, Paul. 2019. "The significance of Turkey's overseas military bases." Ahval. https://ahvalnews.com/turkish-military/significance-turkeys-overseas-military-bases (검색일: 2019.12.3)

Kardas, Saban. 2011. "Turkish-American Relations in the 2000s: Revisiting the Basic Parameters of Partnership." *Perception*, Vol.16, No.3, pp.25~52.

Kasapoglu, Can. 2020. "The Turkish Navy in Context: Military Modernization and Geopolitical Transformation." Expert Brief Regional Politics, AL SHARG Strategic Research.

Piccio, Lorenzo. 2014. "Post-Arab Spring, Turkey flexes its foreign aid muscle." Davex. https://www.devex.com/news/post-arab-spring-turkey flexes-its-foreign-aid-muscle-82871 (검색일: 2019.12.2)

Taspiner, Omer. 2014. "The End of the Turkish Model." *Survival*, Vol.56, No.2, pp.49~64.

Vidino, Lorenzo. 2018.8. "Erdogan's Long Arm in Europe." *Foreign Policy.*

Yeşiltaş, Murat. 2020. "Deciphering Turkey's Assertive Military and Defense Strategy: Objectives, Pillars, and Implication." *Insight Turkey,* Vol.22, No.3, pp.89~114.

Yilmiz, Ihsan and Galib Bashirov. 2018. "The AKP after 15 Years: Emergence of Erdoganism in Turkey." *Third World Quarterly*, Vol.39, No.9, pp.1812~1830.

Öniş, Ziya and Mustafa Kutlay. 2016. "The Dynamics of Emerging Middle Power Influence in Regional and Global Governance: the Paradoxical Case of Turkey." *Australian Journal of International Affairs*, Vol.71, No.2, pp.164~183.

9 이스라엘의 미래전 전략과 군사혁신 모델*
군사혁신과 혁신국가의 연계

조한승 ┃ 단국대학교

1. 서론

이스라엘은 척박한 환경의 작은 나라로서 건국 이후 주변 아랍 세력과 갈등이 끊이지 않고 있는 대표적인 '분쟁국가'이다. 동시에 이스라엘은 '혁신국가', '스타트업 국가'라는 별명을 가지고 있을 만큼 혁신적 기술 발전을 통해 국가의 성장을 이루어왔다. 이스라엘에서 '분쟁국가'와 '스타트업 국가'라는 서로 어울리지 않는 국가 이미지 사이의 연결 고리에는 이스라엘군이 있다. 이스라엘군은 주변 아랍 세력과의 군사분쟁에서 뛰어난 전쟁 수행 능력을 보여주었다. 작은 규모의 군이 보다 큰 적과 맞서 승리하기 위해서는 효율성을 극대화한 군사 조직과 신속·정밀하고 파괴적인 무기체계를 갖추기 위한 부단한 혁신의 노력

---

* 이 글의 초고는 ≪사회과학연구≫ 제60집 3호(2021)에 「이스라엘의 군사혁신과 혁신국가 전략의 연계」라는 제목으로 발표되었음을 밝힌다.

을 벌여야만 한다.

　군사혁신Revolution in Military Affairs: RMA 혹은 군사변혁Military Transformation 이라는 용어가 본격적으로 사용되기 시작한 것은 1990년대 초 걸프전 이후이지만, 이스라엘의 군사혁신은 이미 1973년 욤키푸르 전쟁에서부터 시작되었다고 해도 과언이 아니다(Marcus, 2015: 92~111). 국가 존폐의 위기를 경험하면서 이스라엘은 첨단무기 중심의 군사우위로 국가의 안전을 보장받는 한편, 이를 위한 기술과 인적자원을 국가경제의 도약을 위한 발판으로 전환시키는 혁신국가 전략을 발전시켰다. 이스라엘 군사혁신에서 일관적으로 나타나는 특징 중 하나는 베냐민 네타냐후Benjamin Netanyahu 총리가 "군사기술을 민간 부문에 적용하는 것은 이스라엘 국부國富의 가장 큰 원천이 되었다"(Rapaport, 1998.6.1)라고 자평한 것처럼 군-산-학-연 연계를 통해 신기술 연구·개발·생산의 시너지 효과를 높이는 혁신국가 전략과 맞물려 발전해 왔다는 점이다.

　이러한 논의는 오늘날 기술의 발전과 갈등 구조의 변화에 따른 안보환경 변화가 국가로 하여금 고전지정학적 접근에서 탈피하여 복합지정학적 성격을 반영하는 국방정책과 국가성장전략을 모색하게끔 만든다는 주장의 연장선에 있다. 물리적 힘과 영토적 공간을 강조하는 고전지정학과 달리 복합지정학complex geopolitics 개념은 국가의 군사전략과 외교정책에 영향을 미치는 지정학적 환경이 기술의 발전, 안보 인식의 변화, 국력 개념의 변화, 자본과 정보의 흐름, 비영토적 사이버 공간, 국제적 제도화 및 규범의 발전 등을 포괄하는 복합적 차원에서 해석되어야 함을 강조한다. 다시 말해 복합지정학은 고전지정학의 '물질 구조', 비지정학의 '이슈 구조', 비판지정학의 '관념 구조', 탈지정학의 '탈물질 구조'를 동시에 품는 다층적 구조 개념을 의미한다(김상배, 2020; 2021).

　오늘날 국가의 국방정책과 국가발전전략의 수립은 단순히 영토와 물리력 차원만이 아니라 신흥 첨단기술을 매개로 하는 다양한 행위자 및 이슈의 복잡한 네트워크 구조를 반영하는 방향으로 전개된다. 4차 산업혁명을 이끄는 기술혁신은 군사 영역과 비군사 영역의 구분을 모호하게 만든다(민병원, 2017).[1]

특히 다중용도 첨단기술의 발전으로 군사기술과 민간 기술의 조화로운 동시 발전이 가능해졌으므로, 각국은 국방정책과 국가발전전략을 수립할 때 이러한 측면을 반영하고 있으며, 그 대표적인 사례가 이스라엘이다.

국내에서 이스라엘군Israel Defense Forces: IDF에 대한 논의는 기획기사나 르포 형식이 대부분이며(노석조, 2018), 많지 않은 학문적 연구는 이스라엘이 거둔 전쟁의 승리 요인이나 무기체계 기술 혹은 이스라엘군의 작전운영 개념을 소개하면서 한국군에 대한 함의를 구하는 데 치중되어 있다(정해원, 2014; 김재엽, 2014). 다행히 최근 들어 이스라엘의 안보환경 변화에 따른 군사전략의 변화에 대한 논의, 이스라엘의 전력체계와 군 구조에 대한 소개, 이스라엘군의 역사적·문화적 특징 소개, 이스라엘의 국방 R&D 혁신에 관한 연구가 진행되고 있다(성일광, 2015; 안승훈, 2018; 이강경·한승조·설현주, 2020; 정춘일, 2021). 하지만 전술한 것처럼 이스라엘의 국방전략, 대외 위협인식, 국방기술 개발, 국가성장전략 등이 군을 매개로 상호 연계되어 유기적으로 변화하기 때문에 이를 복합지정학적 차원에서 종합적으로 평가할 필요가 있다. 또한 이스라엘 외부 환경의 변화와 내부 구성원의 세대교체 사이의 상호작용이 어떻게 국방정책과 국가 발전에 영향을 미쳤는지도 이해해야 한다.

이런 맥락에서 이 글은 2000년대 이후 변화하는 안보환경 속에서 이스라엘군이 선택한 군사혁신이 어떻게 혁신국가 전략으로 연결되는지를 국방기술 혁신을 통해 설명하는 것을 목적으로 한다. 이를 위해 먼저 이스라엘군의 신국방계획의 진화적 발전 과정을 중심으로 무기의 질적 우위를 통해 군사적 우세를 지속하고자 하는 군사혁신 전략을 설명한다. 특히 안보적 위협의 성격 변화와 군 조직 내의 전략문화가 어떻게 상호작용하면서 이스라엘의 군사혁신 아이디

---

1 이 글은 첨단기술의 발전을 군사 분야와 민간 분야에서의 혁신적 변화의 중요한 매개로 간주하는 관점에서 집필되었기 때문에 군사혁신(RMA)을 군사기술혁신(MTR)까지 포괄하는 광의의 개념으로 간주한다.

어가 발전해 왔는지를 살펴본다. 이어서 이스라엘군의 질적 우위를 위한 군사 무기 기술개발이 방위산업 분야, 대학, 스타트업 등 민간 부문과 어떻게 연계되고 있는지 논의한다. 이를 통해 군사기술의 이중용도 개발을 가능하게 만든 군-산-학-연 네트워크가 이스라엘의 군사적 우세뿐만 아니라 혁신국가로서의 성장에 어떠한 영향을 미쳤는지 살펴본다.

2. 이스라엘의 신국방계획 도입의 배경

1) 이스라엘 안보환경의 변화

1948년 건국 이후 이스라엘은 주변 아랍 세력들의 공격을 받았을 뿐만 아니라 오히려 분쟁을 승리로 이끌어 영토를 확장했다. 특히 1967년의 6일 전쟁에서 이스라엘은 시리아, 이집트, 요르단의 선제공격을 차단했을 뿐만 아니라 역공세를 펼쳐 가자지구, 시나이반도, 요르단강 서안(웨스트뱅크), 골란고원으로 영토를 넓혔다. 이 가운데 시나이반도는 1978년 캠프 데이비드 협정에 따른 이스라엘-이집트 국교 정상화로 이집트에 반환되었지만 나머지 지역은 여전히 이스라엘이 관할하고 있다. 1973년 욤키푸르 전쟁에서 이스라엘은 이집트와 시리아의 기습 협공으로 심각한 위기에 빠졌으나 미국의 신속한 무기 지원으로 전세를 역전하여 승리했다. 이스라엘은 미국의 군사동맹이 아님에도 불구하고 미국의 군사적 후원하에서 핵무기를 포함한 군사력을 증강했다. 이스라엘과 미국 사이의 이러한 특수 관계는 미국의 다른 동맹국들과 달리 이스라엘의 군사적 활동에 상당한 자율성을 부여하고 있다.[2]

---

2   오늘날 이스라엘은 OECD 회원국으로서 더 이상 경제원조를 받지 않지만, 미사일 방어를 포함한 미국의 군사원조는 지금도 계속되고 있다. 1946년 건국부터 2020년까지 미국의 대(對)이스라엘 원조

이스라엘을 위협하는 세력은 주변 국가뿐만 아니라 이스라엘 영토 내에 거주해 온 팔레스타인 무장 세력도 포함한다. 1993년 오슬로 협정에 따라 팔레스타인 자치정부가 수립되고, 2012년 UN이 팔레스타인을 옵서버 '국가'로 지위를 격상했으나, 이스라엘은 팔레스타인을 '국가'로 인정하지 않고 있다. 오히려 웨스트뱅크, 골란고원에서 유대인 정착촌을 확대하고 있다. 팔레스타인 주민들은 1987년과 2000년 2차례에 걸쳐 대규모 인티파다(Intifada, 봉기)를 전개하여 이스라엘군과 충돌을 벌였고, 이 과정에서 많은 희생자가 발생했다. 팔레스타인 정치세력은 크게 2개로 구분된다. 웨스트뱅크를 거점으로 팔레스타인 자치정부를 이끌고 있는 파타Fatah는 이스라엘과의 2국가 해법two-state solution 협상을 벌이고 있으나, 가자지구를 실질적으로 통치하는 하마스Hamas는 이슬람 근본주의 세력으로서 이스라엘과의 협상을 거부하며, 2021년 5월 사태와 같은 로켓 공격을 벌여왔다.

이스라엘 건국 이후 많은 팔레스타인 주민들이 인접 아랍국으로 이주했다. 이들 가운데 적극적인 저항 세력들은 레바논의 시아파 이슬람 조직인 헤즈볼라Hezbollah에 참여하여 레바논에서 반이스라엘 투쟁을 벌였다. 헤즈볼라는 레바논 의회 의석을 가지고 있는 공적 정당인 동시에 자체적인 민병 조직과 무기를 보유한 무장투쟁 조직으로서 레바논 정규군보다 군사력이 크다고 알려져 있다. 레바논 내전이 격화되면서 헤즈볼라는 이란과 시리아의 지원을 받아 레바논에서 정치적 영향력을 크게 확대했고, 2006년 이스라엘이 레바논 내전에 개입하자 '점령지 회복'을 내걸고 이스라엘과의 전쟁을 시작했다. 이스라엘에 대한 로켓 공격뿐만 아니라 가자지구의 하마스를 군사적으로 지원하고, 세계 여러 지역에서 반이스라엘 테러를 벌이는 등 정규전과 비대칭 전쟁의 구분이 어려운 반군전insurgency warfare 공격을 전개했다.

<hr />

는 총 1424억 달러에 달한다. 이 가운데 대부분은 군사원조(미사일 방어 포함)로서 1081억 달러이고, 경제원조는 343억 달러에 불과하다(Congressional Research Service, 2019: 2).

한편 오랫동안 이스라엘과 적대 관계였던 시리아가 내전으로 인해 혼란에 휩싸이고 시리아군이 크게 약화되면서 이스라엘은 시리아로부터의 군사적 위협은 덜 느끼고 있다. 시리아 내에서 영향력을 확대하던 ISIS가 몇 차례 반이스라엘, 반유대인 정책을 언급했으나 ISIS는 이스라엘에 대한 실질적인 공격을 벌일 만한 여건이 되지 않는다. 오히려 이스라엘과 ISIS 모두 시리아의 아사드 정부를 적으로 간주하고 있기 때문에 이스라엘은 ISIS가 자국에 대한 직접적인 공격을 하지 않는다면 내전에 관여하지 않는다는 입장이다. 하지만 ISIS 조직이 크게 와해되면서 일부 세력이 반이스라엘 아랍 무장 세력과 결탁하여 이스라엘에 대한 테러 공격을 가할 가능성은 남아 있다. 따라서 ISIS에 대해 이스라엘은 강력한 보복 능력 과시를 통해 무력도발 가능성을 낮추는 억제전략을 펴고 있다(Allison, 2016a).

1979년과 1994년에 각각 이스라엘과 수교한 이집트와 요르단을 제외한 많은 아랍 국가들은 오랫동안 이스라엘을 적대시했으나 최근 주목할 만한 변화가 이스라엘과 아랍 국가들 사이의 관계에 나타나고 있다. 2020년 아랍에미리트연합UAE이 이스라엘과 평화협정을 체결하고 사우디아라비아가 이스라엘과의 군사적 협력 관계를 모색하고 있다. 이러한 변화의 원인은 이라크 전쟁 이후 중동의 정치 지형이 격변하면서 이슬람의 해묵은 수니파와 시아파 사이의 대결이 다시 불거졌기 때문이다.

사담 후세인이 제거된 이후 이라크에서 시아파 세력이 정권을 잡자 시아파 종주국인 이란은 내전 중인 예멘, 시리아, 레바논 등의 시아파 세력에 대한 군사적 후원을 대폭 확대했다. 그러자 이란의 군사적 영향력 확대를 경계하는 중동 국가들 사이에서 협력의 필요성이 언급되기 시작했고, 거기에는 이스라엘도 포함되었다. 2017년 11월 이스라엘군 참모장이 영국에서 사우디 매체와 반이란 연대를 위해 사우디아라비아와의 연대도 가능하다는 인터뷰를 진행했고, 그러자 사우디 법무장관은 맹목적인 이슬람 테러는 아무리 이스라엘을 상대로 한 것이라도 용납될 수 없다고 발언했다(Marcus, 2017.11.24). 이런 분위기에서 미국 트럼프 행정부의 후원으로 2020년 8월 이스라엘과 UAE 사이에 국교 정상화가 이루어졌다. UAE는 적극적인 개방정책으로 중동의 비즈니스 허브로 자리매김하려는 입장이기 때문에 미국의 설득을 받아들였고, 무엇보다 시아파 이란의 군사적 위협에 대응하기 위해서 이스라엘과의 관계 개선이 필요했다(Wainer, 2020). 이스라엘과 UAE 국교 정상화 이후 사우디아라비아도 그동안 금지했던 이스라엘 항공기의 사우디 영공 통과를 허용하는 등 이스라엘과의 관계 개선 제스처를 보였다.

이스라엘과 주변 아랍 국가들이 화해하는 분위기인 데 반해 이스라엘과 이란 사이의 관계는 계속 악화되고 있다. 양국은 자국군의 공격 대상으로 상대방을 지목하고 있으며, 양국 주민에 대한 폭발물 테러, 무기 개발 기술자 암살, 주요 시설물에 대한 사이버 공격, 민간 선박 피습 등 적대적인 행위가 반복적으로 이루어지고 있다. 이란은 헤즈볼라와 하마스에 무기와 자금을 지원하고 있으며, 이스라엘은 스턱스넷Stuxnet과 같은 사이버 수단과 원격 무기로 이란을 공격하고 있다. 2021년 3월 이스라엘과 이란은 서로 상대방 민간 선박에 대한 공격을 벌였고, 4월에는 이스라엘이 이란의 나탄즈 핵시설에 대한 사이버 공격을 감행하여 핵시설 운영이 마비되었다.

2) 이스라엘군의 전략문화의 진화: 적응에서 예측으로

21세기 이스라엘의 군사혁신의 과정은 이스라엘의 안보환경의 변화뿐만 아니라 이스라엘군의 전략문화strategic culture의 변화에 의해서도 영향을 받았다. 전략문화란 국가의 안보전략 수립 및 수행에 관련된 집단 구성원들이 공유하는 전통, 인식, 가치, 신념, 행동 패턴 등의 총체로서, 안보환경에 대한 적응과 군사력 사용 및 군사적 위협에 대응하는 고유한 방식으로 나타난다(Snyder, 1977; Booth, 1990; Johnston, 1995). 일반적으로 전략문화는 오랜 시간에 걸쳐 형성되고 쉽게 변화하지 않는다고 알려져 있지만, 고정된 것이 아니라 환경의 변화에 따라 '진화'하는 개념이다. 때로는 비교적 빠른 기간에 돌연변이 방식의 변화가 나타나기도 하는데, 이러한 갑작스러운 변화는 첫째, 냉전 종식과 같은 안보환경의 근본적 지각변동에 의한 것이거나, 둘째, 전략적으로 중요한 작전의 실패 이후 새로운 대안을 시급히 모색해야 하는 경우에 나타난다. 2000년대 중반 이후 이스라엘의 전략문화 변화는 후자에 해당한다.

1980년대까지 여러 차례 전쟁을 겪으면서 이스라엘군의 혁신은 전투 현장에서의 마찰을 교훈으로 삼아 다음 전쟁에 대비하는 '적응adaptation' 중심의 전략문화를 바탕으로 이루어졌다. 더 많은 병력과 자원을 가진 주변 적대국들의 공격에 맞서기 위해서는 대전략grand strategy에 의존하기보다는 이스라엘의 상대적 강점인 고급 인력과 기술을 활용하여 전투 현장에서 적의 약점을 발견하고 이를 공략하는 임기응변적 접근이 요구되었다. 이러한 전략문화는 군사 조직 및 무기체계를 포괄하는 군의 아키텍처와 실제 전투 현장에서 발생하는 요구사항 사이의 불일치를 신속하게 파악하고 그 간극을 좁혀나가는 특징이 있다. 또한 이것은 이론적인 논의보다는 실제 전투 현장에서 적을 상대하면서 문제점을 파악하고 문제점을 개선해 나가는 상향식bottom-up의 유연한 접근이 특징이다(Finkel, 2011). 이스라엘군의 '적응을 통한 혁신'은 전장에서 생존력을 높이고 적에게 치명적 피해를 입힐 수 있는 신속 기동이 가능한 기갑부대 중심의 편제 및 무기체계 도입을 중시했다. 이스라엘군은 현상 유지를 추구하는 방어적 전략을 추구하지만, 작전 및 전술적 차원에서는 공격 능력이 강조되는 보복억제 능력을 발전시켰다.[3]

하지만 2000년대 이후 중동에서의 전쟁이 정규군과 민간인 구분이 어려운 반군전 양상으로 전개되어 보복억제의 대상이 불분명해졌다. 미국에서 아프가니스탄전과 이라크전을 계기로 기존의 기술 중심의 군사혁신RMA 논의에 더하

---

3   이스라엘군의 방어적 전략과 공격적 전술에 관해서는 Maoz(2006)를 참조하라.

여 대對반군전COIN, 4세대 전쟁4GW, 하이브리드 전쟁 등의 개념이 함께 다루어지기 시작한 이유도 이러한 새로운 양상의 전쟁에 대응하기 위해서였다. '아랍의 봄'과 같이 이스라엘의 안보환경이 질적으로 변화하는 상황에서 기존의 임기응변적 적응 접근은 한계가 있었다. 보다 장기적인 관점에서 안보환경의 변화와 전쟁 양상의 근본적 변화에 대한 체계적 탐구와 군사혁신에 관한 전략적 처방이 요구되었다(Adamsky, 2010). 하지만 이스라엘군의 적응 중심 접근은 즉각적인 문제 해결을 이루는 데 주안점을 두기 때문에 전쟁이론 혹은 군사이론에 대한 체계적인 연구와 개발을 도외시하는 경향이 있었다(Murray, 2011). 게다가 실제 전투 경험을 통해 적응을 모색하는 과정에서 많은 병력 및 장비의 피해가 발생한 것도 이스라엘군에게는 점점 더 부담으로 여겨졌다.

결국 2006년 제2차 레바논 전쟁을 계기로 이스라엘군에서 새로운 군사혁신의 도입 필요성이 본격적으로 논의되기 시작했다. 당시 레바논의 헤즈볼라가 이스라엘 병사를 납치한 데 대한 보복으로 이스라엘은 기갑부대를 앞세워 레바논의 여러 도시들을 공격했다. 하지만 전쟁 양상이 장기적인 도심 게릴라전 형태로 이루어져 이스라엘군의 피해도 컸고, 오히려 레바논 내에서 헤즈볼라가 집권하는 빌미를 초래했다는 점에서 이스라엘에게는 뼈아픈 실패였다. 게다가 전쟁 과정에서 레바논의 민간인 피해가 다수 발생하여 이스라엘에 대한 국제적 여론이 크게 악화되었다. 레바논에서의 실패는 이스라엘군 내부에서 군사혁신 방식의 변화가 필요하다는 인식을 불러일으켰다.

이러한 전략문화의 변화는 1990년대 말부터 2000년대 중반까지 진행된 이스라엘군의 세대교체와도 관련된다. 냉전 종식 이후에 고등교육을 받은 젊은 장교들은 미국에서 매버릭(mavericks, 독불장군)이라고 불리는 열정적 중간급 장교들이 주도하여 군사혁신 개념을 도입한 사례를 이스라엘에도 적용하기를 희망했다.4 이스라엘군의 군사작전이론연구소Operational Theory Research Institute에서 미군의 '체계적 작전구상Systemic Operational Design: SOD'이나 '효과기반작전Effects-Based Operations: EBO'과 같은 군사혁신 개념을 학습한 젊은 장교 집단은 이스라엘군의 적응 중심 전략문화가 현장에서의 경험을 바탕으로 조금씩 개선해 나가는 누진적인 접근이기 때문에 새로운 전쟁 양상에 적절하게 대응하지 못하고 미래 전쟁을 준비하는 데 한계가 있다고 보았다. 즉, '다음 전쟁 next war'을 준비하는 혁신은 미래에 대한 지적인 상상력과 체계적 사고에서부터 비롯된다는 점에서 연역적이고 선제적이어야 한다는 것이다. 이들은 미국에서 전개되고 있던 국방개혁과 미래 전쟁에 관한 논의에 관심을 가지고 이러한 새로운 혁신 방법을 이스라엘에 도입할 것을 요구했다.

이스라엘군 수뇌부도 전쟁의 변화하는 성격을 재해석하고 변화가 필요하다는 것을 인식하고 있었다. 2000년대 말부터 군 수뇌부가 젊은 매버릭의 활동과 지적 시대정신을 적극 수용하기로 결정하면서 이스라엘군은 기존의 '적응을 통한 혁신innovation through adaptation'에서 벗어나 새로운 '예측에 의한 혁신 innovation by anticipation'으로 빠르게 변모하기 시작했다(Adamsky, 2019). 이러한 접근은 변화하는 안보환경에 대한 체계적 분석과 기술적 진보에 대한 이해를 바탕으로 평시에 전쟁의 성격 변화를 모색하고, 미래 전장의 지형을 상상하며, 작전과 보급 프로그램 및 조직 구조에 관한 새로운 개념의 포괄적 이해를 바탕으로 작전 및 전술 계획을 수립하는 것을 강조한다. 이러한 미래지향적 사고를 발전시키고 교육하기 위해 이스라엘군은 2007년 OTRI를 '다도센터Dado Centre'로 전환하고 민간인 연구자들을 대거 영입하여 작전술과 군사전략 연구의 학제적 접근을 강조했다.[5]

이스라엘군의 군사혁신에서 나타나는 또 다른 특징은 변화하는 안보환경에 대응하고 새로운 양상의 전쟁을 대비하는 데 각 분야 전문성professionality의 상호 연계가 강조된다는 점이다. 단순히 전쟁이론적 차원에서의 전문성뿐만 아

---

4 미국에서 군사혁신에 대한 매버릭의 열정에 대해서는 Rosen(1994)을 참조하라.
5 '다도(Dado)'는 욤키푸르 전쟁(1973) 당시 이스라엘군의 참모장을 지낸 다비드 엘라자르(David 'Dado' Elazar) 장군의 별명이다.

니라 사회적 전문성과 더불어 과학기술 전문성 사이의 협력적 상호작용을 통해 군사적 효용성은 높이면서 소요되는 비용은 낮추고, 더 나아가 전쟁의 기간을 단축하여 희생을 최소화하는 전쟁을 준비할 수 있다(Adamsky, 2018). 이러한 노력은 전쟁의 승리라는 군사적 목적을 이루는 동시에 시민사회의 지지를 이끌어내고 신기술 개발을 통해 국가의 경쟁력을 높일 수 있다는 점에서 매우 유용하다.

3. 이스라엘의 21세기 군사혁신의 내용과 성격

1) 21세기 이스라엘 국방계획의 변화 과정과 배경

이스라엘은 국토가 작아 작전의 종심이 매우 얕고 안보위협 요인이 매우 다층적이다. 2002년에 작성된 이스라엘군의 전략 문건IDF Strategy에 의하면 이스라엘이 인식하고 있는 위험은 **그림 9-1**과 같이 여러 개의 원circle으로 구분된다.

팔레스타인 주민의 투석 시위로부터 이란의 핵개발에 이르기까지 각각의 원에 속한 위협 요인들의 조직 형태, 군사력, 전투 수행 방식 등이 서로 상이하기 때문에 이스라엘의 군사전략과 작전계획은 어떤 요인이 당장 해결해야 할 시급한 위협이냐에 따라 쉽게 변화한다는 특징이 있다. 이러한 특징은 그때그때의 안보위협에 대한 임기응변식 대응을 선호하도록 만든다. 따라서 다른 나라들과 달리 이스라엘군의 국방정책은 길어야 5년 이내의 기간을 상정하여 작성되며, 안보환경 변화에 따라 주된 위협 대상과 그에 대한 대응 방식이 갑작스럽게 변경되기 때문에 그 주기가 일정하지 않다. 더욱이 군의 문건이 외부에 공개되는 경우가 거의 없으며, 문건에 언급된 '전략', '작전', '계획' 등과 같은 개념이 일관적이지 않고 혼용되는 경우가 많다(Finkel, 2020). 따라서 이스라엘군의 미래전 전략을 체계적으로 분석하는 것은 용이하지 않다. 그럼에도 불구

그림 9-1 이스라엘의 위협인식(IDF Strategy 2002)

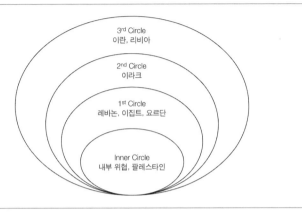

자료: Finkel(2020: 8)을 토대로 저자가 작성.

하고 이스라엘 주변의 안보환경 변화와 군사기술 발전의 추이를 토대로 이스라엘의 군사전략의 지향점이 어떤 방향인지를 가늠하는 것은 가능하다.

이스라엘 주변 안보환경 변화의 특징은 중동의 정치적 격변으로 일부 국가는 정부 기능을 상실하고 종교적 종파갈등이 격화되면서 주변 적대국이 이스라엘을 군사적으로 공격할 가능성은 크게 감소한 반면 하마스와 같은 비국가무장 세력으로부터의 로켓 공격, 대규모 테러, 무장 시위, 시설 파괴 등 비대칭적 군사위협은 오히려 증대되고 있다는 점이다. 과거 시리아나 이집트와 같은 주변 적대국과의 전투에서는 신속한 반격을 통해 적의 국경선 안에 전장을 형성하는 데 주안점을 두었기 때문에 기갑부대가 중요했다. 하지만 도심과 도시 외곽에 산재한 비국가 무장 세력을 상대로 뚜렷한 전선을 구축하기 어려운 전쟁에서는 전차, 장갑차 등 중무장 돌격무기의 효용이 떨어진다. 또한 이스라엘은 비공식적으로 핵무기를 보유하여 주변 적대국으로부터의 공격을 억제하는 수단으로 사용해 왔으나, 이들 비국가 무장 세력에 대해서 핵억지력은 큰 효과를 거두기 어렵다.

냉전 종식 이후 이스라엘군은 가자지구의 하마스와 시리아의 헤즈볼라의 공격에 대한 억제력을 강화하는 방향으로 국방정책을 전개했다. 특히 헤즈볼라는 2000~2006년 기간에 수백 차례의 소규모 공격을 감행했으며, 이 가운데 30건 가량에서 군인 납치와 민간인 살상을 포함한 인명 피해가 발생했다(Marcus, 2018: 92~93). 이에 대해 이스라엘은 이른바 "잔디깎이"라 불린 다히야 독트린 Dahiya Doctrine으로 대응했다.[6] 다히야 독트린은 적이 도발할 경우 응징적 억제 deterrence by punishment 차원에서 적의 거점에 신속하고 치명적인 공격을 가하여 적의 도발 능력을 꺾는다는 내용이다. 비대칭 위협을 상대로 하는 제한분쟁 Limited Conflict을 위해 이스라엘군은 걸프전(1991)과 코소보 전쟁(1999)에서 미군이 사용했던 전략과 기술을 모방하여 최신 항공기 도입을 통한 항공력 증강과 신속정밀타격 능력 배양에 중점을 두었다. 따라서 이 시기 이스라엘군의 군사혁신은 군사기술 중심의 접근으로서 탐지에서 타격에 이르는 센서-투-슈터 sensor-to-shooter 과정의 발전으로 전개되었다.

하지만 다히야 독트린이 적용된 제2차 레바논 전쟁(2006)과 가자전쟁(2008)을 겪으면서 그동안의 이스라엘의 항공력과 기술 중심의 접근은 미군의 군사혁신RMA과 효과기반작전EBO 개념을 무비판적으로 모방한 것에 불과하다는 비판이 제기되었다(Kreps, 2007; Berman, 2011; Lambeth, 2011). 왜냐하면 항공력과 원거리 신속정밀타격의 능력을 강화하여 적의 기반 시설을 공습하는 작전이 이루어졌으나, 민간인 살상 등 부작용이 너무나 커서 오히려 국제사회로부터 이스라엘을 침략자로 비난받는 상황이 초래되었기 때문이다. 특히 신무기를 사용한 대대적 공격으로 헤즈볼라의 저항력을 마비시키는 데에는 성공했으나 오히려 헤즈볼라가 영웅시되어 레바논의 집권 세력으로 부상하는 상황이 만들어졌다. 이 때문에 제2차 레바논 전쟁 직후 전쟁의 교훈을 얻기 위해 이스라엘 정부가 임명한 비노그라드 위원회Winograd Commission는 헤즈볼라에 대한

---

6 '다히야'는 베이루트 남부 부도심 시아파 거주 지역으로서 헤즈볼라의 핵심 거점이 위치해 있다. 이 개념은 1990년대부터 발전되어 왔다고 알려져 있으나 처음 언론에 공개된 것은 2008년이다.

대규모 공세로 일시적 평화는 얻을 수 있었으나, 적의 전쟁 의지가 더 강화됨으로써 정치적으로는 실패한 전쟁이었다는 내용의 보고서를 발표했다.

2010년대 초 '아랍의 봄' 운동이 전개되면서 이집트, 시리아 등 이스라엘 주변 국가들이 내부 혼란을 겪었고, 이는 이들 나라로부터의 위협이 줄어드는 것을 의미했다. 이러한 분위기는 이스라엘 사회에 군사비 감축 여론을 불러일으켰다. 2011년 이스라엘군 총참모장으로 취임한 베니 간츠Benny Gantz 장군은 변화된 안보 상황을 반영하여 기존 '평시routine'와 '전시wartime'로 구분된 2단계 작전 운영 방식을 3단계로 변경하여 평시와 전시 사이에 '비상 상황emergency'을 추가하는 내용의 테우자 계획Teuza Plan을 제시했다.[7] 2013년에 발표된 테우자 계획은 기존의 '평화/전쟁'의 이분법적 구분 대신 '전쟁 간 작전Campaign Between Wars: CBW'이라는 새로운 작전 상황 개념을 도입한 결과였다. 이 개념 하에서 이스라엘은 군의 조직을 슬림화하는 한편, 노후하고 무거운 무기체계를 과감하게 버리고 신속하고 유연한 작전이 가능한 무기 기술개발에 주력함으로써 '보다 스마트한 군smarter army'을 지향했다. 이로써 항공력, 정보, 사이버, 드론과 같은 기술력 중심의 군사력이 강조되고, 지출 부담이 큰 기갑부대 중심의 대규모 지상군과 예비 병력의 대대적 감축이 진행되었다(Marcus, 2018: 264~267).

2015년 참모장에 취임한 가디 아이젠코트Gadi Eisenkot 장군은 「이스라엘 군사전략 2015IDF Strategy 2015」을 간행하고, 이를 바탕으로 새로운 국방정책 '기드온 계획Gideon Plan'을 발표했다.[8] 이 계획은 주변 아랍 국가로부터의 대규모 지상군 공격 가능성이 상대적으로 낮아진 안보환경을 반영하여 '작지만 강한

---

7 히브리어 '테우자(תעוזה)'는 '대담함(daring)'을 의미한다.
8 33쪽 분량의 「이스라엘 군사전략 2015(IDF Strategy 2015)」은 이스라엘군 역사상 최초로 공개 발간된 전략 문건이었다. 한편 기드온(גדעון, Gideon)은 구약성경 판관기(사사기)에 기록된 유대인 지도자로서 요단강 건너편 부족의 핍박을 물리쳤다고 알려져 있다.

군대'를 지향하는 것이다. 핵심 내용은 테우자 계획의 연장선에서 대규모 지상군 작전에 요구되는 포병여단과 경보병여단의 규모를 축소하여 국방예산을 절감하는 한편, 새로운 사이버 공격에 맞서기 위한 사이버 부대를 수립하며, 최신 전투함과 잠수함 등 해군력과 신형 F-35 전투기와 무인 드론의 도입 등 공군력을 강화하는 정책을 추진하는 것이다.

그러나 기드온 계획은 다음과 같은 측면에서 기존 계획과 차별성을 보였다(Finkel, 2020, 12~13). 첫째, 이스라엘을 위협하는 요인들 가운데 첫 번째 원first circle 내부의 헤즈볼라와 하마스를 가장 위험한 위협으로 간주했다. 둘째, 기존 계획과 달리 지상군의 작전 범위와 공군의 목표 타격에 대한 계량화된 전쟁 시나리오를 상정하여, 전시에는 수천 개의 목표를, 평시에는 수백 개의 목표를 설정하고 타격할 수 있는 능력을 갖추도록 했다. 셋째, 기존 계획보다 사이버 영역 작전 범위 및 사이버 무기 사용 범위가 확대되었다. 넷째, 가자지구에서의 이스라엘 군사 활동에 대한 국제적 비판 여론을 의식하여 해당 지역 점령의 정당성을 언급하는 내용이 다수 포함되었다. 특히 이 가운데 두 번째와 세 번째 특징은 감시·정찰 능력과 더불어 사이버 역량을 획기적으로 강화하는 것을 의미하며, 이를 위한 기술 지원이 수반되어야 하는 것이었다. 이를 위해 이스라엘은 'C4I 사이버 방위국C4I and Cyber Defense Directorate'을 새롭게 신설했다.

2019년 참모장으로 취임한 아비브 코차비Aviv Kochavi 장군은 2020년부터 5개년 계획으로 시작되는 트누파 계획Tnufa Plan을 제시했다.[9] 다차원적 복합군multi-force을 목표로 하는 이 계획은 이스라엘이 상정하는 미래전 양상을 잘 보여준다. 즉, 앞으로 이스라엘군이 싸워야 할 전장은 도심 전투, 사이버전, 장거리 타격 등 다양한 차원의 전투가 종합적으로 이루어지는 집약전장condensed battlefield인 것이다. 이스라엘군은 하마스의 로켓 공격과 이슬람 지하드의 도

---

9 히브리어 '트누파(הפונת)'는 '모멘텀(momentum)' 혹은 추진력을 의미한다.

심 테러에 맞서는 한편, 이란으로부터의 지속적인 군사적 도발 가능성에도 대비해야 하고, 동시에 민간인 희생을 최소화해야 한다. 그리고 이러한 능력을 갖추기 위해서는 화력을 효과적으로 사용할 수 있는 최신 기술을 구비해야 한다.

트누파 계획의 특징은 '전쟁 승리'의 개념에 변화가 이루어졌다는 것이다. 그동안 이스라엘은 주변 아랍 세력들과의 전쟁에서 영토를 빼앗기지 않거나 혹은 더 많은 영토를 확보하기 위한 노력을 벌여왔다. 하지만 접경 국가로부터의 군사적 위협이 크게 줄어든 대신 영토 내에서의 테러 공격, 도시 게릴라 활동 등이 심각한 위협 요인으로 부각됨에 따라 민간인과 아군의 희생을 막고 사회적 혼란을 최소화하면서 정확하게 적을 색출하여 정교하게 파괴하고 전쟁을 단시간에 종결짓는 것이 전쟁 승리의 핵심 요건이 되었다. 따라서 트누파 계획의 성공을 위해서 아군 부대 사이의 네트워크화된 상황인식체계를 통해 정확한 정보를 실시간 공유하고 원격으로 적을 정확하고 확실하게 파괴할 수 있는 첨단무기체계의 도입이 필수적이다. 하지만 이러한 첨단기술에 소요되는 개발 비용이 상당하기 때문에 국방예산 확보를 위해 그동안 기드온 계획에 의해 진행되어 온 군의 슬림화와 노후 무기 조기 퇴역은 트누파 계획에서도 계속 진행될 것이다.

더불어 주목할 만한 점은 이스라엘군이 트누파 계획을 도입하면서 군 조직체계를 대대적으로 변경함에 따라 전투 기술 및 무기 기술 개발을 총괄하는 업무를 담당하는 부서의 명칭을 기존의 '기획실Planning Directorate'에서 '군사력 디자인실Force Design Directorate'로 바꾸었다는 것이다(Frantzman, 2020.2.18). 군사 계획과 무기 개발을 위한 정책 수립에 '디자인'이라는 용어를 사용한 데에서 알 수 있듯이 이스라엘의 새로운 국방계획은 단순히 군사적 의미에서의 승리와 조직 효율성만을 추구하는 것이 아니다. 미래전에 대비하여 대외적 외교 안보환경의 변수와 국내의 정치적·사회적 요소 및 기술적 파급 효과까지 종합적으로 검토함으로써 이스라엘군의 아키텍처를 업그레이드하고 이를 이스라엘의 종합적 국력 증진의 기반으로 삼겠다는 의지를 담고 있다고 평가된다. 그런 점에서 비록 전략문화가 진화하고 군사 계획이 변경되었음에도 군사혁신을 통해 이스라엘의 국가적 발전을 도모한다는 전통은 그대로 유지되고 있음을 알 수 있다.

2) 미래전 대비 첨단기술 무기체계 도입

테우자 계획의 '전쟁 간 작전CBW' 개념과 기드온 계획에서 제시된 위협 우선순위는 모두 헤즈볼라, 하마스 등 비정규 무장 세력과의 비대칭 전쟁을 강조한다. 이러한 비대칭 적은 국가의 정규군도 아니면서 순수한 민간인으로 간주되기도 어려운 행위자이다. 이들은 인구가 밀집된 도시 지역에서 일반 민간인들과 섞여 있기 때문에 동태를 파악하기 어려우며, 이들이 폭탄테러를 벌이거나 설령 이들의 신분을 확인하여 진압을 위한 공격을 한다 해도 많은 무고한 민간인 희생자가 발생할 가능성이 매우 높다. 이러한 양상의 전쟁에서는 기존의 기갑부대 중심의 돌격작전 대신 상대의 통신을 감청하여 위치를 파악하거나, 안면 인식 기술 등을 통해 신분을 인식하며, 드론을 활용해 적의 보급 루트를 파악하는 등 첨단기술을 활용한 정보 수집 및 분석 능력이 매우 중요해지고 있다.

다른 한편으로 비록 기존의 국가 대 국가의 정규전 가능성이 줄어들었다고 할지라도 여전히 이스라엘 주변 아랍 국가들은 이스라엘보다 규모가 더 크고 병력 수도 더 많다. 특히 이란은 핵무기 개발과 미사일 배치로 이스라엘에 대한 군사적 위협의 수위를 계속해서 높이는 한편, 레바논과 시리아의 친이란 군사 조직에 군사적 지원을 제공하여 이스라엘을 다면적·다층적 전쟁 위협에 빠뜨리는 전략을 구사하고 있다. 또한 서방세계와 이란 사이에 긴장 관계가 고조될 때마다 이란은 이스라엘에 대한 보복을 언급하고 있기 때문에 불똥이 이스라엘로 튈 가능성도 크다. 주변 아랍 국가들에 대한 억지력을 강화하기 위해 이스라엘은 무인항공기 시스템과 정밀유도미사일PGM과 같은 원격 능력을 가진 무기체계를 도입하는 한편, 이란 핵시설 파괴에 사용된 스턱스넷Stuxnet과 같은 공격적인 사이버전 능력을 발전시키고 있다.

이처럼 이스라엘군이 상정하는 미래 전쟁은 다양한 적대 행위자를 상대로 하는 다층적인 전쟁 양상이다. 이러한 전쟁을 치루기 위해서 이스라엘군은 '다차원적 복합군multidimensional 'multi-force'으로 구조를 개편하는 계획을 추진하고 있다. 예를 들어 지상군의 경우 보병, 전차, 전투공병 등으로 서로 분리되어 있는 여단급 부대들을 통폐합, 슬림화하여 하나의 여단이 보병, 전차 운영, 전투공병의 기능을 수행할 수 있도록 만드는 것이다. 이것이 가능하기 위해서는 미래지향적 기술에 바탕을 둔 무기 및 통신 체계가 뒷받침되어야 한다. 특히 인공지능AI, 무인 원격조종, 자율주행, 디지털 네트워크, 드론, 레이저, 사이버 등 첨단기술은 보다 적은 비용으로 정밀하고 신속하게 적의 핵심 무기체계를 타격하여 무력화할 수 있으면서도 인명 피해를 최소화하는 전쟁을 가능하게 할 것이다.

이스라엘군이 자랑하는 첨단무기 가운데 대표적인 것으로 **무인무기체계**를 들 수 있다. 무인무기체계는 기계가 인간을 대신하기 때문에 인력 투입에 들어가는 비용을 줄일 수 있으며, 전투 시 아군의 인명 피해를 최소화할 수 있다는 점에서 이스라엘뿐만 아니라 여러 나라가 무인무기체계를 앞다투어 도입하고 있다. 이스라엘은 세계 수준의 무인무기기술을 개발했으며, 무인무기를 적극적으로 실전에 배치하고 있다. 아랍 국가들의 대공미사일 배치 상황을 파악하기 위해 1981년 소형 무인정찰기 스카우트Scout를 개발한 이후 걸프전에서 활약한 RQ-2 파이어니어Pioneer, 2005년 이스라엘군에 배치된 중고도 무인정찰기 헤론Heron, 고고도 체공 무인기 이단Eitan에 이르기까지 이스라엘의 무인항공기UAV는 세계 최고 수준으로 평가받는다. 육군의 무인지상차량UGV인 가디엄Guardium은 카메라, 감지센서, 전술 내비게이션, 경고 방송용 스피커를 장착하고 기습 공격 가능성이 높은 접경지역에서 수색·감시 임무를 수행하고 있다. 해군의 무인수상함USV 프로텍터Protector는 최대 20해리(약 37km) 바깥에서 원격조종이 가능하며 다목적 광학 장비, 적외선 감시 장비, 레이저 측정기, 표적조명레이저 등의 장비를 탑재하여 연안 감시에 사용한다.

이스라엘은 무인무기 개발에 그치지 않고 AI, 사물인터넷IoT, 머신러닝 기술을 토대로 **자율무기** 도입을 서두르고 있다. 카르멜Carmel 프로그램은 첨단 센서, 인공지능 내비게이션, 사물인터넷을 적용한 미래형 장갑전투차량AFV을 개발하기 위한 것으로서, 2019년 주행과 전투의 상당 부분이 자율적으로 작동하는 AFV 시제품이 만들어졌다. 이스라엘군이 도입한 소형 무인수송차량인 견마로봇 렉스REX는 원격조종뿐만 아니라 자율모드도 가능하도록 설계되었다. 또한 체공형 무인공격무기 하피Harpy는 적의 상공에서 체공하다가 적의 레이더 신호를 포착하면 지상의 통제 없이도 적 레이더를 향해 날아가 자폭한다. 입력된 신호에 반응하도록 되어 있다는 점에서 완전자율무기는 아니지만 지상의 원격조종 없이도 작동하며, 자율주행이 가능하도록 개량이 진행 중이다.[10]

이스라엘의 미래전 대비 첨단무기로 또 다른 대표 사례는 **미사일 방어체계**이다. 이란, 시리아뿐만 아니라 하마스, 헤즈볼라 등 적대적 비국가 행위자의 로켓 공격은 이스라엘에 심각한 위협이 되고 있으며, 이에 맞서기 위해 이스라엘은 로켓과 미사일을 요격할 수 있는 다층적 방어체계를 개발해 왔다. 2011년 실전 배치된 아이언돔Iron Dome은 하마스와 헤즈볼라가 사용하는 단거리 로켓포를 요격할 수 있으며, 하마스가 발사한 로켓의 90%를 요격한 것으로 알려져 있을 만큼 높은 수준의 요격률을 자랑한다(Douglas, 2021). 이와 더불어 중거리

---

10 무인무기의 자율성과 자동성은 구분된다. 자율성(autonomy)은 사물이 스스로의 지식과 상황에 대한 이해를 바탕으로 '목표 달성을 위한 서로 다른 행동 방식을 독립적으로 개발하고 선택할 수 있는 능력을 가지는 것'으로 정의되지만, 자동화된 체계(automated system)는 '변경을 허용하지 않는 지정된 규칙에 의한 작동'을 강조하는 개념이다.

미사일을 요격하기 위한 다비드 슬링David's Sling과 장거리 탄도미사일 요격을 위한 애로우3Arrow-3의 개발을 마쳤고, 최근에는 지구 대기권 내부와 외부 모두에서 미사일 요격이 가능한 차세대 애로우4Arrow-4 개발을 시작했다(Lappin and Binnie, 2021.2.18). 이로써 이스라엘은 단거리 로켓에서 장거리 탄도미사일까지 요격이 가능한 다층적 방어체계를 곧 완성할 것으로 예상된다.

사이버 공간이 미래 전쟁의 주요 전장으로서 주목받고 있는 상황에서 이스라엘은 최고 수준의 **사이버 전쟁 능력**을 갖추었다고 알려져 있다. 기존의 사이버 전쟁은 상대방의 전산망을 해킹하여 중요 정보를 탈취하는 수준이었으나, 오늘날의 사이버 전쟁은 상대방의 전산망을 교란하고 마비시켜 지휘통제 시스템이나 미사일 발사 시스템을 파괴하는 수준으로 발전했다. 2016년 북한의 무수단 미사일 시험발사에 대해 미국이 대응한 것으로 알려져 있는 '발사의 왼편 Left of Launch' 작전이 대표적이다.[11] 이러한 개념을 구체화하는 데 이스라엘의 사이버 능력이 큰 영향을 미쳤다. 2010년 이란의 나탄즈 핵시설에 컴퓨터 바이러스를 침투시켜 기능을 중단시킨 스턱스넷 공격은 이스라엘의 사이버첩보전 담당 8200부대Unit 8200와 미군이 기획한 것이며, 2020년 7월 나탄즈 핵시설 화재 사건과 2021년 4월 정전 사태 역시 이스라엘의 사이버 공격의 결과라고 알려져 있다.

이와 같은 첨단무기들을 전투 현장에서 효과적으로 운용하기 위해서는 군사력의 두뇌 역할을 하는 **지휘통제** 역량도 뛰어나야 하며, 이를 위해서는 정찰, 감시, 통신, 전자정보 분야에서의 기술이 뒷받침되어야 한다. 이스라엘은 감지, 식별, 실시간 상황인식에 필요한 전자센서, 레이더, 광학장비, 데이터링크, 인공위성 기술도 탁월한 수준으로 알려져 있다. 특히 이스라엘군에서 지리정

---

11 미사일 발사는 '발사 준비 → 발사 → 상승 → 하강'의 순서로 이루어지는데, 미사일 방어(MD)는 '발사의 오른편, 즉, 발사 이후 단계에 초점을 두는 개념인 반면, '발사의 왼편' 작전은 발사 이전, 즉, '발사 준비' 과정을 교란하거나 마비시키는 개념이다.

보 및 화상정보를 전문적으로 담당하는 9900부대Unit 9900의 위치정보 수집·분석 기술은 세계적 수준이다.

4. 이스라엘의 군사기술과 혁신국가 전략

이스라엘의 군사혁신은 첨단기술의 개발과 적용을 적극적으로 장려하여 국가의 산업경쟁력을 높이기 위한 혁신국가 전략의 맥락에서 추진되고 있다. 이러한 특징은 방위산업 기술과 민간산업 기술 사이의 벽을 낮추어 군과 민간 사이의 기술 공유 혹은 공동 개발을 가능하게 만드는 민군 이중용도dual-use 기술 개발에서 잘 나타난다. 민군 이중용도 기술은 첨단무기 개발을 통한 전력 승수 효과를 창출하여 국가안보에 크게 기여할 수 있을 뿐만 아니라, 관련 기술 분야의 민간산업을 발전시키고 4차 산업혁명 시대의 국가경쟁력을 높일 수 있다. 즉, 영토가 작고 자원이 많지 않은 국가라도 이러한 기술력을 가지고 있으면 군사안보 영역에서뿐만 아니라 기술경제 영역에서 국제적인 영향력을 발휘할 수 있는 것이다. 따라서 여러 기술 선진국들은 민군 이중용도의 첨단기술 개발을 미래 신흥권력의 중요한 요소로 간주하여 해당 기술 개발에 열을 올리고 있다.

1) 혁신국가 전략의 중추로서의 방위산업

2019년 기준 이스라엘의 GDP 대비 연구개발R&D 투자 비율은 4.934%로서 세계 1위이다. 이스라엘은 이러한 높은 수준의 연구개발을 바탕으로 IT, 소프트웨어, 사이버보안, AI, 핀테크FinTech 등 첨단기술 분야에 대한 투자를 확대하여 해외자본을 끌어들이고 이스라엘의 경쟁력을 높이는 혁신국가 전략을 추진하고 있다. 지난 10여 년 동안 이스라엘은 혁신의 아이콘인 스타트업 창업

표 9-1 2019년 주요 국가의 GDP 대비 R&D 투자 비율(상위 5개국)

순위	1. 이스라엘	2. 한국	3. 대만	4. 스웨덴	5. 일본	OECD 평균
R&D 비율	4.934%	4.640%	3.499%	3.404%	3.241%	2.475%

자료: OECD, "Gross domestic spending on R&D."

비율 세계 1위로서 '스타트업 국가Start-up Nation'로 불려왔으며(Senor and Singer, 2009), 이제는 스타트업 국가를 넘어 기술혁신으로 국가경제 규모를 키우는 '스케일업 국가Scale-up Nation'로 발돋움하고 있다(Daniely, 2020).

주목할 점은 이스라엘의 혁신국가 전략에 첨단무기를 제조하여 수출하는 이스라엘 방위산업이 밀접하게 관련되어 있다는 점이다. 이스라엘의 연구개발 예산 가운데 약 30%는 방위산업 분야에 투입되며, 방산 매출의 5%는 첨단무기 기술개발에 투자되고 있다(Roth, 2019). 특히 미래 전쟁 수행을 위한 첨단무기를 개발하는 방위산업은 이스라엘 경제를 이끌어가는 매우 중요한 분야이다. 방위산업은 이스라엘군의 무장을 책임지고 있을 뿐만 아니라 첨단무기 수출을 통해 많은 경제적 이익을 가져다주고, 더 나아가 국제 무대에서 이스라엘의 외교적·군사적 영향력 확대에 커다란 기여를 하고 있다. 그런 점에서 이스라엘의 방위산업은 이스라엘 국가혁신 전략의 중추적 기능을 담당한다.

이스라엘의 방위산업은 이스라엘 전체 제조업 생산액의 10.5%, 전체 고용인력의 14.3%를 차지할 정도로 이스라엘 경제에 상당한 영향을 미친다(≪동아일보≫, 2018.1.20). 약 150개의 이스라엘 방산기업들 가운데 3대 무기 제조사인 엘빗시스템스Elbit Systems, IAI Israel Aerospace Industries, 라파엘Rafael은 세계 50위 이내의 방산 기업이다. 민영 엘빗시스템스는 2018년 국영 IMI Israel Military Industries와 합병하여 이스라엘 최대의 방산 기업이 되었고, 무인정찰기 헤르메스 900, 자율주행차량, 전자전 장비 등을 제작하고 있으며, 1만 2000명의 직원과 36억 달러의 연 수익을 기록하고 있다. 국영 IAI는 직원 1만 6000명, 연 수익 36억 달러 규모로서, 유·무인 군용기, 미사일, 인공위성 등 첨단 항공우주장비를 제작하고 있다. 라파엘은 아이언돔과 같은 각종 미사일, 능동방어 시스템, 군사용 로봇을 제작하며, 직원 7000명과 연 수익 26억 달러 규모의 국영기업이다(*Defense News*, 2019.7.22).

이스라엘 방위산업의 특징은 해외 수출 의존도가 매우 높다는 점이다. 이스라엘군은 병력이 17만 명, 국방예산 185억 달러 규모에 불과하다. 이스라엘 방위산업은 내수시장만으로는 운영이 불가능하기 때문에 생산의 80%를 수출하고 있다. 2016~2020년에 세계 무기 수출 시장에서 이스라엘 무기의 점유율은 3.0%로서 이스라엘은 세계 8위의 무기 수출국이다. 이스라엘 무기의 주요 고객은 인도(43%), 아제르바이잔(17%), 베트남(12%) 등이고, 한국, 중국, 터키, 미국, 싱가포르도 이스라엘 무기를 다수 구매한다(Wezeman et al., 2021).

흥미로운 점은 이스라엘의 무기 외교는 철저하게 실리 중심으로 이루어진다는 것이다. 이스라엘은 터키, 인도네시아 등 이슬람 국가들, 그리고 중국, 러시아 등 미국과 적대 관계인 국가들과도 무기 거래를 꾸준히 지속하면서 군사협력 관계를 맺고 있다. 심지어 이스라엘은 중국과 대만 모두 고객으로 삼고 있다. 이스라엘은 중국의 압력 때문에 대만과의 군사기술 교류를 부인하고 있으나, 2019년 타이베이 국제항공우주방위산업전람회台北國際航太暨國防工業展에 이스라엘제 자폭형 무인공격기 하피와 흡사한 무인항공기가 전시됨으로써 이스라엘과 대만 사이에도 무기 거래가 은밀하게 이루어지고 있다는 분석이 설득력을 얻고 있다(*Israel Defence*, 2019.8.18; Yellinek, 2020).

수출 시장에 대한 의존도가 높기 때문에 이스라엘 방위산업은 국제 무기시장에서의 경쟁력을 높이는 데 주력하고 있다. 따라서 이스라엘의 방위산업은 고성능·고효율의 질적 우수성으로 승부하는 전략을 가지고 첨단기술에 기반을 둔 고부가가치 무기를 제작하여 수출하는 데 집중하고 있다. 2018년 이스라엘 무기 수출에서 가장 큰 비중을 차지한 부문은 아이언돔과 같은 미사일 및 미사일 방어체계로서 전체 수출의 24%였고, 뒤를 이어 드론을 포함한 무인무기체계 15%, 레이더 및 전자전 체계 14%, 통신·정보 체계 6% 등과 같은 첨단

무기가 주력 수출 상품이었다(*Jane's Defence Weekly*, 2019.4.17).

2) 이중용도 기술 개발과 군-산-학-연 네트워크

이스라엘은 민군 이중용도 기술 개발이 매우 활성화되어 있다.[12] 예를 들어 이스라엘은 유도미사일 탄두에 장착하는 광학센서와 무선 유도 기술을 활용하여 의료용 캡슐내시경을 개발함으로써 의료기기 분야의 경쟁력을 높이고 있으며, 군사지리정보 처리기술을 응용한 차량용 인식센서를 개발하여 자율주행차량 제조에 활용하고, 이를 다시 군사용 무인장갑차에 적용함으로써 첨단 무인 자율무기 제작에 필요한 기술력을 높이는 효과를 거두고 있다.

이스라엘에서 민군 이중용도 기술 개발이 활발하게 이루어지는 이유 가운데 하나는 이스라엘의 군-산-학-연 네트워크이다. 이스라엘은 군, 산업계, 대학, 연구 기관 사이의 유기적인 네트워크를 통해서 첨단기술을 개발하고, 이를 군사력 증강에 활용할 뿐만 아니라 산업 분야의 발전을 이루어 고용 증대, 투자 확대, 국가 기술경쟁력 강화, 수출 시장 확대, 국가 이미지 제고 등의 부가적 효과를 거두기 위한 프로그램이 잘 갖춰져 있다. 이러한 프로그램은 뛰어난 학습 능력을 가진 엘리트를 발굴하여 높은 수준의 교육을 제공하고, 이들의 능력을 군에서 사용하는 한편, 복무 이후에는 산업체와 연구 기관에서 이들을 우선 채용함으로써 우수 인적자원을 최대한 활용할 수 있도록 만든다(조한승, 2021).

이스라엘은 18세 이상의 모든 유대계 성인 남녀를 대상으로 징병제를 실시하고 있다.[13] 이스라엘군은 고등학교 및 대학과 연계하여 첨단기술 분야에서

---

12 일반적으로 민군 이중용도 기술 개발은 민간 기술의 군사적 용도로의 전환을 의미하는 스핀온(spin-on), 군사기술의 민간 활용을 의미하는 스핀오프(spin-off), 민간과 군이 함께 기술을 개발하는 스핀업(spin-up) 등의 방식으로 이루어진다.

13 남성의 의무복무기간은 2년 8개월~3년이며, 여성은 2년이다. 단, 아랍계 주민과 유대교 극단주의 집단인 하레디는 징병 대상에서 제외된다.

뛰어난 역량을 가진 영재를 선발하고 사이버첩보, 전자전, 지형정보, 정밀 관측 등 첨단기술이 요구되는 임무를 부여한다. 이들은 군복무와 대학 과정을 병행함으로써 개인의 기술 역량도 함께 높일 수 있으며, 전역 후에는 군에서 습득한 기술과 아이디어를 가지고 연구 기관이나 산업체에 우선 채용되어 실용적인 신기술 개발에 나선다. 군 생활에서 만들어진 도전정신과 동료애를 바탕으로 동료들과 스타트업을 창업하는 경우도 많다.

이러한 선순환적 기술 인력 양성 네트워크로서 과학기술 엘리트 장교 양성 프로그램인 탈피오트Talpiot가 대표적이다. 탈피오트는 이스라엘군과 히브리대학 사이의 제휴를 통해 영재를 발굴하여 군복무와 대학교육을 병행하는 인재양성 프로그램으로서 매년 1만 명 이상의 고등학생이 이에 지원하고 최종 50명이 선발된다. 선발된 영재는 탈피온Talpion이라 불리며, 히브리대에서 특별학사과정을 이수하고 기술 관련 분야에서 6년간 장교로 복무한다. 전역 후 방위산업체나 연구 기관에 채용되거나 기술 스타트업 창업에 나서는 경우가 많다. 세계적인 게놈해독전문기업인 컴퓨젠Compugen, 플래시메모리기업 아노빗Anobit, 데이터처리기업 XIV 등이 탈피온 출신이 창업한 기업들이다(Gewirtz, 2016).

브라킴Brakim Excellence 프로그램은 테크니온 공대에 진학한 학생이 군인 신분으로서 군에서 요구하는 학문을 전공하고 졸업 후 장교로 복무하는 제도이다. 이들은 드론, 로봇 등 첨단기술을 학습하고 입대 후에는 군에서 관련 시스템을 개발하고 운용하는 임무를 수행한다. 이들 역시 전역 후에는 방위산업체에 특별 채용되거나 벤처기업을 창업하는 경우가 대부분이다. 테크니온 공대는 이들에게 첨단기술 벤처기업 설립을 지원하여 지난 20년 동안 1600개의 벤처기업이 만들어졌고 10만 개 이상의 일자리를 창출한 것으로 알려져 있다.

법학과 사회과학 분야의 인재들은 하바찰롯Havatzalot 프로그램을 통해 군의 정보요원으로 양성된다. 매년 40명의 사회과학 분야 인재들이 선발되어 하이파대학에서 정치학 등 사회과학을 전공하고 컴퓨터, 심리학 등을 부전공으로 학습하여 졸업한 후, 군에서 지리정보, 안면인식 등 정보 관련 기술을 개발하고 운용하는 임무를 수행한다(Halon, 2018.9.13). 2012년 페이스북Facebook이 고액의 가격으로 인수한 이스라엘의 정밀 안면인식 스타트업인 페이스닷컴 face.com은 하바찰롯 출신들이 창업한 것으로 알려져 있다(*Globes*, 2011.7.27).

이스라엘 정부와 산업계는 이러한 기술 영재들의 창업을 적극적으로 지원하는 제도들을 개발해 왔다. 이스라엘 정부는 1993년 요즈마 펀드Yozma Fund를 설립하여 신기술을 가지고 창업하는 젊은 인재들을 지원함으로써 이스라엘에 벤처 창업 붐을 일으켰다. 2015년에는 보다 체계적으로 스타트업을 지원하기 위해 이스라엘 혁신청Israel Innovation Authority이 설립되었다. 이스라엘 혁신청은 민간 산업계와 함께 트누파Tnufa 프로그램, 인큐베이터 인센티브, 엑셀러레이터 프로그램을 시행하고 있다. 이들은 각각 첨단기술 스타트업의 구상으로부터 창업, 그리고 외국자본 투자 유치에 이르는 과정을 단계별로 지원하는 제도들이다.

이와 같이 이스라엘은 군-산-학-연 네트워크를 통해 첨단기술 영재를 발굴하여 육성하고 이를 국가안보와 국가경쟁력 강화를 위한 자원으로 활용하고 있다. 특히 이러한 인재의 발굴과 양성 과정에서 이스라엘군이 핵심적인 역할을 맡고 있다는 점이 매우 인상적이다. 이처럼 군사혁신과 기술혁신, 더 나아가 혁신국가를 추진하는 이스라엘은 '작지만 강한 나라'의 아이콘이 되어 한국 등 여러 나라가 벤치마킹하고 있다.

5. 결론: 이스라엘 군사혁신 평가

볼테르Voltaire는 "신은 병사가 많은 편에 서는 것이 아니라 정확하게 쏘는 편에 선다"라고 말했다. 이스라엘은 주변의 적들에 둘러싸인 작은 나라이지만 군사력의 양적 불리함을 질적 우세로 극복해 왔다. 이스라엘군은 질적 우세를 이루기 위해 오래전부터 군사혁신을 추진해 왔다. 21세기에 접어들어 이스라엘의 안보환경과 이스라엘의 조직문화의 성격이 변화하면서 군사혁신의 방식도 기존의 임기응변적 '적응' 방식에서 논리적이고 체계적인 '예측' 방식으로 변화하고 있다. 이에 따라 안보환경, 국내 정치, 경제, 인구 추이 등의 다양한 변수들을 종합적으로 고려하여 다음 전쟁next war의 양상을 예측하고 이를 준비하려는 시도가 이루어졌다. 특히 2006년 제2차 레바논 전쟁을 계기로 비대칭적 적을 상대하는 새로운 작전개념을 수립하는 한편, 군의 슬림화와 스마트화를 위한 첨단기술 무기체계를 적극적으로 도입하기 시작했다.

이스라엘군의 군사혁신에서 특히 주목할 점은 군이 군사혁신뿐만 아니라 국가혁신의 핵심적인 추동 세력이 되었다는 점이다. 오랜 전쟁을 치르면서 이스라엘의 군 엘리트는 정계와 산업계의 주역이 되었기 때문에 군, 정계, 산업계 사이의 관계에서 군의 위상은 매우 크다. 이스라엘은 민주주의 국가이지만 민군 협력에서 군의 역할이 서구의 다른 자유민주주의 국가들에서보다 더 크게 나타나고 있음은 이 때문이다. 하지만 군사혁신과 국가혁신을 동시에 추구하기 위한 민군 이중용도 기술개발의 관점에서 이스라엘의 군-산-학-연 네트워크는 상당한 효과를 거두고 있다.

첨단기술에 바탕을 둔 무기체계를 통해 이스라엘의 질적 우세를 지속하는 데 군뿐만 아니라 산업계, 대학, 연구 기관 등이 유기적으로 연계하여 시너지효과를 극대화한다. 하버드대학의 그레이엄 엘리슨 교수가 이스라엘을 일컬어 "안보의 실험실"이라고 지칭했을 때(Allison, 2016b), '실험'은 새로운 안보환경 아래에서 이스라엘이 시도하고 있는 새로운 군사적 전략·전술 개발을 은유적으로 표현한 것일 뿐만 아니라 실제 공학 실험실에서 진행되고 있는 신기술의 연구와 개발 및 신제품 생산을 의미하는 것이기도 하다. 같은 맥락에서 이스라엘 국방부 방산수출국SIBAT 책임자 미셸 벤 바루치Mishel Ben-Baruch 장군은 "이스라엘은 국방 개발과 안보 솔루션을 위한 독보적 실험실"이라고 언급했다(*Israel Defense*, 2016.8.16). 이처럼 이스라엘은 변화하는 전쟁 양상에 적응하고 승리하기 위해 신무기 기술을 연구·개발하여 군사력 우위를 유지하고 방위산업을 육성할 뿐만 아니라, 이를 대학 및 민간기업과의 협업을 통해 이중용도 기술로 발전시켜 이스라엘의 국가경쟁력을 높이는 데 매우 효과적으로 사용하고 있다.

이스라엘뿐만 아니라 많은 나라가 새로운 기술을 적용한 군사력 증강에 나서고 있으며, 이러한 신흥기술에 대한 강조는 국가의 안보환경의 구조적 상황과 구조적 위치의 변화에 기인하는 경우가 많다(김상배, 2020). 신생국가로서 이스라엘은 물리적 생존이 우선시되는 고전지정학적 안보환경 인식이 여전히 강하다. 하지만 최근의 이스라엘 군사전략이 민간인 피해와 국제여론을 중시하고 영토 수호·확장보다는 지역 수준에서의 정치사회적 영향력을 보다 강조하기 시작했으며, 사이버 역량을 키우면서 물리적 공간 외에 사이버 공간을 적극 활용하는 전략을 개발하고 있다는 사실은 주목할 만하다. 다시 말해, 영토 확장 및 물리적 승리뿐만 아니라 군사 활동의 정치사회적 의미에 주목하고(비판지정학), 국제여론과 제도에 더욱 민감하게 반응하며(비지정학), 정보와 아이디어 교환과 같은 흐름으로서의 공간을 고려하는(탈지정학) 등 안보환경에 대한 이스라엘의 인식이 복합지정학적 성격을 조금씩 수용하기 시작한 것으로 해석할 수 있는 징후가 보인다.

이스라엘과 한국은 안보환경, 군사동맹 등에서 많은 차이가 있기 때문에 이스라엘의 군사혁신에서 강조되는 작전 및 전략 개념을 한국에 그대로 적용하기는 곤란하다. 또한 민간과 군의 관계 설정에서 한국과 이스라엘은 제도적으로나 정서적으로 많은 차이가 있기 때문에 이스라엘과 같이 군사혁신과 국가혁신에서 군이 선도적인 역할을 담당하기를 한국에서 기대하는 것은 가능하지도 않고, 바람직하지도 않다. 더욱이 한국은 이스라엘보다 더 적극적으로 고전지정학적 인식에서 벗어나 국제관계의 '이슈 구조', '관념 구조', '탈물질 구조'의 다층적 복합지정학적 인식을 수용하고 있다. 한국의 주변 환경과 한국의 국가 규모가 이스라엘의 그것과는 확연하게 다르기 때문에 지정학적 인식의 차원도 다를 수밖에 없다.

그럼에도 불구하고 기술력 강조를 통해 군사혁신 및 국가혁신을 추구한다는 점에서 혁신의 방향에 있어서 한국과 이스라엘 사이에 유사한 점도 적지 않다. 또한 방위산업을 육성하여 국방과 경제발전 및 고용 창출의 효과를 함께 거두려는 정책도 유사하다. 한국이 개발하는 최신 장갑차와 전투기에 이스라엘의 첨단기술 장비가 사용되는 등 한국과 이스라엘 사이의 상호 군사기술 협력의 범위와 규모가 꾸준히 확대되고 있다. 아울러 우수 기술 인재를 국가가 적극적으로 양성하고 군-산-학 연계를 통해 기술 인재들이 군사기술 발전과 4차 산업혁명 시대 기술 성장을 이끌어가도록 만드는 각종 정책을 개발하면서 한국은 이스라엘의 모델을 참고할 점이 많다. 한국과 이스라엘은 서로가 혁신을 위한 선의의 경쟁자이자 협력자이며, 이것이 우리가 이스라엘의 군사혁신과 혁신국가 전략을 주시해야 하는 이유이다.

김상배. 2020. 「데이터 안보와 디지털 패권경쟁: 신흥안보와 복합지정학의 시각」. ≪국가전략≫, 제 26권 2호, 5~34쪽.
_____. 2021. 「4차 산업혁명과 첨단 방위산업: 신흥권력 경쟁의 세계정치」. 김상배 엮음. 『4차 산업 혁명과 첨단 방위산업』. 한울엠플러스.
김재엽. 2014. 「이스라엘의 복합전 경험과 한국 안보에 대한 함의(含意)」. ≪전략연구≫, 제21권 64호, 197~231쪽.
노석조. 2018. 『강한 이스라엘 군대의 비밀: 예루살렘·카이로 특파원의 500일 특별보고서』. 메디치 미디어.
≪동아일보≫. 2018.1.20. "'방산 강국' 이스라엘 ⋯ 제조업 생산액의 10.5% 차지."
민병원. 2017. 「4차 산업혁명과 군사안보전략」. 김상배 엮음. 『4차 산업혁명과 한국의 미래전략』. 사회평론.
성일광. 2015. 「이스라엘의 안보 전략 변화와 그 함의: 대칭전에서 비대칭전으로」. ≪한국중동학회 논총≫, 제36권 2호, 1~26쪽.
안승훈. 2018. 「이스라엘 안보 환경의 변화와 안보 수정주의」. ≪지중해지역연구≫, 제20권 4호, 29~49쪽.
이강경·한승조·설현주. 2020. 「미-이스라엘의 국방 R&D 혁신동향과 시사점: 한국군의 운용시험평 가 발전방향을 중심으로」. ≪한국군사학논집≫, 제76집 3권, 199~224쪽.

정춘일. 2021. 「이스라엘 군사혁신과 한국군에의 시사점」. ≪전략연구≫, 제28권 1호, 233~276쪽.

정해원. 2014. 「이스라엘군이 정예강군으로 발전하게 된 전략적 요인 분석과 함의」. ≪한국군사학 논총≫, 제3권 1호, 167~197쪽.

조한승. 2021. 「4차 산업혁명과 무인무기체계 산업: 이중용도 기술개발과 이스라엘 사례」. 김상배 엮음. 『4차 산업혁명과 첨단 방위산업』. 한울엠플러스.

Adamsky, Dima. 2010. *The Culture of Military Innovation: The Impact of Cultural Factors on the Revolution in Military Affairs in Russia, the US, and Israel.* Stanford: Stanford Security Studies.

_____. 2018. "The Israeli Approach to Defense Innovation." *SITC Research Briefs.* Series 10.

_____. 2019. "Israeli Culture of Innovation between Anticipation and Adaptation." *Bein Haktavim.* IDF Dado Center Journal.

Allison, Graham. 2016a. "Why ISIS Fears Israel." *The National Interest.*

_____. 2016b. "Forward." *Deterring Terror: How Israel Confront the Next Generation of Threat.* Belfer Center Special Report.

Berman, Lazar. 2011. "Beyond the Basics: Looking beyond the Conventional Wisdom Surrounding the IDF Campaigns against Hizbullah and Hamas." *Small Wars Journal.*

Booth, Ken. 1990. "The Concept of Strategic Culture Affirmed." in Carl G. Jacobsen(ed.). *Strategic Power: USA/USSR.* New York: Palgrave Macmillan.

Congressional Research Service. 2019. *U.S. Foreign Aid to Israel.* CRS Report RL33222.

Daniely, Yaron. 2020. "Israel's Challenging Transformation from Start-up Nation to Scale-up Nation." in Soumitra Dutta, Bruno Lanvin and Sacha Wunsch-Vincent(eds.). *The Global Innovation Index 2020.* co-published by Cornell University, INSEAD, and WIPO.

Defense News. 2019.7.22. "Top 100 for 2019."

Douglas, Richard. 2021. "How Israel's Iron Dome Is a High-Tech Missile Defense Wonder." *The National Interest.*

Finkel, Meir. 2011. *On Flexibility: Recovery from Technological and Doctrinal Surprise on the Battlefield.* Stanford: Stanford Security Studies.

_____. 2020. "IDF Strategy Documents, 2002-2018: On Processes, Chief of Staff, and the IDF." *Strategic Assessment*, Vol.23, No.4.

Frantzman, Seth J. 2020.2.18. "Israel Rolls Out New Wartime Plan to Reform Armed Forces." *Defense New.*

Gewirtz, Jason. 2016. *Israel's Edge: The Stroy of IDF's Most Elite Unit − Talpiot.* Jerusalem: Gefen Publishing House.

Globes. 2011.7.27. "Facebook Recruits Israel's face.com."

Halon, Eytan. 2018.9.13. "Israeli Start-up Ensures Privacy in Growing World of Facial Recognition." *The Jerusalem Post.*

Israel Defense. 2016.8.16. "Israel is a Unique Lab for the Development of Defense and Security

Solutions."

_____. 2019.8.18. "Once again, Taiwan Presents Harpy-Like 'Suicide' Drone."

Jane's Defence Weekly. 2019.4.17. "Israel Reports Lower 2018 Defence Exports."

Johnston, Alastair I. 1995. "Thinking about Strategic Culture." *International Security*, Vol.19, No.4, pp.32~64.

Kopeć, Rafał. 2016. "The Determinants of the Israeli Strategic Culture." *Review of Nationalities.* Vol.6, No.1, pp.135~146.

Kreps, Sarah. 2007. "The 2006 Lebanon War: Lessons Learned." *Parameters,* Vol.37, No.1.

Lambeth, Benjamin. 2011. *Air Operations in Israel's War against Hezbollah: Learning from Lebanon and Getting It Right in Gaza.* Santa Monica, CA: RAND.

Lappin, Yaakov and Jeremy Binnie. 2021.2.18. "Israel Announces Arrow-4 Development." *Janes.*

Maoz, Zeev. 2006. *Defending the Holy Land: A Critical Analysis of Israeli Security and Foreign Policy.* Ann Arbor: University of Michigan Press.

Marcus, Jonathan. 2017.11.24. "Israel and Saudi Arabia: What's shaping the covert 'alliance'." *BBC News.*

Marcus, Raphael D. 2015. "The Israeli Revolution in Military Affairs and the Road to the 2006 Lebanon War." in Jeffrey Collins and Andrew Futter(eds.). *Reassessing the Revolution in Military Affairs.* Hamphsire, UK: Palgrave Macmillan.

_____. 2018. *Israel's Long War with Hezbollah: Military Innovation and Adaptation Under Fire.* Washington DC: Georgetown University Press.

Murray, Williamson. 2011. *Military Adaptation in War.* Cambridge: Cambridge University Press.

OECD. n.d. "Gross domestic spending on R&D." https://data.oecd.org/rd/gross-domestic-spending-on-r-d.htm (검색일: 2021.5.3)

Rapaport, Richard. 1998.6.1. "Beating Swords into IPO Shares." *Forbes.*

Rosen, Stephen P. 1994. *Winning the Next War.* Ithaca, NY: Cornell University Press.

Roth, Marcus. 2019. "AI and the Top 4 Israeli Military Defense Contractors." Emerj Artificial Intelligence Research (January 15) https:emerj.com

Senor, Dan and Saul Singer. 2009. *Start-up Nation.* New York: Twelve.

Snyder, Jack. 1977. *The Soviet Strategic Culture: Implications for Limited Nuclear Operations.* Santa Monica: RAND.

Wainer, David. 2020. "Why UAE Struck a Deal With Israel and Why It Matters." *Bloomberg.* (August 19).

Wezeman, Pieter D., Alexandra Kuimova and Siemon T. Wezeman. 2021. "Trends in International Arms Transfers, 2020." *SIPRI Fact Sheet.* (March).

Yellinek, Roie. 2020. "Taiwan and Israel: Don't Recognize, but Collaborate." BESA Center Perspectives Paper No.1,480 (March 12).

찾아보기

서울대학교 미래전연구센터

서울대학교 미래전연구센터는 동 대학교 국제문제연구소 산하에 서울대학교와 육군본부가 공동으로 설립한 연구기관으로, 4차 산업혁명 시대 미래전과 군사안보의 변화에 대하여 국제정치학적 관점에서 접근하는 데 중점을 두고 있다.

김상배

서울대학교 정치외교학부 교수다. 서울대학교 외교학과를 졸업하고 동 대학원에서 석사학위를 받은 뒤 미국 인디애나대학교에서 정치학 박사학위를 받았다. 현 한국국제정치학회 회장을 맡고 있다. 주요 연구 분야는 신흥안보, 사이버 안보, 디지털 경제, 공공외교, 미래전, 중견국 외교다. 대표 저서로 『미중 디지털 패권경쟁: 기술·안보·권력의 복합지정학』(2022), 『버추얼 창과 그물망 방패: 사이버 안보의 세계정치와 한국』(2018), 『아라크네의 국제정치학: 네트워크 세계정치이론의 도전』(2014) 등이 있다.

손한별

국방대학교 군사전략학과 교수 및 국가안전보장문제연구소 군사전략센터장이다. 서울대학교 독어교육학 학사, 정치학 석사를 받은 뒤 국방대학교에서 군사학 박사학위를 받았다. 주요 연구 분야는 핵전략, 전략기획, 한미동맹, 국방정책 등이며, 대표 저서로 『디지털 안보의 세계정치: 미중 패권경쟁 사이의 한국』(공저, 2021), 『전략적 경쟁 시대 한반도 안보 정세 분석 및 전망』(공저, 2021), 『현대의 전쟁과 전략』(공저, 2020) 등이 있다.

김상규

한양대학교 중국문제연구소 연구조교수이다. 한양대학교에서 중어중문학을 전공하고 동 대학원에서 국제학 석사학위를 받은 뒤 중국 칭화대학에서 정치학 박사학위를 받았다. 주요 연구 분야는 사이버 안보, 공공외교, 디지털 정책, 국제관계이론 등이다. 최근 연구로는 「중국 국제관계 학계의 변화와 발전에 관한 연구: 학술 논의와 정책연계를 중심으로」(2022), 「중국의 과학기술 발전 동인에 관한 연구: 지도자 인식과 인재정책을 중심으로」(2021), 「중국의 사이버 안보 정책 변화와 그 함의」가 있고, 대표 저서로 『디지털 파워 2022: 디지털 대전환과 미래 변화』(공저, 2021), 『디지털 파워 2021: SW가 주도하는 미래사회의 비전』(공저, 2021) 등이 있다.

우평균

한국학중앙연구원 책임연구원이다. 고려대학교 정치외교학과를 졸업하고 동 대학원에서 정치학 석사 및 박사학위를 받았다. 주요 연구 분야는 러시아 정치와 군사, 한반도 안보 등이다. 대표 저서로 『푸틴의 야망과 좌절: 세계의 판도를 바꾼 우크라이나 전쟁』(공저, 2022), 『미국·중국·일본·러시아의 대북 국가이익』(공저, 2021), 『한반도 평화 실현을 위한 주변국 협력 방안』(공저, 2021) 등이 있다.

이기태

통일연구원 평화연구실 연구위원이다. 연세대학교 정치외교학과를 졸업하고 일본 문부과학성 장학생으로 도일 후 게이오대학에서 정치학 석사·박사학위를 받았다. 주요 연구 분야는 일본 외교안보, 한일 관계, 북일 관계이다. 대표 저서로『주저앉는 일본, 부활하는 일본: 소장학자들의 새로운 시선』(공저, 2022),『한일 관계의 긴장과 화해』(공저, 2019),『아베 시대: 일본의 국가전략』(공저, 2018) 등이 있다.

조은정

국가안보전략연구원 연구위원이다. 워릭대학교에서 정치학 박사학위를 받았다. 핵 비확산과 평화체제 확립 방안을 유럽 사례를 들어 연구 중이며, 주요 논저로「영국의 인도·태평양 전략: 역사적 배경과 전략적 의도」(2022),「인도·태평양에서 영국, 프랑스의 군사적 관여: 현황과 시사점」(2021),『북한과 국제정치』(공저, 2018), "Nation branding for survival in North Korea: The Arirang Festival and nuclear weapons tests"(2017),「국제안보 개념의 21세기적 변용: 안보 '과잉'으로부터 안보불안과 일본의 안보국가화」(2017),「원자력 협력은 핵확산을 부추기는가?: 미국 양자원자력협정의 국제 핵 통제적 성격」(2016),「국제 핵·미사일 통제체제의 '구조적 공백'과 북한의 핵·미사일 협력 네트워크」(2014), "EURATOM: Bridging 'Rapprochement' and 'Radiance' of France in the Post-war"(2013) 등이 있다.

표광민

경북대학교 일반사회교육과 조교수다. 서울대학교 외교학과를 졸업하고 파리 사회과학고등연구원에서 석사학위를, 베를린 자유대학교에서 정치학 박사학위를 받았다. 주요 연구 분야는 한나 아렌트, 칼 슈미트 등의 정치사상과 국제 정치질서의 변화 등이다. 주요 논문으로「아렌트의 플라톤 비판에 대한 고찰: 목적-수단 논리를 중심으로」(2019),「'정치의 귀환'의 구조: 세계와 국가 사이의 대립에 관하여」(2019),「주권의 정치와 대화의 정치: 슈미트와 아렌트의 정치사상적 비교를 중심으로」(2018) 등이 있다.

설인효

국방대학교 군사전략학과 교수다. 서울대학교 외교학과를 졸업하고 동 대학원에서 외교학 박사학위를 받았다. 주요 연구 분야는 국방정책, 한미동맹, 미국 국방/군사전략, 군사혁신과 미래전 등이다. 대표 저서로『4차 산업혁명과 신흥 군사안보: 미래전의 진화와 국제정치의 변환』(공저, 2021),『도전과 응전, 그리고 한국 육군의 선택』(공저, 2020),『통일의 길 위에 선 평화: 한반도 문제의 구조적 이해』(공저, 2019) 등이 있다.

조한승

단국대학교 정치외교학과 교수이다. 고려대학교 정치외교학과에서 학사와 석사를 마치고 미국 미주리대학교에서 정치학 박사학위를 받았다. 주요 연구 분야는 보건안보, 세계화(globalization), 국제기구, 전쟁이론 등이다. 주요 논문으로「신흥안보위협과 군의 과제: 주요 이슈와 대응 전략」(2022),「코로나 팬데믹과 글로벌 보건 거버넌스: 실패 원인과 협력의 가능성」(2021) 등이 있고, 주요 저서로『멀티플 팬데믹: 세계 시민, 코로나와 부정의를 넘어 연대로 가는 길을 묻다』(공저, 2020),『유엔과 세계평화』(공저, 2013) 등이 있다.

한울아카데미 2402
서울대학교 미래전연구센터 총서 6

미래전 전략과 군사혁신 모델
주요국 사례의 비교연구

ⓒ 서울대학교 미래전연구센터, 2022

엮은이 김상배 ┃ **지은이** 김상배·손한별·김상규·우평균·이기태·조은정·표광민·설인효·조한승
펴낸이 김종수 ┃ **펴낸곳** 한울엠플러스(주) ┃ **편집책임** 조수임 ┃ **편집** 정은선
초판 1쇄 인쇄 2022년 11월 3일 ┃ **초판 1쇄 발행** 2022년 11월 21일
주소 10881 경기도 파주시 광인사길 153 한울시소빌딩 3층
전화 031-955-0655 ┃ **팩스** 031-955-0656 ┃ **홈페이지** www.hanulmplus.kr
등록번호 제406-2015-000143호

Printed in Korea.
ISBN 978-89-460-7402-6 93390

※ 책값은 겉표지에 표시되어 있습니다.